◆応用数学基礎講座◆

複素関数

山口博史

［著］

朝倉書店

本書は，応用数学基礎講座 第 5 巻『複素関数』（2003 年刊行）
を再刊行したものです．

応用数学基礎講座
刊行の趣旨

　現在，若者の数学離れが問題になっている．多くの原因が考えられるが，数学が嫌いな大人や，数学を利用するあるいは専門とする研究者にも責任があるように思える．数学は本来「実証科学」としての性格をもっていた．自然・社会・工学・経済・生命などにおけるさまざまな現象に素朴な疑問を抱くことが大切である．

　応用数学の目的は，諸現象に付随する専門的な問題，あるいは諸現象に抱く素朴な疑問を解決するだけではない．それを調べるプロセスから新しい問題を自ら探し，そこから数学の応用的な分野においても，さらに数学の理論的な分野においても，新しい研究分野を開拓していくことである．

　その際，「理論」を応用することに重点がある「理論から現象」の順問題としての姿勢と，「現象」を数学的に定式化することに重点がある「現象から理論」の逆問題としての姿勢がある．応用分野の研究者が数学の理論を用いて諸現象の問題・疑問を解決できないあるいは説明できないとき，その理論は単なる数学の理論であると一蹴されることがある．数学者がその批判に答えるには，その研究者の姿勢が上記のどちらにあるにせよ，適用する理論の前提条件を検証するというステップを踏むことが必要である．それが論理の真髄であり，数学の文化であるからである．数学を諸現象の解明に応用する立場からは，単に解決の方法を学ぶだけでなく，現象の背後にある原理自身を数学的にとらえ，定式化することが重要である．その意味で，「現象から理論」・「理論から現象」の両方の姿勢が欠かせない．「実証科学」としての数学は，現象を解決する結果も大切であるが，そこに至るプロセスも同じように大切にしているのである．

　この応用数学基礎講座では，理工系の学生に必要な数学の中核部分を，数学者あるいは数学利用者の立場から丁寧に解説する．「理論が先にあるのではなく，現象が先にあり，現象から理論を学ぶ」という謙虚な姿勢を強調したい．そうしてこそ初めて，実践に裏付けされ生き生きした理論が構築できるだけでなく，未知の現象の解明に繋がる発見と，そこから形あるものの発明あるいは建設ができると考えている．

　この応用数学基礎講座では，理工系の学生が数学の考え方を十分理解して，応用力を身に付けることを第一の目的とする．さらに，数学者が応用分野の研究の大切さを知り，数学利用者が数学の真の文化を知ることができることを願っている．それによって，若者のみならず大人の数学離れが少しでも解消することになれば，この応用数学基礎講座の目的は達成されたことになる．

編集委員

ま え が き

この本は，高校時代以来，あらためて複素数に触れようと思う人のために書かれたものである．複素数 $z = x + iy$ は，単に，二つの実数 x, y が虚数単位 i（ただし，$i^2 = -1$）によって結ばれた数である．z を平面 Π 上の点 (x, y) に対応させると，複素数の全体 $\mathbf{C}$ と平面 Π とは一対一の対応がつく．平面上の点を複素数の集まりと見るとき，その平面を複素平面 $\mathbf{C}$ と名付ける．平面 Π 上の点 (a, b) を原点 $(0, 0)$ から (a, b) に至るベクトルと考えれば，ベクトルの和によって二つの点 $(a, b), (a', b')$ の和 $(a + a', b + b')$ が定義される．二つの複素数 $\alpha = a + ib, \alpha' = a' + ib'$ には和 $\alpha + \alpha' = (a + a') + i(b + b')$ と共に積 $\alpha \alpha' = (aa' - bb') + i(ab' + a'b)$ が定義されている．(a', b') を $(r' \cos \theta', r' \sin \theta')$ と極座標で表せば，点 $\alpha \alpha'$ は $\mathbf{C}$ 上の点 α を r' 倍して原点の周りに θ' だけ回転して得られる点である．$\mathbf{C}$ と Π との違いは「複素平面 $\mathbf{C}$ では二つの点の積が定まる」ということだけである．この小さな違いが $\mathbf{R}^2$ における実関数の世界と $\mathbf{C}$ における複素関数の世界の大きな違いを引き起こす．一見したとき，$\mathbf{R}^2$ や $\mathbf{R}$ における実関数については，ある意味で，我々はそれらを自由に操作することができるが，$\mathbf{C}$ における複素関数については我々が我々自身を関数の方に合わせなければならないので不自由を感じるように見える．しかし，実際はその反対で，複素関数を少し勉強してみると，複素数の世界における対象に集中することから来る我々の心の自由さと優しさを見い出す．それは，複素関数が我々に課す制約は我々にとっても自然であることに起因していると思う．そして，実関数を勉強するときが，かえって，条件に気をかけすぎて，不自由さを感じる場合が多い．

上に述べたように $\mathbf{C}$ 自身が単純な対象であるから，科学を目指す人にとって，理論および応用の分野を問わず，高校から大学に入って，数学を考えると

いうこと，フィールドが広がっていくということがどんなことかを学ぶのに，複素関数論は大学における最適の科目の一つと思う．そのようなことを考えつつ，この本を書いた．

　本の構成は次の通りである．第 1 章では，$\mathbf{R}$ における実関数 $y = x^2 + c$ や $y = a + \frac{b}{x-c}$ 等が形式的に複素関数 $w = z^2 + \gamma$ や $w = \alpha + \frac{\beta}{z-\gamma}$ に換わったとき，z が $\mathbf{C}$ を動けば w は w-平面上を如何に動くかを調べた．その考え方から，「n 次方程式は必ず複素数解をもつ」という代数学の基本定理を解説した．

　実関数 $f(x)$ の導関数 $f'(x)$ と同様に複素関数 $f(z)$ の導関数 $f'(z)$ を定義し，$f'(z)$ を持つような $f(z)$ を「正則関数」という．

　第 2 章では実関数 e^x, $\log x$ や $\cos x$ が正則関数 e^z, $\log z$ や $\cos z$ に延長できることを学ぶ．それらを比較することによって，実関数の作る世界に比べて，複素関数の作る世界がはるかに自然であり，ある種の豊かさを持つことを述べる．

　第 3 章では一般の正則関数の諸性質を論じる．それらはすべて有名なコーシーの第一，第二定理から導かれる (第 3 章の序文参照)．関数論の理論的な面から見ても，応用の面から見ても，この章はこの本の主部をなす．

　第 4 章では複素多変数関数論の入門として，「岡の上空移行の原理」をその最も primitive な形で述べる．この原理は 1936 年に発表され，欧米の多変数関数論の分野の人たちから驚異をもって迎えられたものである．更に，このアイデアは岡潔自身によって生涯をかけて，現代数学の基盤にまで発展させられた (西野利雄著『多変数関数論』東京大学出版会 (1996) を参照)．そのように内容豊かなものであるが，著者は奈良女子大学の学部学生に向けて上に述べた「岡の上空移行の原理」の講義を行った．その原理は彼女らにも理解され，瑞々しい感銘を与えた．

　第 5 章では古典静電磁気学を関数論的手法によって見直し，解説する．普通の数学のポテンシャル論の本では，$\mathbf{R}^3$ の関数 $f(\mathbf{x})$ および $\mathrm{grad}\, f(\mathbf{x})$ の解析をもとにしてなされている．これは電磁気学の立場から見ると電場のみの解析である．この本では，ベクトル場 $\mathbf{v}(\mathbf{x})$ および $\mathrm{rot}\, \mathbf{v}(\mathbf{x})$ の解析，すなわち，ベクトルポテンシャル (磁場) の解析を同時に取り扱う．それによって，統合された，

まえがき　　　　　　　　　　v

より調和のとれた簡潔な (数学における) ポテンシャル論が作れることを示す.

　この本を書くにあたって, 奈良女子大学図書館のホームページ http://www.lib.
nara-wu.ac.jp/oka/ の中の 1953 年の岡潔の講義ノートを参考にした. また,
この本に書いてある岡潔に関する事項は直弟子西野利雄先生からお聞きしたこ
とと先生の書かれたもの, 特に, 西野-武内編集の『岡潔先生遺稿集 第一集〜
第七集』の「後記」として書かれたもの, からの私の理解による引用である.
　奈良女子大学院生の原田智世氏が第 1, 2 章を注意深く読んでくださったこ
とに対して感謝する. 足立幸信氏, 藤田収先生, 武内章先生, それに院生の濱
野佐知子および八木和歌子の両氏は第 4 章を精読して, 貴重なコメントをくだ
さった. その結果, 第 4 章がこのような形にできたことに対して, 5 氏に深く
感謝する. 第 5 章を書くにあたっては敬友宮武貞夫氏の助力を必要とした. 院
生の山根亜紀子氏はゼミで第 5 章を注意深く読んでくださった. 両氏に感謝す
る. 最後に, 多大の時間をかけて, この本を 2 回も細部まで詳しく目を通して
くださった編集委員岡部靖憲先生のご尽力と朝倉書店編集部の方々の変わらぬ
励ましに心からの感謝を捧げる.

　　2003 年 2 月

　　　　　　　　　　　　　　　　　　　　　　　　　　　山 口 博 史

目　　次

1.　ガウス平面 $\cdots\cdots\cdots\cdots\cdots$　1

1.1　ガウス平面と極座標 $\cdots\cdots\cdots\cdots\cdots$　1

1.2　複素数の和と積 $\cdots\cdots\cdots\cdots\cdots$　3

1.3　二次関数 $w = z^2 + az + b$ による写像 $\cdots\cdots$　7

1.4　代数学の基本定理 $\cdots\cdots\cdots\cdots\cdots$　11

1.5　一次変換 $w = \frac{cz+d}{az+b}$ による写像 $\cdots\cdots\cdots$　13

1.6　$w = \sqrt{z-a}$ による写像 $\cdots\cdots\cdots\cdots$　29

2.　正 則 関 数 $\cdots\cdots\cdots\cdots\cdots$　42

2.1　正 則 関 数 $\cdots\cdots\cdots\cdots\cdots$　42

2.2　コーシー-リーマンの関係式 $\cdots\cdots\cdots\cdots$　45

2.3　等 角 写 像 $\cdots\cdots\cdots\cdots\cdots$　53

2.4　正則関数の例 $\cdots\cdots\cdots\cdots\cdots$　54

2.5　指数関数 e^z および三角関数 $\cos z$ の像 $\cdots\cdots$　70

2.6　解 析 接 続 $\cdots\cdots\cdots\cdots\cdots$　78

3.　コーシーの積分表示 $\cdots\cdots\cdots\cdots\cdots$　90

3.1　曲線の長さと線積分 $\cdots\cdots\cdots\cdots\cdots$　90

3.2　コーシーの第一定理 $\cdots\cdots\cdots\cdots\cdots$　97

3.3　コーシーの第二定理 $\cdots\cdots\cdots\cdots\cdots$　103

3.4　コーシーの定理の応用 $\cdots\cdots\cdots\cdots\cdots$　105

viii 目　　次

4.　岡の上空移行の原理 ･･ 146
4.1　2変数正則関数とべき級数 ･･････････････････････････････ 147
4.2　ワイエルシュトラスの補助定理 ･････････････････････ 154
4.3　自然存在域とハルトックスの定理 ･･･････････････ 161
4.4　2変数有理型関数とクザンの第一問題 ･･･････ 163
4.5　クザンの第二問題 ･･････････････････････････････････････ 173
4.6　岡の上空移行の原理 ･･････････････････････････････････ 178

5.　静電磁場のポテンシャル論 ･････････････････････････････ 189
5.1　ガウスおよびストークスの定理 ･････････････････ 189
5.2　調和関数とポアソンの方程式 ･･･････････････････ 213
5.3　体積電荷および体積電流より生じる電場および磁場 ･･･････ 224
5.4　拡張された電荷および電流 ･･････････････････････ 234
5.5　平衡電磁場作成のアルゴリズム ･･････････････ 242

演習問題解答 ･･･ 249

文　　献 ･･ 261

索　　引 ･･ 263

1

ガウス平面

　この章では先ず，複素数 $z = x + iy$ を平面上の点 (x, y) と対応させ，二つの複素数の和差積商が平面上では何を表すかを見ることによって，ガウスによる代数学の基本定理を示す．次に，複素数 z が平面上を動くとき，二次関数 $w = z^2$ や一次変換 $w = (cz+d)/(az+b)$ によって w がどのように変化するかを見ることにより高校時代に習った実数値関数 $y = f(x)$ とこの本で取り扱う複素数値関数 $w = f(z)$ との違いを学ぶ．

1.1　ガウス平面と極座標

　平面 π 上の原点を O と記し，平面 π 上の1点 P の**ユークリッド座標**を (x, y) とする．図1.1のように $r \geq 0$ および角 θ を定める．ただし，点 P が原点のときは $r = 0$ であり，θ は定まらない．このとき次式が成立する：

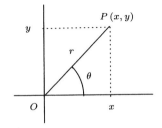

図 1.1　極座標

$$\begin{cases} x = r\cos\theta, \\ y = r\sin\theta, \end{cases} \qquad \begin{cases} r = \sqrt{x^2 + y^2}, \\ \theta = \tan^{-1}\frac{y}{x}. \end{cases}$$

この r と θ の組 $[r, \theta]$ を点 P の**極座標**という. r を点 P の**長さ**, θ を**偏角**という. 記号として, $P : (x, y) = [r, \theta]$ と書く.

注意 1.1.1 θ の単位はラジアンである. すなわち, 原点中心の単位円周上を反時計回りに点 $(1, 0)$ から長さ θ だけ動いた点が $(\cos\theta, \sin\theta)$ である.

注意 1.1.2 平面上の同じ点 P を表すのにユークリッド座標 (x, y) は一意的に定まる. その極座標 $[r, \theta]$ の長さ r は一意的に定まるが偏角 θ は一意的に定まらない. $[r, \theta]$ を点 P の一つの極座標とすれば $[r, \theta + 2n\pi]$, $n = 0, \pm 1, \pm 2, \ldots$ もすべて同一の点 P の極座標である. 一見したとき極座標は不合理に思えるが, 後でわかってくるように, 関数論でいろいろなことを扱うのにユークリッド座標よりも便利な場合が多い.

よく知られているように, sin および cos の加法定理は

$$\cos(\theta_1 + \theta_2) = \cos\theta_1 \cos\theta_2 - \sin\theta_1 \sin\theta_2, \tag{1.1}$$
$$\sin(\theta_1 + \theta_2) = \sin\theta_1 \cos\theta_2 + \cos\theta_1 \sin\theta_2. \tag{1.2}$$

例えば, cos については角が $\theta_1 > 0$, $\theta_2 > 0$ かつ $\pi/2 > \theta_1 + \theta_2 > 0$ のときは図 1.2 において

$$OX = \cos(\theta_1 + \theta_2), \quad OX = OX' - XX'$$
$$OX' = \cos\theta_1 \cos\theta_2, \quad XX' = \sin\theta_1 \sin\theta_2$$

となるからわかる. 一般の角度の場合も煩雑になるが証明の本質は同じである. しかし第 2 章で述べる「解析接続」によれば θ_1, θ_2 が上のように制限された範囲で等式 (1.1) が成立すれば, すべての $-\infty < \theta_1, \theta_2 < \infty$ に対しても等式 (1.1) は成立することが必然的に出てくる.

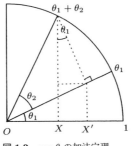

図 1.2 $\cos\theta$ の加法定理

1.2 複素数の和と積

任意の実数 x に対して $x^2 \geq 0$ である．したがって，$x^2 = -1$ となる実数 x は存在しない．そこで $\bigcirc^2 = -1$ なる "数 $\bigcirc$" を導入し，それを i と書き，**虚数単位**と呼ぶ：$i^2 = -1$．二つの実数の組 x, y に対して，$z = x + iy$ を**複素数**といい，x を複素数 z の**実部**，y を**虚部**という．二つの複素数 z_1, z_2 が等しいのはそれらの実部および虚部がそれぞれ等しいときをいう：

$$x_1 + iy_1 = x_2 + iy_2 \iff x_1 = x_2 \text{ かつ } y_1 = y_2.$$

よって，複素数 $z = x + iy = 0$ とは実数の世界では二つの等式 $x = 0, y = 0$ を意味する．実数の全体を $\mathbf{R}$，複素数の全体を $\mathbf{C}$ と書く：$\mathbf{C} \equiv \{z = x + iy \mid x, y \in \mathbf{R}\}$．ここに，記号 $x \in \mathbf{R}$ は「x は $\mathbf{R}$ の元である」こと，すなわち，x は一つの実数であることを意味する．実数の和積の演算と $i^2 = -1$ を用いて，二つの複素数の和と積を次のように定義する．

$$(x_1 + iy_1) + (x_2 + iy_2) = (x_1 + x_2) + i(y_1 + y_2),$$
$$(x_1 + iy_1)(x_2 + iy_2) = (x_1x_2 - y_1y_2) + i(x_1y_2 + x_2y_1).$$

実数に関する交換，分配法則から任意の三つの複素数 z_1, z_2, z_3 に対して

$$z_1 z_2 = z_2 z_1 \text{ (交換法則)}, \quad z_1(z_2 + z_3) = z_1 z_2 + z_1 z_3 \text{ (分配法則)}$$

が成立する．二つの複素数の差および商は

$$(x_1 + iy_1) - (x_2 + iy_2) = (x_1 - x_2) + i(y_1 - y_2)$$
$$\frac{x_1 + iy_1}{x_2 + iy_2} = \frac{x_1 x_2 + y_1 y_2}{x_2^2 + y_2^2} + i\frac{x_2 y_1 - x_1 y_2}{x_2^2 + y_2^2} \quad (ただし,\ x_2 + iy_2 \neq 0)$$

となる．実数 x を複素数 $x + 0i$ と同じと見なす．したがって，$0 = 0 + i0$, $1 = 1 + i0$, かつ，任意の複素数 $z = x + yi$ に対して $z + 0 = z$, $z1 = z$, $x + yi = x + iy$ が成立する．複素数 $z = x + iy$ に対して平面 π 上の点 $P(x, y)$ を対応させる．極座標を用いれば

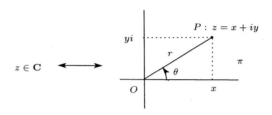

図 1.3 ガウス平面

$$z = x + iy = r(\cos\theta + i\sin\theta), \quad ただし,\ |z| = r = \sqrt{x^2 + y^2},\ \arg z = \theta$$

と書ける．$|z|$ を複素数 z の**絶対値**または**長さ**, $\arg z$ を z の**偏角**という．この対応によって複素数の全体 $\mathbf{C}$ は平面 π と同一視される．今後は，平面を**複素平面**または**ガウス平面**と呼ぶ．

二つの複素数 z_1, z_2 に対して，$z_1 + z_2$, $z_2 - z_1$ が定まったがこれらに対応する点をガウス平面上に図示すると図 1.4 のようになる．すなわち，$z_1 + z_2$ は z_1 を出発点として，ベクトル $\overrightarrow{Oz_2}$ を引いたときの端点の定める複素数であり，$z_2 - z_1$ は z_1 を原点と見なしてベクトル $\overrightarrow{z_1 z_2}$ の端点の定める複素数である．次に，二つの複素数 z_1, z_2 の積 $z_1 z_2$ を調べよう．極座標を用いて，$z_1 = r_1(\cos\theta_1 + i\sin\theta_1)$, $z_2 = r_2(\cos\theta_2 + i\sin\theta_2)$ と書くと，加法定理により

$$\begin{aligned}z_1 z_2 &= r_1 r_2[(\cos\theta_1 \cos\theta_2 - \sin\theta_1 \sin\theta_2) + i(\cos\theta_1 \sin\theta_2 + \sin\theta_1 \cos\theta_2)] \\ &= r_1 r_2[\cos(\theta_1 + \theta_2) + i\sin(\theta_1 + \theta_2)].\end{aligned} \quad (1.3)$$

よって，積 $z_1 z_2$ は平面上の点として図 1.4 のように表される．したがって，

1.2 複素数の和と積

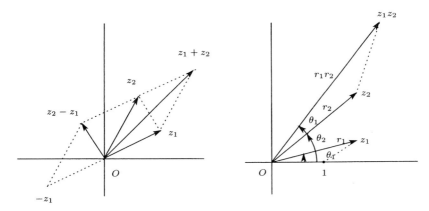

図 1.4 複素数の和と積

$\triangle O1z_1 \sim \triangle Oz_2(z_1z_2)$ でその相似比は $1:r_1$ である．すなわち，積 z_1z_2 は z_2 を r_1 倍し，その後，原点の周りに角 θ_1 だけ回転した点に対応する．このように z_1 と z_2 から積 z_1z_2 の位置がわかる．"人工的に"設けた"虚数 i"がギリシャ時代以来測量等で実用的に利用されてきた加法定理と結びついて，この事実が示されたことは記憶に留めておくべきことである．等式 (1.3) から

$$|z_1z_2| = |z_1||z_2|, \qquad \arg z_1z_2 = \arg z_1 + \arg z_2.$$

これらの等式と $\left(\frac{z_2}{z_1}\right)z_1 = z_2$ (ただし，$z_1 \neq 0$) とから

$$\left|\frac{z_2}{z_1}\right| = \frac{|z_2|}{|z_1|}, \qquad \arg \frac{z_2}{z_1} = \arg z_2 - \arg z_1. \tag{1.4}$$

しばしば複素数の差商は和積より有用である．一例を示そう．z-平面上の相異なる四つの複素数 z_j, $j = 1, \ldots, 4$ に対して次の複素数 $(\neq 0, 1)$

$$(z_1, z_2, z_3, z_4) = \frac{z_3 - z_1}{z_4 - z_1} \bigg/ \frac{z_3 - z_2}{z_4 - z_2} \tag{1.5}$$

を 4 点 z_j, $j = 1, \ldots, 4$ に関する**非調和比** という．

命題 1.2.1 相異なる 4 点 z_1, z_2, z_3, z_4 が同一円上にあるための必要十分条件はそれらの (z_1, z_2, z_3, z_4) が $0, 1$ でない実数になることである．

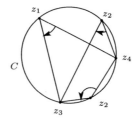

図 1.5 同一円周上の 4 点

[証明] 3点 z_1, z_3, z_4 を通る円 C を描く.図1.5において点 z_2 が円 C 上にあるための必要十分条件は

$$\angle z_4 z_1 z_3 - \angle z_4 z_2 z_3 = 0 \quad \text{または} \quad \angle z_4 z_1 z_3 - \angle z_4 z_2 z_3 = \pi.$$

一方,非調和比 (z_1, z_2, z_3, z_4) が 0 でない実数であるための必要十分条件は $\arg(z_1, z_2, z_3, z_4) = 0$ または $\pm\pi$.すなわち,$[\arg(z_3 - z_1) - \arg(z_4 - z_1)] - [\arg(z_3 - z_2) - \arg(z_4 - z_2)] = 0$ または $\pm\pi$.図 1.5 のように偏角の方向を考えれば,これは上式と同一である. □

複素数 $z = x + iy$ に対して点 z を x-軸に対称に移した点を $\bar{z} = x - iy$ と書く.これを z の**共役複素数**という.次の等式が成立する:

$$\overline{(\bar{z})} = z, \quad |z|^2 = z\bar{z}, \quad |\bar{z}| = |z|, \quad \arg \bar{z} = -\arg z$$

$$\overline{z_1 z_2} = \overline{z_1}\, \overline{z_2}, \qquad \overline{(z_2/z_1)} = \overline{z_2}/\overline{z_1} \quad (\text{ただし,}\ z_2 \neq 0).$$

今後は,オイラーによる次の有意義な記号を用いる:

$$\cos\theta + i\sin\theta = e^{i\theta}.$$

例えば,$e^{i\pi/2} = i$, $e^{i\pi} = -1$, $\frac{1}{e^{i\theta}} = e^{-i\theta} = \overline{e^{i\theta}}$,

$$e^{i\theta} = 1 \iff \theta = 2k\pi \ (k = 0, \pm 1, \dots). \tag{1.6}$$

等式 (1.3) は次式と同じである:

$$(r_1 e^{i\theta_1})(r_2 e^{i\theta_2}) = r_1 r_2 e^{i(\theta_1 + \theta_2)}.$$

よって,虚数 i に対しても実数のときのように指数法則を使ってよい.

1.3 二次関数 $w = z^2 + az + b$ による写像

高校で習った実変数 x の二次関数 $y = x^2$ のグラフ C は (x,y)-平面上の原点を通る放物線を描いた．ここでは複素変数 z の二次関数 $w = z^2$ のグラフ $C := \{(z,w) \in \mathbf{C}^2 \mid w = z^2\}$ を考察しよう．ただし，$\mathbf{C}^2$ は z-平面 $\mathbf{C}_z$ と w-平面 $\mathbf{C}_w$ との直積である．実変数のときはグラフ C は実 2 次元空間の中の実 1 次元の集合であるが，複素変数の場合，グラフ C は実 4 次元の空間 $\mathbf{C}^2$ の中の実 2 次元の集合だからそれを直感的に把握するのは難しい．それで，先ず，複素数 z が原点 O を中心とし半径 r の円周を $z = r$ から出発して反時計回りに等速で一回りしてもとに戻ったとする．すなわち，

$$z = re^{i\theta} \qquad (0 \leq \theta \leq 2\pi). \tag{1.7}$$

このとき $w = z^2$ は w-平面上をいかに動くかを見よう．

$$w = z^2 = r^2 e^{i2\theta} \qquad (0 \leq \theta \leq 2\pi) \tag{1.8}$$

だから，w は原点中心，半径 r^2 の円周を 2 倍の速さで 2 周することがわかる．$\pm z$ は w-平面上の同じ点 z^2 に写される．r を $r = 0$ から $r = \infty$ まで連続的に動かすと，結局，z-平面全体が $w = z^2$ によって w-平面上を二重に被覆する図 1.6 のような領域 $\mathcal{R}$ に写されることがわかる．同様の考えによって $n \geq 2$ の n 次関数 $w = z^n$ についても調べることが出来る．実際，点 z が原点中心の円 $C_r : z = re^{i\theta}$ $(0 \leq \theta \leq 2\pi)$ を等速で 1 周するとき，$w = z^n = r^n e^{in\theta}$ $(0 \leq \theta \leq 2\pi)$ であるから，w は原点中心，半径 r^n の円 K_r を n 倍の速度で n

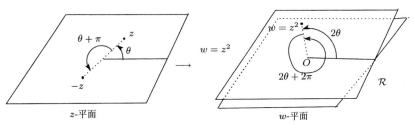

図 1.6　二次関数 $w = z^2$

周することがわかる．したがって，K_r 上の任意の点 w_0 に対応する C_r 上の点は丁度 n 個ある．r を $r=0$ から $r=\infty$ まで連続的に動かすと，結局，z-平面全体が n 次関数 $w=z^n$ によって w-平面上を n 重に被覆した領域に写ることがわかる．

次に，簡単な二次関数
$$w = z^2 + z + i$$
によって円周 (1.7) はどのような曲線に写るかを見よう．次の二つの場合

(a) $r = 1/10$, (b) $r = 10$

を丁寧に見よう．(a) のとき，すなわち，$z = \frac{1}{10}e^{i\theta}$ $(0 \leq \theta \leq 2\pi)$ のとき

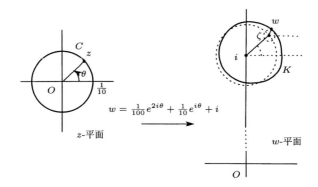

図 1.7 $r = \frac{1}{10}$ の場合

$w = \frac{1}{100}e^{2i\theta} + \frac{1}{10}e^{i\theta} + i$ となる．1 点 $z = \frac{1}{10}e^{i\theta}$ が写る点 w を見るために，w-平面上に，先ず，点 i を中心として半径 $\frac{1}{10}$ の円周を描く．次に，その円周上の点 $\zeta = i + \frac{1}{10}e^{i\theta}$ を中心として半径 $\frac{1}{100}$ の円を描き，この小円の偏角が 2θ の点が w である．したがって，点 z が原点中心，半径 $\frac{1}{10}$ の円 C を実軸上の点 $\frac{1}{10}$ から反時計回りに 1 周すれば対応する w は（始めの半径 $\frac{1}{10}$ の円に支配されて）ほぼ，中心 i，半径 $\frac{1}{10}$ と同じ閉曲線 K を描く（図 1.7 を参照）．(b) のとき，すなわち，$z = 10e^{i\theta}$ $(0 \leq \theta \leq 2\pi)$ のとき $w = 100e^{i2\theta} + 10e^{i\theta} + i$ となる．点 $z = 10e^{i\theta}$ が写る点 w を見るために，先ず始めに，原点を中心として

1.3 二次関数 $w = z^2 + az + b$ による写像

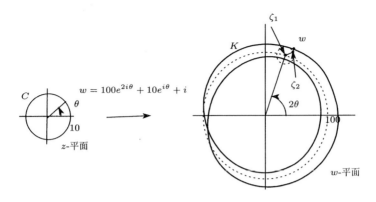

図 1.8 $r = 10$ の場合

半径 100 の円周を描く．次に，その円周上の点 $\zeta_1 = 100e^{i2\theta}$ を中心として半径 10 の円を描き，この小円の偏角が θ の点 ζ_2 を取り，最後に ζ_2 を y-方向に $+1$ だけ平行移動した点が w である．したがって，z が原点中心，半径 10 の円 C を実軸上の点 10 から出発して反時計回りに一回りすれば対応する w は (始めの半径 100 の円に支配されて) 原点が中心，半径 100 の円とほぼ同じで原点を 2 周する (自分自身と交わる) 閉曲線 K を描く (図 1.8 を参照).

半径 r を $r = 0$ から徐々に増加させていったとき二次関数 $w = z^2 + z + i$ による z-平面上の円 $C_r : |z| = r$ の w-平面上の像 K_r の概形を描けば図 1.9 のように，始めは i を中心とした小さい閉曲線であるが徐々に大きくなっていき $r = 1/2$ のときハート型になりそれを境にして自分自身と交わる閉曲線となり，さらに r が大きくなると K_r は原点 $w = 0$ を 2 周回る (自分自身と交わる) 閉曲線となる．

この図から予想されるように，z-平面上の或る適当な二つの半径 r_j ($j = 1, 2$; $0 < r_j < 10$) の円周: $z = r_j e^{i\theta}$ ($0 \leq \theta \leq 2\pi$) についてそれらが写っていった w-平面上の閉曲線 K_j は原点 O を通るであろう．この原点 $w = O$ に写っていくもとの点を z_j とすれば，$z_j^2 + z_j + i = 0$ となる．すなわち，複素数 z_j は方程式 $z^2 + z + i = 0$ の解に他ならない．

注意 1.3.1 多項式による関数

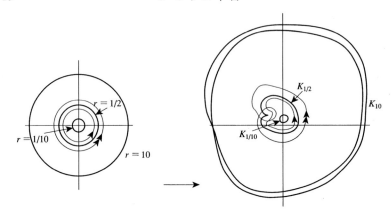

図 1.9 $|z|=r$ の $w=z^2+z+i$ による像

$$w = b_0 + b_k z^k + b_{k+1} z^{k+1} + \cdots + b_n z^n \qquad (b_k \neq 0)$$

を考える．上の例で (a) の場合：$r = \frac{1}{10}$ と同じ考え方により，点 z が原点中心，半径 r が十分小さい円周 C を反時計回りに 1 周すれば対応する w は点 b_0 を反時計回りに k 周する閉曲線 K を描く．

実際，半径 r は $\frac{|b_k|}{2} > |b_{k+1}|r + \cdots + |b_n|r^{n-k}$ が成立するほど小さく取り，$w_1 = b_0 + b_k z^k$, $w = w_1 + b_{k+1}z^{k+1} + \cdots + b_n z^n$ と二つに分け，$b_k = se^{i\varphi}$ (極座標表示) と置く．今，点 z が原点中心，半径 r の円周 C を $z=r$ から出発して反時計回りに 1 周したとする．このとき w_1 は中心 b_0, 半径 $sr^k (= R)$ の円周を点 $b_0 + Re^{i\varphi}$ から出発して反時計回りに k 重に回る閉曲線 K_1 を描く．半径 r が上の不等式を満たすから点 z の対応する w は不等式 $|w - w_1| < \frac{R}{2}$ を

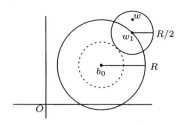

図 1.10 r が小さいときの点 $z = re^{i\theta}$ の二つの像 w_1 と w の関係

満たす (図 1.10 を参照). すなわち, 点 w は中心 w_1, 半径 $R/2$ の円内の一点である. したがって, 点 w は円 $\{|w - b_0| < R/2\}$ 内に入ってこないので, w は w_1 に連れられて点 b_0 を k 回まわる ($k \geq 2$ のときは自分自身と交わる) 閉曲線 K を描く.

1.4 代数学の基本定理

平面上に原点を通らない (自分自身と交わってもかまわない) 閉曲線 C に対して, 図 1.11 のように閉曲線 C の原点に関する**回転数** $\mathbf{r}(C)$ を定義する.

$$\mathbf{r}(C_1) = 2, \quad \mathbf{r}(C_2) = 0, \quad \mathbf{r}(C_3) = -1, \quad \mathbf{r}(C_4) = 0.$$

前節の考え方と回転数の概念を用いて代数学の基本定理を述べよう.

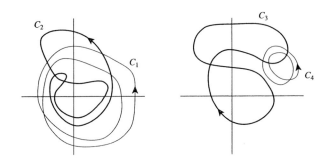

図 1.11 閉曲線 C の原点に関する回転数 $\mathbf{r}(C)$

定理 1.4.1 (代数学の基本定理) 複素数係数の n 次方程式

$$z^n + a_1 z^{n-1} + \cdots + a_n = 0 \tag{1.9}$$

は必ず複素数解を少なくとも一つ持つ.

[証明] 定数項 $a_n = 0$ の場合は $z = 0$ が解になるから $a_n \neq 0$ として証明する. 次の n 次の多項式による関数

$$w = P(z) = z^n + a_1 z^{n-1} + \cdots + a_n \qquad (1.10)$$

を考えよう．点 z が z-平面上で原点中心, 半径 r の円周 $C_r : z = re^{i\theta}$ ($0 \leq \theta \leq 2\pi$) を描くとき, 対応する w は w-平面上のどのような閉曲線 K_r に写るかを見よう．

先ず, 半径 r ($= r'$) が十分小さいとき注意 1.3.1 に述べたように C_r ($= C'$) は点 a_n の周りの小さい閉曲線 K_r ($= K'$) (正確にいえば, K' は $a_{n-1} \neq 0$ の場合は円に近い単一閉曲線であり, $a_{n-1} = 0$ の場合は自分自身と交わる閉曲線) に写される．次に, r ($= r''$) が十分大きいとき, 上の例で (b) の場合: $r = 10$ と同じ考え方により, 点 z が原点中心, 半径 r が十分大きい円周 C_r ($= C''$) を反時計回りに 1 周すれば対応する w は原点中心, 半径 r^n の円周を n 周する閉曲線: $w = r^n e^{in\theta}$ ($0 \leq \theta \leq 2\pi$) とほぼ同じ (自分自身と交わる) 閉曲線 K'' を描く．実際, 半径 r は $\frac{1}{2} > \frac{|a_1|}{r} + \cdots + \frac{|a_n|}{r^n}$ が成立するほど大きければよい．

よって, K' および K'' の原点に関する回転数はそれぞれ $\mathbf{r}(K') = 0$, $\mathbf{r}(K'') = n$ である．このことから, 方程式 (1.9) は z-平面上の円環 $\mathbf{A} : r' < |z| < r''$ に少なくとも一つの解を持つことを矛盾によって示そう．今, 方程式の解は一つも円環 $\mathbf{A}$ 内に存在しなかったと仮定する．今, 半径 r が r' から r'' まで連続的に増加したとしよう．そうすれば z-平面上の円周 C_r は C' から C'' まで変化し, それに対応する w-平面上の閉曲線 K_r も r と共に w-平面上を K' から K'' まで (歪曲しながら) 変化する．仮定から各閉曲線 K_r は原点 O を通らないか

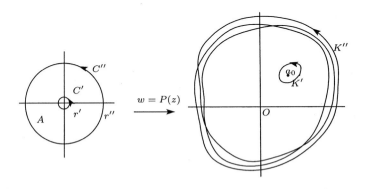

図 1.12 n 次方程式の解の存在

ら K_r の原点に関する回転数 $\mathbf{r}(K_r)$ が定まる.

一方, $r_0 : r' \le r_0 \le r''$ と固定するとき, r_0 に十分近い任意の r に対して, $\mathbf{r}(C_{r_0}) = \mathbf{r}(C_r)$ である.

実際, 閉曲線 K_{r_0} と原点 $w = 0$ との距離を ρ, すなわち

$$\rho = \mathrm{Min}\,\{|P(r_0 e^{i\theta})| \mid 0 \le \theta \le 2\pi\}$$

とすれば $\rho > 0$ である. 十分 $\delta > 0$ を小さく取れば $|r - r_0| < \delta$ を満たす任意の r に対して $|P(re^{i\theta}) - P(r_0 e^{i\theta})| < \frac{\rho}{2},\ 0 \le \forall \theta \le 2\pi$. したがって, $\mathbf{r}(C_r) = \mathbf{r}(C_{r_0})$ である.

故に, r を少しずつ r' から r'' まで動かせば, 結局, 最初の閉曲線 K' と最後の閉曲線 K'' の原点 O の周りの回転数は同じになる. これは上に述べたことに矛盾する. よって, 円環 $\mathbf{A}$ 内に少なくとも一つの複素数解を持つ. $\qquad\square$

系 1.4.1　n 次方程式は重複度まで込めれば n 個の複素数解を持つ.

[証明]　定理 1.4.1 によって方程式 (1.9) は少なくとも一つの複素数解 z_1 を持つ: $P(z_1) = 0$. 各 $k = 1, \ldots, n$ について $z^k - z_1^k = (z - z_1)(z^{k-1} + z^{k-2}z_1 + \cdots + z_1^{k-1})$ であるから $P(z) = P(z) - P(z_1) = (z - z_1)Q(z)$. ただし, $Q(z)$ は最高次の係数が 1 の $n-1$ 次の多項式である. よって, $Q(z) = 0$ は少なくとも一つの複素数解 z_2 を持ち, これは $P(z) = 0$ の解でもある. 以下同様にすれば, $P(z) = 0$ は重複度を込めれば丁度 n 個の複素数解を持つ. $\qquad\square$

1.5　一次変換 $w = \frac{cz+d}{az+b}$ による写像

次の形の関数を**一次変換**という:

$$w = \frac{cz + d}{az + b}. \tag{1.11}$$

ただし, $a, b, c, d \in \mathbf{C}$ であって $ad - bc \ne 0$ である ($ad - bc = 0$ のときは一次変換は定数関数になってしまう). 一次変換は簡単に見えるが, 関数論では非常に大切な関数である. 明らかに, 有限個の一次変換の合成はまた一次変換で

ある．次の三つの変換は典型的な一次変換である：

① $w = z + a$,　② $w = cz$ $(c \neq 0)$,　③ $w = \dfrac{1}{z}$

関数①は z-平面上の点 z を a だけ平行移動した点に写し，関数②は点 z を $|c|$

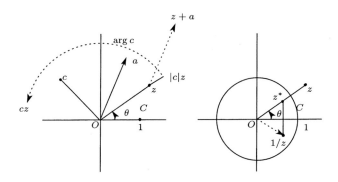

図 **1.13**　一次変換 $w = z + a,\ cz,\ \dfrac{1}{z}$

倍して $\arg c$ だけ回転した点に写す．関数③によって点 $z = re^{i\theta}$ は $w = \dfrac{1}{r}e^{-i\theta}$ に写るが，これは，先ず，原点中心の単位円周 C に関して反転した点 $z^* = \dfrac{1}{r}e^{i\theta}$ に写した後，その z^* を x-軸に対称に写した点である．なお，点 z^* は点 z の単位円周 C に関する**反点**または**鏡像点**と呼ばれる．

　一般の一次変換 (1.11) は

$$w = \frac{cz+d}{az+b} = A + \frac{B}{z+C}.$$

ただし，$A = c/a$, $B = ad - bc/a^2$, $C = b/a$ と変形出来るから，(1.11) は上の三つの典型的な変換の合成である：

$$z \xrightarrow[①]{} w_1 = z + C \xrightarrow[③]{} w_2 = \frac{1}{w_1} \xrightarrow[②]{} w_3 = Bw_2 \xrightarrow[①]{} w = w_3 + A.$$

一次変換はいろいろな性質を持っている．よく用いられる性質を述べよう．

1. 一対一対応　　$a = 0$ のとき一次変換 (1.11) は①と②型の一次変換だけで合成されるから，z-平面を w-平面の上に一対一に写す．次に

$$1.5 \quad \text{一次変換 } w = \frac{cz+d}{az+b} \text{ による写像} \qquad 15$$

$$w = L(z) = \frac{cz + d}{az + b} \qquad (a \neq 0) \tag{1.12}$$

を調べよう．これは $\mathbf{C} \setminus \{-b/a\}$ で定義されているが，そこで一対一変換である．すなわち，$\mathbf{C} \setminus \{-b/a\}$ 上の任意の相異なる 2 点 z_1, z_2 $(z_1 \neq z_2)$ は w-平面上の相異なる 2 点 $L(z_1)$, $L(z_2)$ $(L(z_1) \neq L(z_1))$ に写る．さらに，w-平面上に任意の点 $w \neq c/a$ を与えると z-平面上の点 $z := \frac{-bw+d}{aw-c}$ は一次変換 (1.12) によって点 w に写る，すなわち，$L(z) = w$．さらに，$w = L(z)$ によって点 $w = c/a$ に写る点 z は存在しない．したがって，$w = L(z)$ によって $\mathbf{C}_z \setminus \{-b/a\}$ は $\mathbf{C}_w \setminus \{c/a\}$ の上に一対一に写す．ここで

$$z = L^{-1}(w) = \frac{-bw + d}{aw - c} \tag{1.13}$$

と置く．これは w-平面から z-平面への一次変換であり，$w = L(z)$ の**逆一次変換**と呼ばれる．$z = L^{-1}(w)$ は $\mathbf{C} \setminus \{c/a\}$ を $\mathbf{C}_z \setminus \{-b/a\}$ の上に一対一に写す．ところで $ad - bc \neq 0$ より

$$\lim_{z \to -b/a} L(z) = \frac{ad - bc}{a \cdot 0} = \infty, \qquad \lim_{z \to \infty} L(z) = \lim_{z \to \infty} \frac{c + d/z}{a + b/z} = \frac{c}{a}.$$

このことを考慮に入れて複素数平面 $\mathbf{C}$ に"**無限遠点 ∞**"を付け加えた拡張された平面 $\mathbf{C} \cup \{\infty\} (= \widehat{\mathbf{C}})$ を考え，次の定義を設ける：$L(\frac{-b}{a}) = \infty$, $L(\infty) = \frac{c}{a}$．(1.13) より，$L^{-1}(c/a) = \infty$, $L^{-1}(\infty) = -b/a$ である．故に，z-平面の拡張された平面 $\widehat{\mathbf{C}}_z$ と w-平面の拡張された平面 $\widehat{\mathbf{C}}_w$ とは一次変換 $w = L(z)$ によって上への一対一に写される．なお $a = 0$ なる $w = L(z)$ については，$z \to \infty$ のとき $L(z) \to \infty$ を考慮して $L(\infty) = \infty$ と定義する．

注意 1.5.1 (i) z-平面を w-平面に写す一次変換 $w = L(z)$（すなわち，$L(\infty) = \infty$）は $L(z) = az + b$（ただし，$a \neq 0$）の形に限る．

(ii) $\widehat{\mathbf{C}}_z$ 上の $0, 1, \infty$ をそれぞれ $\widehat{\mathbf{C}}_w$ 上の $0, 1, \infty$ に写す一次変換は恒等写像 $w = z$ に限る．

無限遠点の概念は次の**リーマン球面 $\mathbf{Q}$** を導入することによって実感できる．今，実 3 次元のユークリッド空間 $\mathbf{R}^3$ を考え，その変数を (x, y, u) とする．$\mathbf{R}^3$

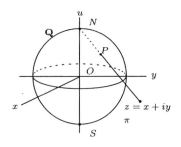

図 1.14 リーマン球面

内に中心原点 O, 半径 1 の単位球面 $\mathbf{Q}$ を描く. $N = (0,0,1)$, $S = (0,0,-1)$ を各々北極および南極と呼ぶ. 先ず, 複素数平面 $\mathbf{C}$ を空間 $\mathbf{R}^3$ の (x,y)-平面 π と同一視する. すなわち, 複素数 $z = x + iy \in \mathbf{C}$ と $\mathbf{R}^3$ の点 $(x,y,0)$ と一対一に対応させる. 次に, 北極 N と点 $(x,y,0)$ を通る直線 l を考える. このとき l は北極 N 以外にもう一つの点 P と交わる. そこで複素数 z に対して球面 $\mathbf{Q}$ 上のこの点 P を対応させ $P = P(z)$ と書く (正確には, 球面 $\mathbf{Q}$ の表側の点 P を対応させる):

$$複素数\ z = x + iy \in \mathbf{C} \to 点\ (x,y,0) \in \pi \to 点\ P(z) \in \mathbf{Q}.$$

最後に無限遠点 ∞ に北極 N を対応させれば拡張された z-平面 $\widehat{\mathbf{C}}_z$ は単位球面 $\mathbf{Q}$ と一対一に対応することがわかる. この対応を $p_z : \widehat{\mathbf{C}}_z \to \mathbf{Q}_z$ と書く. 例えば, z-平面上の単位円板 B は球面 $\mathbf{Q}$ の南半球に, 円板 B の外部に無限遠点を付け加えた部分 $\widehat{\mathbf{C}}_z \setminus B$ は球面 $\mathbf{Q}$ の北半球に, 単位円周 $|z| = 1$ は $\mathbf{Q}$ の赤道に, 原点 $z = 0$ は南極 S に対応する. もし複素数 $z \to \infty$ (つまり, $|z| \to \infty$) ならば, z の対応する点 P は北極 N に近づく. $R > 0$ に対して $B_R = \{|z| > R\} \subset \mathbf{C}_z$, $V_R = p_z(B_R) \cup \{N\} \subset \mathbf{Q}$ と置けば, V_R は北極 N の近傍であり, $V_R \supset V_{R'}$ ($R < R'$) であって, $V_R \to \{N\}$ ($R \to \infty$) である. このことより, 各 $R > 0$ について $\widehat{\mathbf{C}}_z$ の部分集合 $\widehat{B}_R := B_R \cup \{\infty\}$ を $\widehat{\mathbf{C}}_z$ における**無限遠点** ∞ の**近傍**と定義する.

拡張された w-平面 $\widehat{\mathbf{C}}_w$ についても同様に $\widehat{\mathbf{C}}_w$ から単位球面 $\mathbf{Q}_w$ 上への一対一対応 $p_w : \widehat{\mathbf{C}}_w \to \mathbf{Q}_w$ を考える. 一次変換 $w = L(z)$ は $\widehat{\mathbf{C}}_z$ を $\widehat{\mathbf{C}}_w$ の上に一対一に写したからこれは $\mathbf{Q}_z$ を $\mathbf{Q}_w$ の上への一対一対応 $P' = \mathcal{L}(P)$ (ただし,

$\mathcal{L} = p_w \circ L \circ p_z^{-1}$) を与える.

2. 円円対応 (1.11) で定義される一次変換 $w = L(z)$ において, $a = 0$ の
とき $w = Az + B$ の形になる. したがって, z が z-平面上の円または直線を
描けば対応する w は w-平面上の円また直線を描く. $a \neq 0$ なる $w = L(z)$ に
ついても同様のことが成立することを示そう.

定理 1.5.1 z-平面上の点 $-\frac{b}{a}$ を通らない円または直線は w-平面上の円に写
る. z-平面上の点 $-\frac{b}{a}$ を通る円または直線は w-平面上の直線に写る.

[証明] 一般の一次変換は ①, ②, ③ 型の一次変換の合成として表された. この
ことから, 定理の証明には ③：$w = \frac{1}{z}$ 型の一次変換によって, 原点 $z = 0$ を
通らない z-平面上の円または直線が w-平面上の円に写ること, および, 原点
$z = 0$ を通る円または直線は w-平面上の直線に写ることを示せばよい.

　直線に関しても同様に示せるから, 円に関してのみ証明しよう. C を z-平面
上の中心 a, 半径 r の円周 $C : |z - a| = r$ とする. $(z-a)\overline{(z-a)} = r^2$ から,
C 上の点 z の写っていった点 $w = \frac{1}{z}$ は次の方程式をみたす：

$$(1/w - a)(1/\overline{w} - \overline{a}) = r^2. \tag{1.14}$$

$$\therefore \ (|a|^2 - r^2)|w|^2 - aw - \overline{a}\overline{w} + 1 = 0. \tag{1.15}$$

先ず, 円 C が原点を通らないときを考えよう. すなわち, $|a| \neq r$. このとき上
式は簡単な計算により

$$\left| w - \frac{\overline{a}}{|a|^2 - r^2} \right| = \frac{r}{||a|^2 - r^2|}.$$

よって, 点 w は w-平面上の中心 $\frac{\overline{a}}{|a|^2-r^2}$, 半径 $\frac{r}{||a|^2-r^2|}$ の円周 K 上に乗って
いることがわかる. 逆に, K 上の任意の点 w を与え, $z = 1/w$ と置く. 上の
推論を逆に辿れば, $z \in C$ であって, w に対応する. よって, 円 C は円 K 上
に一対一に写る. 詳しくいえば, 点 z が円 C を反時計回りに 1 周するとする.

　(i) C が (図 1.15 での C_1 のように) 原点を回っていない (すなわち, $r < |a|$)
のとき, 点 w は (K_1 のように) 円周 K を反時計回りに 1 周する.

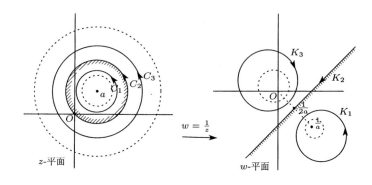

図 1.15 円円対応

 (ii) C が (C_3 のように) 原点を回っている (すなわち,$r > |a|$) のとき,点 w は円周 K を (K_3 のように) 時計回りに 1 周する.

 次に,円 C が (C_2 のように) 原点を通っているとき,すなわち,$r = |a|$ のとき等式 (1.15) から $aw + \overline{aw} = 1$. ここで,$a = a_1 + ia_2$, $w = u + iv$ (ただし,a_1, a_2, u, v は実数) とすれば $a_1 u - a_2 v = 1/2$. これはベクトル $\overrightarrow{O(1/a)}$ に直交し,点 $1/2a$ を通る直線 K である.したがって,z が円 C を (C_2 の向きに) 描くと対応する w は直線 K を (K_2 の向きに) 描く. □

 複素数 z を図 1.14 によって球面 $\mathbf{Q}$ 上の点 P に対応させた.ところでこの対応では平面 π 上の円または直線は球面 $\mathbf{Q}$ 上の北極 N を通らない円または北極 N を通る円にそれぞれ対応する (証明は省略する).それで関数論では直線を円の仲間に入れて考える.すなわち,「K が拡張された平面 $\widehat{\mathbf{C}}$ 上の円である」とは,K は平面 $\mathbf{C}$ 上の円であるかまたは平面 $\mathbf{C}$ の上の直線に無限遠点 ∞ を付け加えたものを言う.したがって,定理 1.5.1 は簡潔に「一次変換 $w = L(z)$ によって $\widehat{\mathbf{C}}_z$ 上の円は $\widehat{\mathbf{C}}_w$ 上の円に写される」と言い表される.

注意 1.5.2 (アポロニウスの円) z-平面上に異なる 2 点 a, b が与えられているとする.点 z から a, b までの距離の比が一定 $R > 0$ であるような点 z の描く軌跡 $C_R(a, b)$: $|z - a|/|z - b| = R$ は,$R \neq 1$ のとき円であり,$R = 1$ のとき

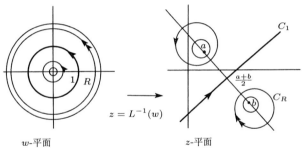

図 1.16 アポロニウスの円

線分 $[a, b]$ の垂直 2 等分線である.実際,一次変換 $w = L(z) = (z-a)/(z-b)$ およびその逆一次変換 $z = L^{-1}(w) = (bw-a)/(w-1)$ を考える.w-平面上に原点中心,半径 R の円周 $K_R\colon |w| = R$ を描く.このとき,C_R は円周 K_R の一次変換 $z = L^{-1}(w)$ による像に他ならない.したがって,円円対応から $C_R(a,b)$ も $\widehat{\mathbf{C}}_z$ での円である.詳しく言うと,K_R が $w = 1$ を通らないとき,すなわち,$R \neq 1$ のときは,C_R は $\mathbf{C}_z$ での円であり,そうでないとき,すなわち,$R = 1$ のとき,C_1 は線分 $[a, b]$ の垂直 2 等分線になる.

円 C_R を 2 点 a, b および比 R に関する**アポロニウスの円**という.R ($0 < R < 1$) に対して,$|z-a|/|z-b| < R$ なる点 z の集まりは a, b および比 R に関するアポロニウスの円 $C_R(a,b)$ の内部に等しい.図 1.16 は R が 0 から徐々に大きくなって無限大にいったときの C_R の変化を示している.

3. 等角性 $w = L(z)$ を (1.11) で与えられた一次変換とする.今,z-平面上に二つの交わる向き付けられた円 C_1, C_2 が与えられていて,その交点の一つを α とし,C_1, C_2 は角度 θ で交わっているとする.すなわち,点 α を始点にして C_1, C_2 と同じ向きにそれぞれ接線 T_1, T_2 を描くとき,T_1 から T_2 へ反時計回りに計ったときの T_1 と T_2 のなす角が θ である.図 1.17 からわかるように,θ は次のようにして求められる:C_1, C_2 上に α とは異なる点 z_1, z_2 をそれぞれ取り,偏角 $\arg(z_2 - \alpha)/(z_1 - \alpha)$ を求め,$z_1, z_2 \to \alpha$ としたとき,この偏角の極限が θ に等しい.

一次変換 $w = L(z)$ の円円対応から C_1, C_2 は w-平面上の円または直線に写る

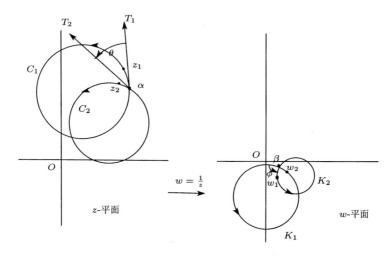

図 **1.17** 等角性

のでそれを K_1, K_2 とする．それらは点 $L(\alpha) = \beta$ で交わっている．$\alpha \neq -b/a$ と仮定する．よって，$\beta \neq \infty$．このとき

命題 1.5.1　　K_1, K_2 は点 β において同じ角度 θ で交わる．

[証明]　①，②型の一次変換については明らかであるから，③型：$w = \frac{1}{z}$ について証明すればよい．この場合は交点 $\alpha \neq 0$ と仮定している．K_1, K_2 は点 $\beta = 1/\alpha$ で角度 ϕ で交わっているとする．図 1.17 のように C_1, C_2 上に点 z_1, z_2 ($\neq \alpha$) を取り，対応する点を各々 w_1, w_2 とする．このとき

$$\theta = \lim_{z_1, z_2 \to \alpha} \arg \frac{z_2 - \alpha}{z_1 - \alpha}$$

である．同様にして

$$\phi = \lim_{w_1, w_2 \to \beta} \arg \frac{w_2 - \beta}{w_1 - \beta} = \lim_{z_1, z_2 \to \alpha} \arg \left(\left(\frac{z_2 - \alpha}{z_1 - \alpha} \right) \frac{z_1}{z_2} \right) = \theta + \arg 1 = \theta.$$

したがって，命題は証明された．　□

　第 2 章において，等角性は一次変換ばかりでなく一般の正則写像について成

立することを示す.

4. 非調和比の不変性　平面上の相異なる 4 点 z_i $(i = 1, 2, 3, 4)$ が与えられたとき，(1.5) によってその非調和比

$$(z_1, z_2, z_3, z_4) = \frac{z_3 - z_1}{z_4 - z_1} \bigg/ \frac{z_3 - z_2}{z_4 - z_2}$$

を定義した．これは一次変換によって不変である．すなわち，

命題 1.5.2　一次変換 $w = L(z) = (cz + d)/(az + b)$ が与えられたとき，相異なる 4 点 z_i $(\neq -b/a)$, $i = 1, 2, 3, 4$ に対して，次式が成立する：

$$(z_1, z_2, z_3, z_4) = (L(z_1), L(z_2), L(z_3), L(z_4)). \tag{1.16}$$

[証明]　簡単のために $w_i = L(z_i)$ $(i = 1, 2, 3, 4)$ と書く．①, ② 型の一次変換については上の命題は明らかだから，③ 型：$w = 1/z$ について成立することを見ればよい．$w_i = 1/z_i$, $i = 1, 2, 3, 4$ を代入すれば

$$右辺 = \frac{w_3 - w_1}{w_4 - w_1} \bigg/ \frac{w_3 - w_2}{w_4 - w_2} = \frac{z_1 - z_3}{z_1 - z_4} \bigg/ \frac{z_2 - z_3}{z_2 - z_4} = 左辺. \qquad \square$$

注意 1.5.3　平面 $\widehat{\mathbf{C}}$ 上の相異なる 4 点についても非調和比を次のように定義する．例えば，$z_1 = \infty$ であり，z_2, z_3, z_4 は平面 $\mathbf{C}$ 上の相異なる 3 点とする．このとき $z_1 \in \mathbf{C}$ が ∞ に近づいたと考えて

$$(\infty, z_2, z_3, z_4) := \lim_{z_1 \to \infty} (z_1, z_2, z_3, z_4) = \frac{z_4 - z_2}{z_3 - z_2}.$$

と定義する．したがって，平面 $\mathbf{C}$ 上の相異なる 3 点 z_2, z_3, z_4 が同一直線上にあるための必要十分条件は (∞, z_2, z_3, z_4) が $0, 1$ でない実数になることであることがわかる．また，$z_i = \infty$ $(i = 2, 3, 4)$ についても同様に非調和比を定義する．例えば，任意の $z \in \mathbf{C}$ に対して

$$(z, 1, 0, \infty) := \lim_{z_4 \to \infty} (z, 1, 0, z_4) = z. \tag{1.17}$$

故に，命題 1.2.1 は次のように拡張される．

命題 1.5.3 平面 $\widehat{\mathbf{C}}$ 上の相異なる 4 点が同一の (拡張された) 円周上にある
ための必要十分条件はそれらの非調和比が 0, 1 でない実数になることである.

注意 1.5.4 (3 点の非調和比) 非調和比は平面 $\widehat{\mathbf{C}}$ 上の相異なる 3 点につい
ても定義される. 先ず, z_2, z_3, z_4 は $\mathbf{C}$ 上の相異なる 3 点とし, z_1 がそのう
ちのいずれか一つに一致したとする. $z_1 = z_2$ または z_3 のときは式 (1.5) か
ら $(z_2, z_2, z_3, z_4) = 1$, $(z_3, z_2, z_3, z_4) = 0$ と定義する. $z_1 = z_4$ のときは, z_1
$(\neq z_4) \to z_4$ と考えて, $(z_4, z_2, z_3, z_4) := \lim_{z_1 \to z_4}(z_1, z_2, z_3, z_4) = \infty$ と定義
する. 次に, 4 点 z_1, z_2, z_3, z_4 のうちの 2 点, 例えば, z_1, z_4 が共に ∞ のと
きは, 平面上の異なる 2 点 z_1, z_4 が ∞ に近づいたと考えて

$$(\infty, z_2, z_3, \infty) := \lim_{z_1, z_4 \to \infty}(z_1, z_2, z_3, z_4) = \frac{-1}{0 \cdot (z_3 - z_2)} = \infty$$

と定義する. 同様にして $(\infty, z_2, \infty, z_4) = 0$, $(\infty, \infty, z_3, z_4) = 1$ と定義する.

一次変換 $w = L(z)$ は平面 $\widehat{\mathbf{C}}$ からその上への一対一対応を与えていた. 一
方, 注意 1.5.3, 1.5.4 によって $\widehat{\mathbf{C}}$ 上の任意の相異なる 4 点及び 3 点に関して
非調和比を定義した. この定め方より, 命題 1.5.2 の拡張として, 次の命題が
成立することが確かめられる.

命題 1.5.4 $\widehat{\mathbf{C}}$ 上の任意の相異なる 4 点および 3 点に関する非調和比も一次
変換によって不変である.

このことと注意 1.5.4 から, 定理 1.5.1 は計算を用いずに自然とでてくる.
実際, C を $\widehat{\mathbf{C}}_z$ の任意の円とする. C 上の相異なる 3 点 a, b, c を固定する. 一
次変換 $w = L(z)$ によってそれらの写っていった $\widehat{\mathbf{C}}_w$ 上の点を a', b', c' とす
る. この相異なる 3 点は $\widehat{\mathbf{C}}_w$ 上の円 C' を一意的に定める. $C' = L(C)$ を示せ
ばよい. そのために, z を C 上の任意の点とし, $w = L(z)$ と書く. このとき,
非調和比 (z, a, b, c) は 0, 1 でない実数である. したがって, (w, a', b', c') もそ
うである. よって, 4 点 w, a', b', c' は $\widehat{\mathbf{C}}_w$ 上のある同一円周上に乗っている.
故に, $w \in C'$ となり, $L(C) \subset C'$ である. 逆一次変換 $z = L^{-1}(w)$ を考えれ

ば $L(C) \supset C'$ がわかる．したがって，円周 C は円周 C' の上に $w = L(z)$ によって一対一に写る．

このように，拡張された複素平面 $\mathbf{C}$ 上でこそ非調和比と一次変換は強く結ばれている．

系 1.5.1 1． z-平面 $\widehat{\mathbf{C}}_z$ 上の任意の相異なる 3 点 a_1, a_2, a_3 をそれぞれ $\widehat{\mathbf{C}}_w$ 上の $1, 0, \infty$ に写す一次変換 $w = L(z)$ は唯一つ存在し，$w = (z, a_1, a_2, a_3)$ で与えられる．

2． $a_i \ (i = 1, 2, 3)$ を $\widehat{\mathbf{C}}_z$ 上の任意の相異なる 3 点とし，$b_i \ (i = 1, 2, 3)$ を $\widehat{\mathbf{C}}_w$ 上の任意の相異なる 3 点とする．このとき，

(a) 3 点 $a_i \ (i = 1, 2, 3)$ をそれぞれ $\widehat{\mathbf{C}}_w$ 上の 3 点 $b_i \ (i = 1, 2, 3)$ に写す変換 $w = L(z)$ は唯一つ存在し，$(w, b_1, b_2, b_3) = (z, a_1, a_2, a_3)$ で与えられる．

(b) 任意の複素数 $k \ (\neq 0)$ に対して，等式 $(w, b_1, b_2, b_3) = k(z, a_1, a_2, a_3)$ で定まる一次変換 $w = L_k(z)$ は 2 点 $a_i \ (i = 2, 3)$ をそれぞれ 2 点 b_i $(i = 2, 3)$ に写す（ただし，a_1 は b_1 には写るとは限らない）．

[証明] 1 を示すために，先ず，非調和比の定義から $w = (z, a_1, a_2, a_3)$ は z の一次変換であることに注意する．しかも，注意 1.5.4 から，これは a_1, a_2, a_3 を $1, 0, \infty$ に写す．次に，一意性を示すために，$w = \widetilde{L}(z)$ を a_1, a_2, a_3 を $1, 0, \infty$ に写す任意の一次変換とする．命題 1.5.4 から $(z, a_1, a_2, a_3) = (\widetilde{L}(z), 1, 0, \infty)$ である．(1.17) からこの右辺は $\widetilde{L}(z)$ に等しいから一意性が示された．

2 (a) を示そう．等式 $(w, b_1, b_2, b_3) = (z, a_1, a_2, a_3)$ によって一次変換 $w = L(z)$ が定まる．次の同一平面 $\widehat{\mathbf{C}}_Z$ への二つの一次変換 $Z = S(z) = (z, a_1, a_2, a_3)$ および $Z = T(w) = (w, b_1, b_2, b_3)$ を考える．$Z = T(w)$ の逆一次変換を $w = T^{-1}(Z)$ として，合成写像 $w = T^{-1}(S(z))$, $z \in \widehat{\mathbf{C}}_z$ を作れば，これは $L(z)$ に他ならない．したがって，1 から 2 (a) が導かれる．

2 (b) を示すために上の二つの一次変換 $Z = S(z)$, $W = T(w)$ と次の一次変換 $W = \mathcal{K}(Z) = kZ$ を考える．このとき $w = L_k(z)$ は合成写像 $L_k(z) = T^{-1} \circ \mathcal{K} \circ S(z)$ に他ならない（図 1.18 を参照）．よって，$z = a_2 \to$

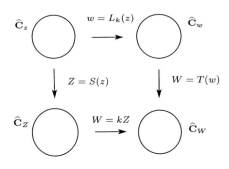

図 1.18 一次変換 $w = L_k(z)$ の合成表示: $L_k(z) = T^{-1} \circ \mathcal{K} \circ S(z)$

$Z = 0 \to W = 0 \to w = T^{-1}(0) = b_2$; $z = a_3 \to Z = \infty \to W = \infty \to w = T^{-1}(\infty) = b_3$ から (b) が示された. □

5. 反点の対応 z-平面上に円 $C: |z - a| = r$ を考える．平面上の一点 ζ ($\neq a$) に対して次の「条件」で定まる点 ζ^* を点 ζ の円 C に関する**反点**または**鏡像点**という:「ベクトル $\zeta^* - a$ と $\zeta - a$ とは方向が同じであって，長さの積が r^2 である」．これを式で表すと $\zeta^* - a = \frac{r^2}{\overline{\zeta - a}}$ となる．丁度，C を丸い鏡と考えるとき，点 ζ の写る位置が ζ^* である．$\zeta \to a$ (または ∞) ならば ζ^* (または a) $\to \infty$ であるから，中心 a および ∞ の円 C に関する反点はそれぞれ ∞ および a と定義する．また，L を平面上の直線とする．平面上の一点 ζ に対して次の「条件」で定まる点 ζ^* を点 ζ の直線 L に関する反点という:「$\zeta^* - \zeta$ は直線 L と直交して中点 $M = \frac{\zeta + \zeta^*}{2}$ は L 上の点である」．さらに，L に関する ∞ の反点は ∞ と定義する．

注意 1.5.5 次のように考えれば直線 L に関する ζ の反点 ζ^* の定義は円に関する反点の定義と自然に結びつく．先ず，直線 L に対して定義した 2 点 ζ, ζ^* を通る直線 l を考え，l 上の 1 点 a を取る．次に，中心 a, 半径 $|Ma|$ の円 $C(a)$ を描き，点 ζ の円 $C(a)$ に関する反点 $\widehat{\zeta}$ を取る．そこで，点 a を直線 l 上で ∞ に近づけよう．そのとき，円 $C(a)$ は直線 L に近づき，円 $C(a)$ に関する ζ の反点 $\widehat{\zeta}$ は直線 L に関する反点 ζ^* に近づく．

平面 $\widehat{\mathbf{C}}_z$ での任意の円 C を描き，それに関する $\widehat{\mathbf{C}}_z$ 上の任意の点 ζ に対しての反点を ζ^* とする．任意の一次変換 $w = L(z)$ による円 C の像の定める円を K とする．$\xi = L(\zeta) \in \widehat{\mathbf{C}}_w$ と書き，点 ξ の円 K に関する反点を ξ^* とする．このとき $\xi^* = L(\zeta^*)$ が成立する．すなわち，

命題 1.5.5 一次変換によって反点の対応は不変である．

ここでは，C は平面 $\mathbf{C}_z$ 上の円 $C\colon |z-a| = r$，K は平面 $\mathbf{C}_w$ 上の円 $K\colon |w-b| = R$，点 $\zeta \neq a, \infty$ かつ $\xi \neq b, \infty$ の場合を示す (他の場合も同様に示される)．そのために，次の平面幾何学における定理を思い起こそう．

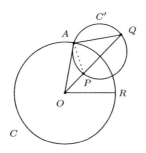

図 **1.19** P とその反点 P^* を通る円

補題 1.5.1 平面上に 1 点 P と中心 O，半径 R の円 C とが与えられているとする．P の円 C に関する反点を P^* とする．このとき，点 P を通り円 C と直交する任意の円 C' は点 P^* を通る．逆に，2 点 P, P^* を通る任意の円 C' は円 C と直交している．

[証明]　$OP = r$, $OP^* = r^*$ とおけば $rr^* = R^2$ である．図 1.19 のように点 P を通る任意の円 C' を描き C と C' の交点を A し，OP を延長して円 C' との交点を Q とし，$OQ = r'$ とおく．このとき，

$$C \text{ と } C' \text{ は直交する} \iff OA \text{ は } C' \text{ と点 } A \text{ で接する}$$

$$\iff \angle OAP = \angle AQP \iff \triangle OAP \sim \triangle OQA$$
$$\iff OA:OP = OQ:OA \iff rr' = R^2 \iff r' = r^*.$$

したがって，$Q = P^*$ となり補題は証明された． □

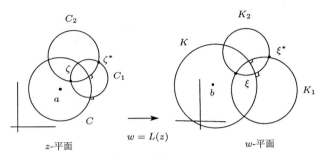

図 **1.20** 反点の対応

[命題 1.5.5 の証明] z-平面上で点 ζ を通り，円 C と直交する二つの円 C_1，C_2 を勝手に描く．これらの円が一次変換 $w = L(z)$ で写った円を各々 K_1，K_2 とする．そうすれば，K_1，K_2 は点 ξ を通り，命題 1.5.1 から円 K と直交している．ところで，上の補題より二つの円 C_1，C_2 は共に点 ζ の円 C に関する反点 ζ^* を通る．同様に二つの円 K_1，K_2 は共に点 ξ の円 K に関する反点 ξ^* を通る．変換 $w = L(z)$ によって C_1 と C_2 の二つの交点は K_1 と K_2 の交点に写るから，点 ζ^* は点 ξ^* に写る． □

系 1.5.2 z-平面上の円周 $C: |z| = R$ および開円板 $(C): |z| < R$ を描き，点 $a \in (C)$ の C に関する反点を a^* と置く．このとき

1. $z_1 \in C$ (または $\in (C)$) であるための必要十分条件は

$$\frac{|z_1 - a|}{|z_1 - a^*|} = \frac{|a|}{R} \quad \left(\text{または } \frac{|z_1 - a|}{|z_1 - a^*|} < \frac{|a|}{R}\right). \quad (1.18)$$

2. $z_1 \in C$ とする．このとき，$z \in C$ (または $\in (C)$) であるための必要十分条件は $|(z, z_1, a, a^*)| = 1$ (または $|(z, z_1, a, a^*)| < 1$)．

[証明] $z_1 \in C$ と仮定すると，$\triangle Oz_1 a \sim \triangle Oa^* z_1$．したがって，$|z_1 - a|$:

1.5 一次変換 $w = \frac{cz+d}{az+b}$ による写像 27

$|z_1 - a^*| = |a| : R$ となり，(1.18) が成り立つ．すなわち，円 C は 2 点 a, a^* および比 $|a|/R$ に関するアポロニウスの円 $C_{|a|/R}(a, a^*)$ に他ならない．注意 1.5.2 から 1 が得られる．2 は 1 を非調和比を使って述べたものである．　□

6. 単位円の対応　z-平面上の単位円周を $C: |z| = 1$, その内部を (C): $|z| < 1$ と書く．w-平面上の単位円周を $K: |w| = 1$, その内部を (K): $|w| < 1$ と書く．このとき

命題 1.5.6　点 $a \in (C)$ に対して，円板 (C) を円板 (K) に，点 a を原点 $w = 0$ に写す一次変換 $w = L(z)$ は次の形で与えられるものに限る：

$$w = e^{i\theta} \frac{z - a}{1 - \overline{a}z}. \quad \text{ただし，} \theta \ (0 \le \theta < 2\pi) \text{ は或る定数.} \quad (1.19)$$

[証明]　$a^* = 1/\overline{a}$ を用いて，簡単な計算により

$$\frac{z - a}{1 - \overline{a}z} = e^{i\alpha}(z, 1, a, a^*), \qquad \text{ただし，} e^{i\alpha} = \frac{1 - a}{1 - \overline{a}}. \quad (1.20)$$

先ず，$w = L(z)$ は条件を満たす任意の一次変換とする．$w = L(z)$ によって円周 C は円周 K に写るので，C 上の点 $z = 1$ は K 上の或る点 $w = e^{i\phi}$ に写る．また，点 a の C に関する反点 $a^*(= 1/\overline{a})$ は原点 O の円 K に関する反点 ∞ に写る．したがって，系 1.5.1 から $(L(z), e^{i\phi}, 0, \infty) = (z, 1, a, a^*)$．よって，$L(z) = e^{i(\phi-\alpha)}(z - a)/(1 - \overline{a}z)$ となり，$w = L(z)$ は (1.19) の形である．次に，$w = \widetilde{L}(z)$ は (1.19) の形をした任意の一次変換とする．(1.20) から $w = \widetilde{L}(z) = e^{i(\theta+\alpha)}(z, 1, a, a^*)$．よって，系 1.5.2 の 2 から $w = \widetilde{L}(z)$ が条件を満たすことがわかる．　□

命題 1.5.7　a および b をそれぞれ (C) および (K) 内の任意の点とする．このとき，円板 (C) を円板 (K) に写し，a を b に写す一次変換は次の形で与えられるものに限る：

$$\frac{w - b}{1 - \overline{b}w} = e^{i\theta} \frac{z - a}{1 - \overline{a}z}. \quad \text{ただし，} \theta \ (0 \le \theta < 2\pi) \text{ は或る定数.}$$

[証明] $w = L(z)$ を条件を満たす任意の一次変換とする．次の変換

$$Z = S(z) = \frac{z-a}{1-\bar{a}z}, \qquad W = T(w) = \frac{w-b}{1-\bar{b}w}$$

を考え，合成変換 $W = T \circ L \circ S^{-1}(Z)$ $(=: \mathcal{A}(Z))$ を作ればこれは $|Z|<1$ を $|W|<1$ 上に一対一に写す一次変換であって，原点 $Z=0$ を原点 $W=0$ に写す．したがって，$\mathcal{A}(Z) = e^{i\theta}Z$ (θ は $0 \leq \theta < 2\pi$ なる或る定数) の形である．故に，$e^{i\theta}S(z) = T(L(z))$ となり，$w = L(z)$ は求める形である．逆も，命題 1.5.6 と上の合成変換を作れば同様に示される．□

注意 1.5.6 円板 (C) 内の 2 点 z_1, z_2 を与えるとき，曲線 l_1 を z_1, z_2 を通り，単位円周 C に直交する (唯一意に定まる) 円周 C_1 の z_1 と z_2 を結ぶ (C) 内の円弧とする．このとき l_1 を z_1, z_2 を結ぶ**非ユークリッド直線**という．このとき，3 点 $z_1, z_2, z_3 \in (C)$ が定める 3 本の非ユークリッドの直線が (C) 内に (図 1.21 のように)「三角形」を定めるとき，その「三角形」の内角の和は常に π より小さい．

[証明] 図 1.21 のように (C) 内に任意の「三角形」$\Delta z_1 z_2 z_3$ を考え，それは 3 本の「線分」l_1, l_2, l_3 で囲まれているとする．先ず，円板 (C) を自分自身に写す一次変換 $w = L(z)$ で，点 z_1 を原点 O へ，「線分」l_1 を円板 K 内の区間 $[0, r_2]$ (ただし，$r_2: 0 < r_2 < 1$ は或る正数) に写すものが存在する．円 C_3

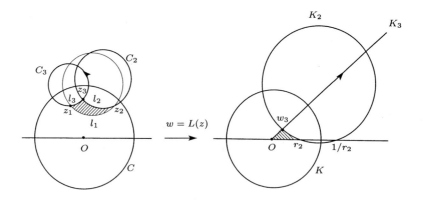

図 **1.21** 「三角形」の内角の和 $< \pi$

は直線 K_3 に写るから, 線分 l_3 は上半円板内の線分 $[0, w_3]$ に写される. さらに, l_2 を定める円周 C_2 は $w = L(z)$ によってある円周 K_2 に写るが $C_2 \perp C$ だから $K_2 \perp K$ である. したがって, 補題 1.5.1 から K_2 は点 r_2 の反点 $1/r_2$ (> 1) を通る. 故に, 2 点 z_2, z_3 を通る円 C_2 の「線分」 l_2 は $w = L(z)$ によって, 3 点 r_2, w_3 および $1/r_2$ を通る円弧 $r_2 w_3$ に写るから, 3 点 O, r_2, w_3 の定める「三角形」 $\widetilde{\Delta}$ はユークリッドの三角形 $\Delta O r_2 w_3$ に含まれる. 故に, $\widetilde{\Delta}$ の内角の和は π より小さい. 一次変換の等角性から「三角形」 $\Delta z_1 z_2 z_3$ の内角の和は π より小さくなる. $\qquad\square$

1.6 $w = \sqrt{z - a}$ による写像

1. n 乗根 $n \geq 1$ を自然数として, 方程式

$$z^n = 1 \tag{1.21}$$

の解 z を求めよう. n 次方程式だから, n 個の解を持つ. z を極座標表示して $z = re^{i\theta}$ とすると $r^n e^{in\theta} = 1$. 両辺の絶対値を取れば, $r^n = 1$ である. $r > 0$ より $r = 1$. したがって, $e^{in\theta} = 1$ となるから, 注意 1.6 によって $\theta = \frac{2k\pi}{n}$ ($k = 0, \pm 1, \pm 2, \dots$) である. 故に,

$$z = e^{2k\pi i/n} \quad (k = 0, \pm 1, \pm 2, \dots).$$

このように解 z の表現は無限にあるがこれらの中で (複素数として) 相異なるものは次の n 個である:

$$1, e^{\frac{2\pi i}{n}}, e^{\frac{4\pi i}{n}}, \dots, e^{\frac{2(n-1)\pi i}{n}}.$$

これらが n 次方程式 (1.21) の n 個の解である. 便宜的に $\omega = e^{\frac{2\pi i}{n}}$ と置くと, 上の n 個の解は $1, \omega, \omega^2, \dots, \omega^{n-1}$ と表せる. したがって, これらは z-平面で考えると点 1 から出発して角度 $2\pi/n$ ずつ $n - 1$ 回, 原点の周りに回転して得られる n 個の点である.

次に, $a \ (\neq 0)$ を与えられた複素数として方程式

$$z^n = a \tag{1.22}$$

の解 z を求めよう．これも n 個の解を持つ．a を極座標表示して $a = Re^{i\Theta}$ $(0 \leq \Theta < 2\pi)$ とする．明らかに $z_0 = \sqrt[n]{R}e^{\frac{i\Theta}{n}}$ は方程式 (1.22) の一つの解である．(1.22) の任意の解を z とすれば $(z/z_0)^n = 1$ を満たすから，

$$z = z_0, z_0\omega, z_0\omega^2, \ldots, z_0\omega^{n-1}$$

が (1.22) のすべての解である．

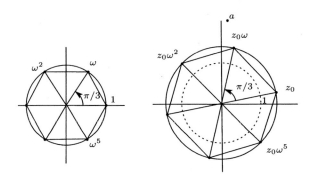

図 1.22 $z^6 = 1$ と $z^6 = a$ の解

2. 関数 $\sqrt{z}$ 高校では関数 $\sqrt{x}$ およびグラフ $y = \sqrt{x}$ を定義するためには $x \geq 0$ でなければならなかった．ここでは z を複素数とするとき関数 $\sqrt{z}$ およびそのグラフ $w = \sqrt{z}$ を考えよう．定義により「$\sqrt{z}$ とは 2 乗して z になる複素数 w, すなわち，$w^2 = z$ を満たす複素数 w のこと」である．したがって，w は $z \neq 0$ に対しては二つ，$z = 0$ に対しては一つ存在する．z の極座標表示を $z = re^{i\theta}$ $(0 \leq \theta < 2\pi)$ とするとそれら二つは $w = \sqrt{r}e^{i\theta/2}$, $-\sqrt{r}e^{i\theta/2}$ である．$z \neq 0$ を与えると $\sqrt{z}$ は (離れた) 二つの値よりなる．これが或る意味でつながっていることを見よう．今，$z = re^{i\theta}$ が z-平面 $\mathbf{C}_z$ 上で原点中心, 半径 r の円周 C を実軸上の点 $z = r$ を出発し, 反時計回りに 1 周してもとの点 $z = r$ に戻ってきたとしよう．すなわち，$z = re^{i\theta}$ $(0 \leq \theta \leq 2\pi)$．このとき，対応する $w = \sqrt{r}e^{i\theta/2}$ は点 $\sqrt{r} > 0$ を出発して半径 $\sqrt{r}$ の円周を反時計回りに半周

1.6　$w = \sqrt{z-a}$ による写像

し，(もとの点には戻らずに) $-\sqrt{r}$ を終点とする．さらに，z が $z = r$ を出発し，同じ半径 r の円周を1周したとする．すなわち，$z = re^{i\theta}$ $(2\pi \leq \theta \leq 4\pi)$．このとき，対応する w を終点 $-\sqrt{r}$ から出発させると，半径 $\sqrt{r}$ の円周を反時計回りに下を半周して最初の出発点 $\sqrt{r}$ に戻ってくる．

リーマン (19世紀のドイツの数学者) はこのことを次のような「面」を新しく考えだして，関数 $w = \sqrt{z}$ を通常の関数のように扱えるようにした (この考え方は関数論をリーマン以前と以後を画することとなった)．

今，2枚の平面 π_1, π_2 を考える．各平面 π_i $(i = 1, 2)$ を原点から正の実軸に沿って鋏を入れる．切れ目の上岸を L_i^+，下岸を L_i^- とする．平面 π_1 では $z = re^{i\theta}$ $(0 \leq \theta \leq 2\pi)$ とし，平面 π_2 では $z = re^{i\theta}$ $(2\pi \leq \theta \leq 4\pi)$ を対応させる．そうすれば $w = \sqrt{r}e^{i\theta/2}$ によって平面 π_1 は w-平面上の上半平面に，平面 π_2 は w-平面上の下半平面に写る．しかも π_1 の下岸 L_1^- における w の値 l_1^- と π_2 の上岸 L_2^+ における w の値 l_2^+ とは等しく，π_2 の下岸 L_2^- における w の値 l_2^- と π_1 の上岸 L_1^+ における w の値 l_1^+ とは等しい．それで，L_1^- と L_2^+ とを貼り合わせ，L_2^- と L_1^+ とを貼り合わせる (普通の3次元空間では実現できないが図1.24のように容易に我々は想像が出来る)．このようにして得られた z-平面上の2枚の面 $\mathcal{R}$ を関数 $w = \sqrt{z}$ のリーマン面という．原点 O をリーマ

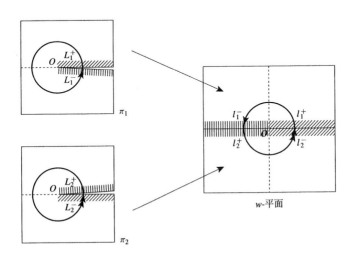

図 1.23　関数 $w = \sqrt{z}$ の像

ン面 $\mathcal{R}$ の**分岐点**という．そこでの w の値は 0 と定める：$\sqrt{0} = 0$．リーマン面 $\mathcal{R}$ 上では関数 $\sqrt{z}$ は普通の一価な関数となり，$w = \sqrt{z}$ はこの $\mathcal{R}$ の上で自由に振る舞うことが出来るのである．なお，$\mathcal{R}$ を作るために実軸の $[0, \infty)$ に沿って鋏を入れ，2 枚の z-平面を貼り合わせたが，出来上がってしまえばこれは便宜的であったことがわかる．

$a \neq 0$ のとき $w = \sqrt{z-a}$ のリーマン面は $w = \sqrt{z}$ のリーマン面 $\mathcal{R}$ の分岐点 O を点 a に変えるだけである．

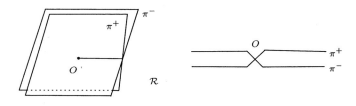

図 1.24 $\sqrt{z}$ のリーマン面

同様に考えれば，二つの関数

$$w = \sqrt[3]{z} = \sqrt[3]{r}e^{i\theta/3} \quad \text{および} \quad w = \sqrt[3]{z^2} = \sqrt[3]{r^2}e^{i2\theta/3}$$

のリーマン面を作ると，それらは同じであって，z-平面を三重に被覆し正の実軸 $[0, \infty)$ に沿って図 1.25 のように貼り合わせたものが $\mathcal{R}$ である．

$w = \sqrt[3]{z}$ および $w = \sqrt[3]{z^2}$ の値の変化を示すと $\mathcal{R}$ の π_i ($i = 1, 2, 3$) が図 1.26 の w-平面上の σ_i ($i = 1, 2, 3$) に写る．ただし，$\sigma_2 = \sigma_2^+ \cup \sigma_2^-$．詳しくいえば図 1.25 の 3 種類の影の部分が図 1.26 の同種の影の部分に写る．よって，$w = \sqrt[3]{z}$ は $\mathcal{R}$ を w-平面全体に，$w = \sqrt[3]{z^2}$ は w-平面上を二重に被覆した $\mathcal{S}$ に一対一に写す（$\mathcal{S}$ は $\sqrt{w}$ のリーマン面と一致している）．

3. 関数 $\sqrt{(z-a)(z-b)}$ 次に，$w = \sqrt{(z-a)(z-b)}$ ($a \neq b$) のリーマン面を求めよう．本質的には同じだから $a = 1$，$b = -1$ の場合，すなわち，$w = \sqrt{(z-1)(z+1)} = \sqrt{z^2-1}$ のリーマン面 $\mathcal{R}$ を求めよう．$w^2 = (z+1)(z-1)$ であるから，与えられた z に対して，w は二つの異なる値を持つ．したがって，リーマン面 $\mathcal{R}$ は z-平面を二重に被覆していることが先ずわかる．先に見たよう

1.6 $w = \sqrt{z-a}$ による写像

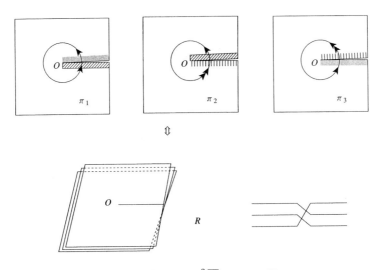

図 1.25 $\sqrt[3]{z}$ および $\sqrt[3]{z^2}$ のリーマン面

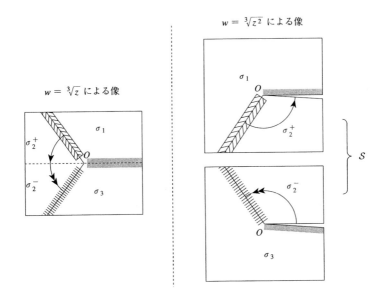

図 1.26 $w = \sqrt[3]{z}$ および $w = \sqrt[3]{z^2}$ の像

に, $z\,(\neq 1)$ に対して $\sqrt{z-1}$ は二つの値を持ち一つを $p(z)$ とすれば, 他方は $-p(z)$. 同様に, $z\,(\neq -1)$ について, $\sqrt{z+1}$ は二つの値を持ち一つを $q(z)$ とすれば, 他方は $-q(z)$ である. したがって, $\sqrt{z^2-1}$ の二つの値は $p(z)q(z)$ および $-p(z)q(z)$ である.

今, $z_0\,(\neq \pm 1)$ を出発点として定め, そこでの $\sqrt{z_0-1}$, $\sqrt{z_0+1}$ の値として各々 $p(z_0)$, $q(z_0)$ を取り, $\sqrt{z_0^2-1}$ の値として $p(z_0)q(z_0)$ を取ろう. 点 z が z_0 を出発して z-平面上を (点 ± 1 を通ることなく) 連続的に変化して, もとの点 z_0 に戻ってきたとし, その描く閉曲線を l と書こう. 例えば, 図 1.27 の閉曲線

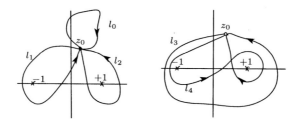

図 1.27 $\sqrt{z_0^2-1}$ の変化を見るための閉曲線

l_0 に沿って $p(z)$, $q(z)$ が各々 $p(z_0)$, $q(z_0)$ から連続的に値を変化していくと, **2** における考察により, 終点では $p(z)$ は $p(z_0)$ かつ $q(z)$ は $q(z_0)$ となり, 積 $p(z)q(z)$ はもとの値 $p(z_0)q(z_0)$ に戻る. 次に, l_1 に沿って $p(z)$, $q(z)$ が各々 $p(z_0)$, $q(z_0)$ から連続的に値を変化していくと, 終点では $p(z)$ は $p(z_0)$ に戻り, $q(z)$ は値 $-q(z_0)$ に変化する. したがって, 積 $p(z)q(z)$ は $-p(z_0)q(z_0)$ に変化し, もとの値に戻らない. さらに, 引き続き l_1 を一周すると $p(z_0)$, $-q(z_0)$ は各々 $p(z_0)$, $q(z_0)$ に変化するから $-p(z_0)q(z_0)$ は $p(z_0)q(z_0)$ に変化する. よって, l_1 を 2 周すると $p(z_0)q(z_0)$ はもとの値 $p(z_0)q(z_0)$ に戻る. 閉曲線 l_2 についても同様である. 閉曲線 l_3 について調べると $p(z_0)$ は $-p(z_0)$ に変化し, $q(z_0)$ も同じく $-q(z_0)$ に変わる. したがって, 積 $p(z_0)q(z_0)$ はもとの値 $p(z_0)q(z_0)$ に戻る. 閉曲線 l_4 についても同様である.

これらのことを考え合わせると $w=\sqrt{z^2-1}$ のリーマン面 $\mathcal{R}$ は次のようにして得られることが予想される: 2 枚の z-平面 π_1, π_2 を用意して, 各々に線分 $L=[-1,+1]$ に沿って鋏を入れる. $\pi_i\,(i=1,2)$ の L の上岸を L_i^+, 下岸を L_i^-

1.6 $w = \sqrt{z-a}$ による写像

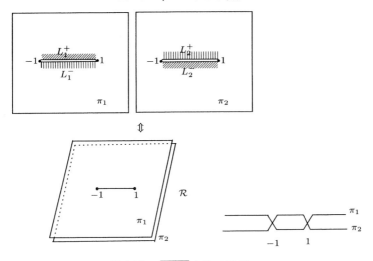

図 1.28 $\sqrt{z^2-1}$ のリーマン面

とする．そこで L_1^+ と L_2^- を貼り合わせ，L_1^- と L_2^+ を貼り合わせる．このようにして得られたリーマン面 $\mathcal{R}$ 上に点 z_0 を出発点とする ($\mathcal{R}$ 上での) 任意の閉曲線 l を描くと $\sqrt{z^2-1}$ の出発点での値 $p(z_0)q(z_0)$ は必ず元の値 $p(z_0)q(z_0)$ に戻って来ることがわかる．したがって，$\mathcal{R}$ は $\sqrt{z^2-1}$ のリーマン面である．

例えば，$z_0 = 2$, $p(z_0) = 1$, $q(z_0) = \sqrt{3}$ としたとき，すなわち，出発点での値を $\sqrt{z_0^2-1} = \sqrt{3}$ としたとき，関数 $w = \sqrt{(z-1)(z+1)}$ によってリーマン面 $\mathcal{R} = \pi_1 \cup \pi_2$ はどのように写るかを以下に示そう．ここでは詳しい説明は省くが，実軸上の四つの岸での $p(z)$, $q(z)$ の値は 2 の考察でわかるから，大体の見当はつく．例えば，図 1.29 において，z が π_1 上で実軸の $[2, +\infty)$ を動けば w は σ_1 の $[\sqrt{3}, +\infty)$ を動く．また，z が π_1^+ の上岸の原点 O から出発して，上岸を 1 まで動き，その後，下岸を 1 から下岸の原点 O に達したとすれば，w は σ_1^+ の i から出発して右岸を原点 O まで動き，その後，同じ右岸を $-i$ に達する．$\pi_1^\pm$ は w-平面上の $\sigma_1^\pm$ (複号同順) に写り，$\pi_2^\pm$ は $\sigma_2^\mp$ (複号同順) に写る．二つの平面 σ_1, σ_2 を同じ形の斜線同士張り合わせると w-平面上で線分 $[-i, i]$ に沿って張り合わされた二重に被覆した新しい面 $\mathcal{S}$ を得る．故に，$\mathcal{R}$ は $w = \sqrt{z^2-1}$ によって $\mathcal{S}$ に一対一に写される．$\mathcal{S}$ は関数 $z = \sqrt{w^2+1}$ のリーマン面であり，これによって $\mathcal{S}$ が $\mathcal{R}$ に一対一に写される．

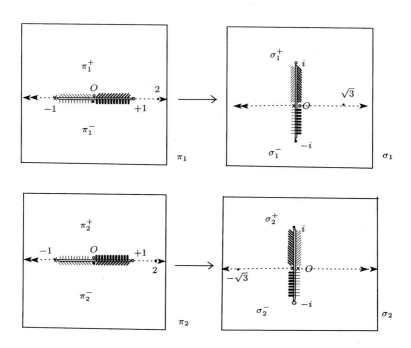

図 1.29 $w = \sqrt{z^2 - 1}$ による像

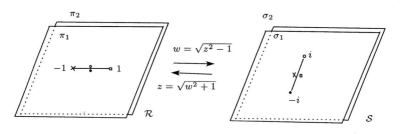

図 1.30 $w^2 = z^2 + 1$ のグラフ

4. $\sqrt{z^2-1}$ のリーマン面 $\mathcal{R}$ の別の見方　先ず,図 1.28 において,切れ目の入った 2 枚の面 π_1, π_2 を切り口に沿って膨らませると,図 1.31 の上段の図を得る.次に,この 2 枚の円の $\pi = 1$ の L_1^+, L_1^- をそれぞれ π_2 の L_2^-, L_2^+ に沿って貼り合わせると,図 1.31 の下段の図 **R** を得る.したがって,リーマン面 $\mathcal{R}$ は球面から 2 点を除いたもの **R** と連続的に一対一の対応をなす.このことを簡単に $\mathcal{R}$ と **R** とは**同相**であるという.

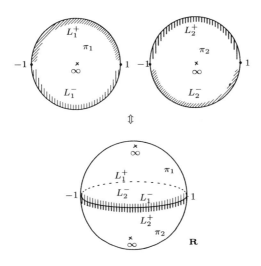

図 1.31　リーマン面 $\mathcal{R}$ の別の見方

5. 岡潔の論文から　ユークリッド空間 $\mathbf{R}^3$ に次の円柱 D と線分 I を考える:

$$D: x^2 + y^2 < 1,\ -3 < z < 3,\quad I: (x, y) = (0, 0),\ -1 \leq z \leq 1.$$

このとき,D 内の複素数値連続関数 $f(x, y, z)$ で次の 2 条件:

(1) 線分 I 上では $f(x, y, z) = 0$,　(2) I 以外の点では $f(x, y, z) \neq 0$

を満たすものはたくさん存在する.例えば,点 $P = (x, y, z) \in D$ に対して $f(x, y, z) = ($点 P と線分 I との最短距離$)$ と定めると,f は上の条件を満たす.この関数は (x, y)-平面上では $f(x, y, 0) = \sqrt{x^2 + y^2}$ である.ここで (1)

を少し強くして，次の複素数的条件を考えよう：

(1′) (x, y)-平面上の原点中心の円板 $\Delta : x^2 + y^2 < r^2$ $(0 < r < 1)$ で

$$f(x, y, 0) = (x + iy)h(x, y), \quad (x, y) \in \Delta$$

である．ただし，i は虚数単位であり，$h(x, y)$ は円板 Δ 上の連続関数であって，Δ の各点で $h(x, y) \neq 0$.

このとき，2 条件 (1′), (2) を満たす D 内の連続関数 $f(x, y, z)$ は存在しない.

[証明] 矛盾によって示すために，そのような f が存在したと仮定しよう．γ_0 を (x, y)-平面上の原点中心，半径 r_0 (> 0) の反時計回りの円周とする．このとき，$w = f(x, y, 0)$ を (x, y)-平面の円板 $x^2 + y^2 < 1$ から w-平面への写像と考えて，これによる γ_0 の像を $\tilde{\gamma}_0$ とすれば，条件 (1′) から $\tilde{\gamma}_0$ は $(r_0 > 0$ が十分小さいとき) w-平面上の原点の周りを反時計回りに 1 周する閉曲線である．実際，$h(0, 0) = c \neq 0$ と置く．$h(x, y)$ は $(x, y) = (0, 0)$ において連続だから十分小さい正数 $r_0 : 0 < r_0 < r$ を取り，円周 $C_0 : x + iy = r_0 e^{i\theta}$ $(0 \le \theta < 2\pi)$ を描き，$h(x, y) = h(r_0 e^{i\theta})$, $f(x, y, 0) = f(r_0 e^{i\theta})$ と置けば，$|h(r_0 e^{i\theta}) - c| < |c|/2$ $(0 \le \theta \le 2\pi)$ とできる．よって，$f(r_0 e^{i\theta}) = c r_0 e^{i\theta} + \varepsilon(\theta)$. ただし，$|\varepsilon(\theta)| < \frac{|c| r_0}{2}$. 故に，$f(C_0) = \tilde{\gamma}_0$ は w-平面上の原点を一回りする閉曲線であるから，原点の周りの回転数は 1 である.

今，γ_0 を D 内で線分 I に触れることなく連続的に，高さ 2 の平面 $z = 2$ まで次のように動かしていく：$\gamma_t : x^2 + y^2 = r_0^2$, $z = t$ $(0 \le t \le 2)$. 先と同様に，各 t に対して，$w = f(x, y, t)$ を (x, y)-平面の円板 $x^2 + y^2 < 1$ から w-平面への写像と考えて，これによる γ_t の像を $\tilde{\gamma}_t$ と書く．条件 (2) から $\tilde{\gamma}_t$ は原点 $w = 0$ と交わらない．さらに，最後の閉曲線 γ_2 を $z = 2$ の平面上で点 $(0, 0, 2)$ まで次のように縮める：$\delta_s : x^2 + y^2 = s^2$, $z = 2$, $(0 \le s \le r_0)$. ただし，$\delta_{r_0} = \gamma_2$ である．各円周 δ_s の写像 $w = f(x, y, 2)$ による w-平面上の像を $\tilde{\delta}_s$ と書く．これは条件 (1) からやはり原点 $w = 0$ と交わらない．しかも，最後は 1 点 $w_0 := f(0, 0, 2)$ $(\neq 0)$ に縮まってしまう．すなわち，w-平面上の閉曲線 $\tilde{\gamma}_0$ は w-平面上で $\tilde{\gamma}_0 \to \tilde{\gamma}_t \to \tilde{\gamma}_2 = \tilde{\delta}_{r_0} \to \tilde{\delta}_s \to w_0$ $(\neq 0)$ と連続的に変化しながら，原点 $w = 0$ を通ることなく一点 w_0 に縮まる．したがって，各閉曲線の原点 $w = 0$ の周りの回転数はすべて等しい．最初の閉曲線 $\tilde{\gamma}$ の回転

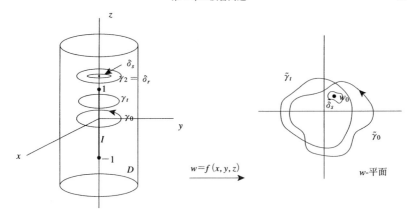

図 1.32　岡の例

数は 1 であり，最後の閉曲線 (実は一点) は 0 である．これは矛盾である．□

関数の零のあり方の条件 (1) を複素数的な条件 (1′) に換えることによって情勢が一変することがこの例からわかる．岡潔は論文 [III] の序文において上の例をあげ，「この例は (複素多変数正則関数の零集合についての) クザンの第二問題の性格と結びつけて考えると非常に興味深い」と述べ，その論文において 2 複素数空間 $\mathbf{C}_x \times \mathbf{C}_y$ の円環の直積 $D: 1 < |x| < 2,\ 1 < |y| < 2$ においてすらクザンの第二問題は解けない簡明な反例を示している (第 4 章を参照).

第 1 章の演習問題

(1)　r_0 は $0 < r_0 < 1$ とする．$\alpha = r_0 e^{\pi i/4}$ と置くとき，点列 $z_n = \alpha^n$ ($\ldots, -2, -1, 0, 1, 2, \ldots$) を z-平面上にプロットせよ．

(2)　(i) $P(z) = z^n + a_1 z^{n-1} + \cdots + a_n$ および ρ, ρ' ($\rho > 1 > \rho' > 0$) が与えられたとする．このとき，或る大きな $R_0 > 0$ が存在して，$|z| > R_0$ をみたす任意の z に対して $\rho |z|^n \geq |P(z)| \geq \rho'|z|^n$ であることを示せ．

(ii) $Q(z) = b_k z^k + b_{k+1} z^{k+1} + \cdots + b_n z^n$ (ただし，$b_k \neq 0$) および ρ, ρ' ($\rho > |b_k| > \rho' > 0$) が与えられたとする．このとき，或る小さな $r_0 > 0$ が存在して，$|z| < r_0$ をみたす任意の z に対して $\rho |z|^k \geq |Q(z)| \geq \rho'|z|^k$

であることを示せ.

(3) z-平面上に図 1.33 のように,閉領域 $\overline{D}$ および $\overline{G}$ を描き,それらの境界曲線を向きまで込めて C および C_1, C_2, C_3 とする. $f(z)$ は $\overline{D}$ (または $\overline{G}$) での 0 を取らない連続な(複素数値)関数とし,写像 $w = f(z)$ を考える.このとき,w-平面上の閉曲線 $f(C)$ (または $f(C_i)$, $i = 1, 2, 3$) の 0 の周りの回転数を N (または N_i, $i = 1, 2, 3$) とすれば,$N = 0$ (または $N_1 = N_2 + N_3$) である.

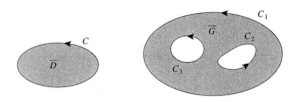

図 1.33　1 個または n 個の閉曲線の像の回転数

(4) z-平面上の単位円板 $\{|z| < 1\}$ を w-平面上の上半平面 $\{\Im w > 0\}$ に写し,2 点 $z = 0$, $z = 1$ をそれぞれ $w = i$, 0 に写す一次変換 $w = L(z)$ を作れ.また,$w = L(z)$ によって,w-平面上の u-軸に平行な直線 l_c: $\Im w = c \,(> 0)$ および v-軸に平行な直線 l'_d: $\Re w = d$ に写す z-平面上の曲線 K_c および K'_d を求めよ.

(5) 実数 c を $c = 0$ から $c = 2$ まで動かすとき,単位円板 $\{|z| < 1\}$ 内の図形 $\mathcal{W}_c$: $|z^2 + c| \leq 1$ は c と共にどのように動くか調べよ.

(6) 実 3 次元空間 $\mathbf{R}^3$ に,図 1.34 のような同心の二つのトーラスで囲まれた閉領域(円環トーラス体) $\mathcal{S}$ を考える.(x, y)-平面と $\mathcal{S}$ との共通部分の円環を A とし,A を x-軸の周りに,y-軸から z-軸に向けて θ $(-\pi < \theta < \pi)$ だけ回転して得られる円環を $A(\theta)$ とし,その内,外の境界円をそれぞれ $\gamma^+(\theta)$, $\gamma^-(\theta)$ と書く.正数 $a < \frac{\pi}{2}$ を固定し,$\overline{\mathcal{S}}$ 内に滑らかな曲線 $L: \theta \in [-a, a] \to l(\theta) \in A(\theta)$ を描く.ただし,$l(\pm a) \in \gamma^\pm(\pm a)$ (複合同順),$l(\theta) \in A(\theta) \setminus \gamma^\pm(\theta)$, $\forall \theta \in (-a, a)$.

このとき,$\mathcal{S}$ での複素数値連続関数 $f(x, y, z)$ で L でのみ 0 になり,

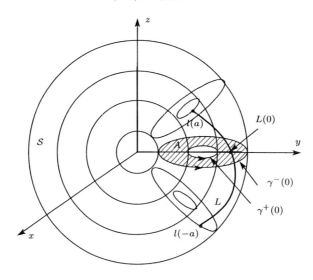

図 1.34 円環トーラス体 S と曲線 L

かつ，次の条件を満たすものは存在しない：$l(0) = (x_0, y_0) \in A$ と置くとき，点 (x_0, y_0) の A における近傍 δ が存在して

$$f(x, y, 0) = ((x - x_0) + i(y - y_0)) \cdot h(x, y), \quad (x, y) \in \delta.$$

ただし，$h(x, y)$ は δ での連続関数で 0 を取らない．

(7) 円周 $C = \{|z| = 1/2\}$ の写像 $w = z^2 + z + i$ による像曲線 K を描け．

2

正 則 関 数

　第 1 章では $w = z^2$, $w = (cz + d)/(az + b)$ など特別の複素数値関数について述べた. この章では一般の複素数値関数 $w = f(z)$ について述べる. 高校時代に習った微分可能な実数値関数 $y = f(x)$ の拡張として, 複素数の意味で微分可能な複素数値関数 $w = f(z)$ について述べる. このような関数を「正則関数」と名付ける. これは定義としては導関数を持つ実数値関数と全く同じであるがその意味するところは一変する. 例えば, 三角関数 $\sin x$ はすべての実数 x に対して $|\sin x| \leq 1$ であるが, これを複素変数まで拡張した関数 $\sin z$ は z-平面全体での正則関数であり, 任意に複素数 w を与えるとき $\sin z = w$ となる複素数 z は無限に存在する.

2.1　正　則　関　数

　一般の複素変数の関数 $w = f(z)$ を定義するために, 先ず, 実直線 $\mathbf{R}$ における開区間 $I = (a, b)$ に対応するものを複素数平面 $\mathbf{C}$ で定義しよう. E を複素平面 $\mathbf{C}$ の一つの部分集合とする. z_0 を E の一点とする. z_0 が E の**内点**であるとは, 中心が z_0 で半径 r が十分小さい円板 $\Delta : |z - z_0| < r$ を取れば, Δ は E に含まれるときをいう. もし集合 E の各点が E の内点であるならば, E は**開集合**といわれる. さらに, 平面上に与えられた集合 F が或る開集合 G の補集合 $F = \mathbf{C} \setminus G$ となっているとき F を**閉集合**という. なお, 空集合 $\emptyset$ も開集合の一つと見なす. 例えば, 開円板 $|z| < R$ は開集合であり, 閉円板 $|z| \leq R$ は閉集合である. $\{z \in \mathbf{C} \mid |z| \leq 1\} \setminus \{e^{i\theta} \mid 0 \leq \theta \leq \pi\}$ は開集合でも閉集合でもない. E を複素平面 $\mathbf{C}$ の開集合とする. E が**連結**とは, E の任意の 2 点 a, b

について,E内でそれらを結ぶ折れ線が引けるときをいう.複素平面 **C** の連結な開集合 D を**領域**という.これが実直線 **R** の開区間 $I = (a,b)$ に対応するものである.K を **C** の任意の集合とする.K のすべての内点の集まりを K^o と書き,E の**内部**という.K^o は開集合である.また,点 $z_0 \in \mathbf{C}$ が K の**境界点**であるとは,z_0 を中心として,どんな小さい円 δ を描いても δ 内に K の点と K でない点とが共に (少なくとも一つ) 存在するときをいう.K のすべての境界点の集まりを K の**境界**といい,∂K と書く.$K \cup \partial K = \overline{K}$ と書き,K の**閉包**という.$\overline{K}$ は閉集合になる.また,点 $z' \in \mathbf{C}$ が K の**集積点**とは,z' を中心として,どんな小さい円 δ' を描いても $\delta' \setminus \{z'\}$ 内に K の点が (少なくとも一つ) 存在するときをいう.K のすべての集積点の集まりを K' と書けば,$\overline{K} = K \cup K'$ となる.D を複素平面での領域とする.$f(z)$ が D での**一価**な関

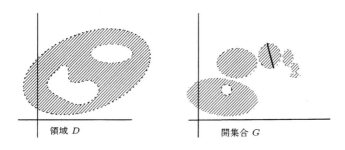

図 **2.1** 開集合

数であるとは,D の各点 z に対して唯一つの複素数 $f(z)$ が対応しているときをいう.さらに,$z_1 \neq z_2$ なる任意の $z_1, z_2 \in D$ に対して,$f(z_1) \neq f(z_2)$ をみたすならば,$f(z)$ は D 上で**一対一関数**であるという.領域 D での一価な関数 $f(z)$ が D の一点 z_0 で**連続**であるとは,複素数 h が 0 に近づくとき $f(z_0 + h)$ も $f(z_0)$ に近づくときをいう.(コーシーにしたがって) 正確にいえば,「任意に正数 $\varepsilon > 0$ を与えるとき適当な正数 $\delta > 0$ を見つけてきて,$|h| < \delta$ となるすべての h に対して,$z + h \in D$ であって $|f(z+h) - f(z)| < \varepsilon$ と出来る」ときをいう.領域 D の各点で $f(z)$ が連続のとき,$f(z)$ は D で連続であるという.二つの関数 $f(z), g(z)$ が領域 D で連続な関数とする.このとき,和差の関数 $f(z) \pm g(z)$ および積の関数 $f(z)g(z)$ も D で連続な関数であることは

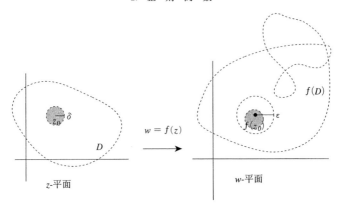

図 2.2 連続の定義

容易にわかるが,商の関数 $f(z)/g(z)$ については,次の注意が必要である.

今,$g(z)$ は D 内で恒等的には 0 ではない(すなわち,少なくとも 1 点 $z \in D$ において $g(z) \neq 0$)と仮定する.$E = \{z \in D \mid g(z) = 0\}$ と置き,$D_0 = D \setminus E$ と置く.このとき D_0 は開集合であり,商の関数 $f(z)/g(z)$ は D_0 の各点において連続である.

[証明] 先ず,D_0 が開集合であることを示すために,z_0 を D_0 の任意の点とする.$g(z_0) \neq 0$ から $|g(z_0)| > 0$ である.そこで $\varepsilon = |g(z_0)|/3$ と置くと,この $\varepsilon > 0$ に対して次の条件をみたす適当な正数 $\delta > 0$ が存在する:$|h| < \delta$ となるすべての複素数 h に対して $z_0 + h \in D$ であって,$|g(z_0 + h) - g(z_0)| < \varepsilon$. よって $|g(z_0 + h)| \geq 2|g(z_0)|/3 > 0$. したがって,円板 $\Delta := \{|z - z_0| < \delta\}$ は D_0 に含まれ,点 z_0 が D_0 の内点となる.よって,D_0 は開集合である.次に,z_0 で $f(z)/g(z)$ が連続であることを見よう.そのためには積の関数が連続であるから $1/g(z)$ が z_0 で連続を示せばよい.$m = 2|g(z_0)|/3 > 0$ と置くと上に定めた中心 z_0 の円板 $\Delta \subset D_0$ では $|g(z)| \geq m$ から,任意の $z \in \Delta$ に対して

$$\left| \frac{1}{g(z)} - \frac{1}{g(z_0)} \right| = \left| \frac{g(z) - g(z_0)}{g(z)g(z_0)} \right| \leq \frac{1}{m^2} |g(z) - g(z_0)|.$$

故に,$g(z)$ は点 z_0 で連続であるから,$1/g(z)$ もそうである. □

領域 D での関数 $f(z)$ が与えられているとする.$z \in D$ を固定する.もし複

素数 $h\ (\neq 0)$ が 0 に近づくとき商 $\frac{f(z+h)-f(z)}{h}$ が或る複素数 α に近づくとき，関数 $f(z)$ は**複素数の意味で微分可能**という．すなわち，「任意に正数 $\varepsilon > 0$ を与えるとき，適当な正数 $\delta > 0$ を見つけてきて，$0 < |h| < \delta$ となるすべての h に対して，$z + h \in D$ であって

$$\left| \frac{f(z+h) - f(z)}{h} - \alpha \right| < \varepsilon \tag{2.1}$$

と出来る」ときをいう．実変数の場合と同様に $\alpha = f'(z)$ と書く．領域 D の各点で $f(z)$ が複素数の意味で微分可能であるとき，$f(z)$ は D での**正則関数**という．このとき $f'(z)$ は D での関数になる．これを $f(z)$ の**導関数**という．

実変数関数の場合と同じように，$f(z), g(z)$ が複素平面での領域 D における正則関数とすれば，和差関数 $f(z) \pm g(z)$ および積関数 $f(z)g(z)$ も D における正則関数になり，次式が成立する：

$$(f(z) \pm g(z))' = f'(z) \pm g'(z), \quad (f(z)g(z))' = f'(z)g(z) + f(z)g'(z).$$

商関数 $f(z)/g(z)$ に関しては連続な関数のときと同様に，開集合 $D_0 = \{z \in D \mid g(z) \neq 0\}$ の各点で複素数の意味で微分可能であって，次式が成立する：

$$\left(\frac{f(z)}{g(z)} \right)' = \frac{f'(z)g(z) - f(z)g'(z)}{g(z)^2}.$$

2.2 コーシー-リーマンの関係式

今，複素数 z が或る複素数 α に近づくとする．このとき，$z = x + iy$, $\alpha = a + ib$ (ただし，x, y, a, b は実数) とおけば x および y は各々 a および b に近づく．逆に，二つの実数 x, y が各々 a, b に近づけば複素数 z は $a + ib$ に近づく．このことは図 2.3 からもわかるし，次の三角不等式からもわかる：

$$|x - a|, \ |y - b| \leq |z - \alpha| \leq |x - a| + |y - b|$$

さらに，もし $\alpha = Re^{i\Theta} \neq 0$ のとき図 2.3 から容易にわかるように，$z = re^{i\theta} \to \alpha$ となるための必要十分条件は $r \to R$ かつ $\theta \to \Theta$ となることである．ただ

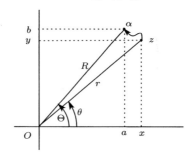

図 2.3 $z \to \alpha$ は $x \to a$ 且つ $y \to b$ と同値

し，z の偏角 θ は $\Theta - \pi \leq \theta < \Theta + \pi$ となるものを取る．

$w = f(z)$ は複素平面 $\mathbf{C}$ の領域 D での正則関数とする．$z = x + iy$, $w = u + iv$ (x, y, u, v は実数) として

$$f(z) = u(z) + iv(z), \quad \text{すなわち}, \quad f(x,y) = u(x,y) + iv(x,y)$$

と置く．u, v はそれぞれ $f(z)$ の**実部**および**虚部**といわれる．これらは 2 実変数 (x, y) の実数値関数である．

$z_0 = x_0 + iy_0$ を D 内の一点とする．$f'(z_0) = A + iB$ (ただし，A, B は実数) と置く．すなわち，複素数 $h \neq 0$ が 0 に近づくとき比 (複素数)：$\frac{f(z_0+h)-f(z_0)}{h}$ は複素数 $A + iB$ に近づくと仮定する：

$$\frac{f(z_0 + h) - f(z_0)}{h} \to A + iB \quad (h \to 0) \tag{2.2}$$

これは形式的には実変数関数 $y = f(x)$ が微分可能であることと全く同じであるが複素数 h が 0 に近づくのに (実数が 0 に近づく場合と異なり) いろいろの近づき方があるから注意を要する．例えば，h が図 2.4 の中のどの直線，折れ線または曲線に沿って近づいても (2.2) で定まる複素数は同一の複素数 $A + iB$ に近づかねばならない．$h = h' + ih''$ (ただし，h', h'' は実数) と置く．先ず，h を実軸に沿って 0 に近づけてみる．このとき

$$\text{左辺} = \frac{u(x_0 + h', y_0) - u(x_0, y_0)}{h'} + i\frac{v(x_0 + h', y_0) - v(x_0, y_0)}{h'} \to A + iB.$$

よって，第 2 項の実部および虚部は第 3 項の A および B に近づくから，u, v

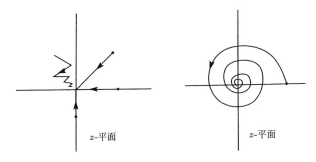

図 2.4 $h \to 0$ のいろいろの近づき方

は点 (x_0, y_0) で変数 x に関して偏微分可能で

$$\frac{\partial u}{\partial x}(x_0, y_0) = A, \qquad \frac{\partial v}{\partial x}(x_0, y_0) = B.$$

次に，h を虚軸に沿って 0 に近づけてみる．このとき，$1/i = -i$ に注意すれば，u, v は点 (x_0, y_0) で変数 y に関して偏微分可能で

$$\frac{\partial v}{\partial y}(x_0, y_0) = A, \qquad \frac{\partial u}{\partial y}(x_0, y_0) = -B$$

を得る．故に，点 (x_0, y_0) において

$$\frac{\partial u}{\partial x} = \frac{\partial v}{\partial y}, \qquad \frac{\partial u}{\partial y} = -\frac{\partial v}{\partial x}. \tag{2.3}$$

これを u, v に関する点 (x_0, y_0) における**コーシー-リーマンの関係式**と呼ぶ．

次の定理 2.2.1 を示すために，実数値関数に関しての全微分可能の定義を復習しておこう．$U(x, y)$ は点 (x_0, y_0) の近傍 D で定義された実数値関数とする．$U(x, y)$ が (x_0, y_0) で**全微分可能**とは，或る定数 l, m が存在して

$$U(x_0 + h', y_0 + h'') = U(x_0, y_0) + lh' + mh'' + \varepsilon(h', h'')\sqrt{(h')^2 + (h'')^2}.$$

ただし，$\lim_{(h', h'') \to (0,0)} \varepsilon(h', h'') = 0$ と出来るときをいう．この図形的意味は，実 3 変数 x, y, z の空間 $\mathbf{R}^3$ に曲面 $\Sigma : z = U(x, y),\ (x, y) \in D$ を描くとき，Σ 上の点 $(x_0, y_0, U(x_0, y_0))$ において接平面 $z = U(x_0, y_0) + l(x - x_0) + m(y - y_0)$ が存在することである．U が (x_0, y_0) で全微分可能のとき，特に，

$h'' = 0$ とすれば，上式は

$$U(x_0 + h') = U(x_0) + lh' + \varepsilon(h', 0)|h'|$$

となり，U は点 (x_0, y_0) で x について偏微分可能であって $(\partial U/\partial x)(x_0, y_0) = l$ を得る．同様に $(\partial U/\partial y)(x_0, y_0) = m$ を得る．U が D の各点で x および y について偏微分可能であり，偏導関数 $\partial U/\partial x$，$\partial U/\partial y$ が D で連続ならば，U は D の各点において全微分可能である．したがって，全微分可能性はそれほど厳しい条件ではない．

ところで，複素数の意味で微分可能の条件 (2.2) は次のようにいい換えられる：

$$f(z_0 + h) = f(z_0) + (A + iB)h + \varepsilon(h)h$$

ただし，$\lim_{h \to 0} \varepsilon(h) = 0$ である．このことから次の定理を得る．

定理 2.2.1 $f(z) = u(x, y) + iv(x, y)$ を領域 D で定義された複素数値関数とし，$z_0 = x_0 + iy_0$ を D の 1 点とする．このとき，f が点 z_0 で複素数の意味で微分可能であるための必要十分条件は u, v が共に点 (x_0, y_0) で全微分可能であって，その点においてコーシー-リーマンの関係式をみたすことである．

コーシー-リーマンの関係式 (2.3) を極座標 $z = re^{i\theta}$ の形で述べよう．関数 $f(z)$ は上の定理と同じく領域 D で正則とする．このとき，$f(z) = U(r, \theta) + iV(r, \theta)$ を実部および虚部に分けるならば，U, V は D の各点 $z\ (\neq 0)$ において r および θ に関して偏微分可能であって

$$\frac{\partial U}{\partial r} = \frac{1}{r}\frac{\partial V}{\partial \theta}, \quad \frac{\partial V}{\partial r} = -\frac{1}{r}\frac{\partial U}{\partial \theta}. \tag{2.4}$$

[証明] $z_0 = r_0 e^{i\theta_0}\ (r_0 \neq 0)$ を D の任意の 1 点とする．このとき複素数 h を図 2.5 のように二つの方向 **n** (放射方向)，**s** (円周方向) から近づけてみよう．すなわち，(i) **n**-方向：$h = te^{i\theta_0} \to 0$ (実数 $t \to 0$)；(ii) **s**-方向：$h = (r_0\varphi)e^{i(\theta_0 + \pi/2)} \to 0$ (実数 $\varphi \to 0$)．前者では $z_0 + h = (r_0 + t)e^{i\theta_0}$ から U, V は共に z_0 で r, θ について偏微分可能で

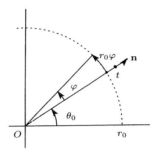

図 2.5　r, θ に関する偏微分

$$f'(z_0) = \frac{1}{e^{i\theta_0}} \left(\frac{\partial U}{\partial r} + i\frac{\partial V}{\partial r} \right)(r_0, \theta_0).$$

後者では $z_0 + h = r_0 e^{i(\theta_0 + \varphi)}$ から

$$f'(z_0) = -\frac{i}{r_0 e^{i\theta_0}} \left(\frac{\partial U}{\partial \theta} + i\frac{\partial V}{\partial \theta} \right)(r_0, \theta_0).$$

故に, $\frac{\partial U}{\partial r} + i\frac{\partial V}{\partial r} = -\frac{i}{r_0}\left(\frac{\partial U}{\partial \theta} + i\frac{\partial V}{\partial \theta} \right)$. したがって, D の各点 $z = re^{i\theta}\ (\neq 0)$ において関係式 (2.4) が成立する. □

系 2.2.1　$f(z)$ を領域 D における正則関数とする. もし $f'(z)$ が領域 D において恒等的に 0 ならば $f(z)$ は D において定数である.

[証明]　$f(z) = u(x,y) + iv(x,y)$ と実部と虚部に分けるとき, u および v が D 上で定数であることを示せばよい. v についても同様より, u について証明する. 仮定とコーシー-リーマンの関係式から u の一階偏微分 $\frac{\partial u}{\partial x}$, $\frac{\partial u}{\partial y}$ は領域 D 上で恒等的に 0 である. D は連結より u は D で定数である. □

例 2.2.1 (指数関数 e^z と対数関数 $\log z$)　先ず, 指数関数を定義しよう. 任意の複素数 $z = x + iy$ に対して $f(z) = e^x e^{iy}$ と置く. すなわち, $f(z)$ の実部は $u(x,y) = e^x \cos y$, その虚部は $v(x,y) = e^x \sin y$ である. このとき u, v は共に z-平面 $\mathbf{C}$ において, C^2-級の関数であって, 簡単な計算により, コーシー-リーマンの関係式 (2.3) をみたす. したがって, $f(z)$ は平面全体 $\mathbf{C}$ において正

則な関数である．$f(z)$ は，実軸上では実数値指数関数 e^x になる．故に，$f(z)$ は e^x を平面全体の正則な関数に延長したものである．それが虚軸上では単振動関数 $e^{iy} = \cos y + i \sin y$ となるのは意義深い事実である．この $f(z)$ を複素変数に関する**指数関数**といい，e^z と書く：

$$e^z = e^x e^{iy}, \qquad z = x + iy \in \mathbf{C}. \tag{2.5}$$

実変数の指数関数と同じく次の性質を持っていることは容易にわかる：

$$(e^z)' = e^z, \quad z \in \mathbf{C} \; ; \qquad e^{z_1 + z_2} = e^{z_1} e^{z_2}, \quad z_1, z_2 \in \mathbf{C}. \tag{2.6}$$

次に，対数関数を定義しよう．L を原点および負の実軸 $L = (-\infty, 0]$ とし，領域 $D = \mathbf{C} \setminus L$ を考える．D に含まれる複素数 z の極座標表示を $z = re^{i\theta}$ $(-\pi < \theta < \pi)$ とし，$f(z) = \log r + i\theta$ と置く．すなわち，$f(z)$ の実部は $U(r, \theta) = \log r$，その虚部は $V(r, \theta) = \theta$ である．このとき U, V 共に領域 D において，C^2-級の関数であって，簡単な計算により，コーシー-リーマンの関係式 (2.4) をみたすことがわかる．したがって，$f(z)$ は $\mathbf{C} \setminus L$ において正則な関数である．$f(z)$ は正の実軸上で $\log x$ に等しい．故に，$\log z$ は実対数関数 $\log x$ を $\mathbf{C} \setminus L$ の正則関数に延長したものである．この $f(z)$ を複素変数に関する**対数関数**といい，$\log z$ と書く：

$$\log z = \log r + i\theta, \qquad z = re^{i\theta} \in \mathbf{C} \setminus L. \tag{2.7}$$

したがって，$\log z$ は L の両岸において 2π の落差があり，不連続である（しかし，次式からわかるように，その微分は L の両岸で同じ値を取り，連続である）．次の性質を持っていることは容易にわかる：

$$(\log z)' = \frac{1}{z}, \quad z \in \mathbf{C} \setminus L; \tag{2.8}$$

$$\log(z_1 z_2) = \log z_1 + \log z_2 \pmod{2\pi}, \quad z_1, z_2 \in \mathbf{C} \setminus L.$$

$\mathbf{C}$ の領域 D で定義された実変数関数 $h(x, y)$ が x, y に関して二階連続偏微分可能であって D の各点において

$$\Delta h(x,y) := \frac{\partial^2 h}{\partial x^2} + \frac{\partial^2 h}{\partial y^2} = 0 \qquad (2.9)$$

をみたすとき，h は領域 D での**調和関数**であるという．（偏微分作用素）$\Delta = \frac{\partial^2}{\partial x^2} + \frac{\partial^2}{\partial y^2}$ をラプラシアンという．第 5 章において調和関数は静電磁気学で頻繁に現れる関数であることを見るが，正則関数とは次の関係がある．

命題 2.2.1 (調和関数)　1．領域 D における正則関数 $f(z) = u(x,y) + iv(x,y)$ の実部 u および虚部 v は D での調和関数である[*1)]．

2．領域 D での調和関数 $u(x,y)$ が与えられているとする．このとき

$$g(z) := \frac{\partial u}{\partial x} - i\frac{\partial u}{\partial y}, \qquad z = x + iy \in D \qquad (2.10)$$

と定義すると $g(z)$ は D での正則関数である．

3．$w = f(z)$ は領域 $D \subset \mathbf{C}_z$ での正則関数，$H(w)$ は領域 $G \subset \mathbf{C}_w$ での調和関数とする．もし $f(D) \subset G$ ならば，合成関数 $h(z) := H(f(z))$ は D での調和関数になる．

[証明]　次章において D での正則関数の実部および虚部は必然的に D において x, y に関して二階連続偏微分可能であることが示される．ここではこのことを認めて証明しよう．f は D で正則だから，u, v はコーシー-リーマンの関係式 (2.3) をみたす．このとき最初の関係式の両辺を x で偏微分し，第二の関係式の両辺を y で偏微分して両辺を加えると

$$\frac{\partial^2 u}{\partial x^2} + \frac{\partial^2 u}{\partial y^2} = \frac{\partial^2 v}{\partial y \partial x} - \frac{\partial^2 v}{\partial x \partial y} = 0.$$

したがって，u は D で調和である．v についても同様であり，1 がいえる．2 は，g の実部 $\frac{\partial u}{\partial x}$ および虚部 $-\frac{\partial u}{\partial y}$ との間にはコーシー-リーマンの関係式 (2.3) が成立しているから定理 2.2.1 よりわかる．3 を示すためには $w = u + iv$ とするとき，合成関数の微分に関する連鎖の公式とコーシー-リーマンの関係式から

[*1)]　第 3 章で，一つの閉曲線で囲まれた領域での調和関数 u は或る正則関数 f の実部であることが示される．特に，u が円板 $|z| \leq 1$ で調和のとき，$f(z) = \frac{1}{2\pi} \int_0^{2\pi} \frac{e^{i\theta} + z}{e^{i\theta} - z} u(e^{i\theta})\,d\theta$ で与えられる．

$$\left(\frac{\partial^2 h}{\partial x^2} + \frac{\partial^2 h}{\partial y^2}\right)(z) = \left(\frac{\partial^2 H}{\partial u^2} + \frac{\partial^2 H}{\partial v^2}\right)(f(z))\,|f'(z)|^2$$

が成立することに注意すればよい. $\qquad\qquad\qquad\qquad\qquad\square$

例えば，3 から，領域 D での正則関数 $f(z)$ が 0 を取らなければ，$\log|f(z)|$ は D での調和関数である．もし D が一つの閉曲線で囲まれた領域ならば，$\arg f(z)$ も D で調和である．

注意 2.2.1　(i)　領域 D における任意の (その実部および虚部が) 一階偏微分可能な複素数値関数 $f(x, y)$ に対して，合成関数の微分に関する連鎖の公式から，θ $(0 \le \theta \le 2\pi)$ を固定するとき，θ 方向から $h \to 0$ とすれば

$$\begin{aligned}
J(\theta) :=& \lim_{r \to 0} \frac{f(z + re^{i\theta}) - f(z)}{re^{i\theta}} \\
=& \frac{1}{2}\left(\frac{\partial f}{\partial x} - i\frac{\partial f}{\partial y}\right)(z) + e^{-2i\theta}\frac{1}{2}\left(\frac{\partial f}{\partial x} + i\frac{\partial f}{\partial y}\right)(z).
\end{aligned}$$

そこで次の記号を導入する：

$$\frac{\partial f}{\partial z} = \frac{1}{2}\left(\frac{\partial f}{\partial x} - i\frac{\partial f}{\partial y}\right) \;;\quad \frac{\partial f}{\partial \bar{z}} = \frac{1}{2}\left(\frac{\partial f}{\partial x} + i\frac{\partial f}{\partial y}\right). \qquad (2.11)$$

したがって，$J(\theta) = \frac{\partial f}{\partial z}(z) + e^{-2i\theta}\frac{\partial f}{\partial \bar{z}}(z)$ と書け，$f(z)$ が点 z において (複素数の意味で) 微分可能であるための必要十分像件は $\frac{\partial f}{\partial \bar{z}} = 0$ である．もし f が z で微分可能でないとき，図 2.6 の左図のように h が 0 に近づくとき，比 $R(h) = \frac{f(z_0 + h) - f(z_0)}{h}$ は右図のように中心 $\frac{\partial f}{\partial z}(z_0)$, 半径 $\left|\frac{\partial f}{\partial \bar{z}}(z_0)\right|$ の円周 C に巻き付いていく．

(ii)　領域 D での C^2-級関数 $g(z)$ が或る正則関数 $f(z)$ の共役，すなわち，$g(z) = \overline{f(z)}$, $z \in D$, のとき，$g(z)$ を D での**反正則関数**という．このことは D 上で $\frac{\partial g}{\partial z} = 0$ となることと同値である．また，D での任意の正則かつ反正則な関数は実数定数に限ることは容易にわかる．

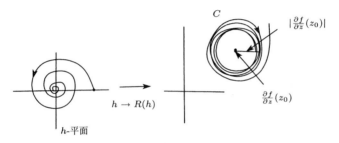

図 2.6　比 $R(h) = \frac{f(z_0+h)-f(z_0)}{h}$ $(h \to 0)$ の振る舞い

2.3　等　角　写　像

　$w = f(z)$ を領域 D での正則関数, z_0 を D の 1 点とし, $f'(z_0) = A + iB \neq 0$ とする. $C: z = z(t) = x(t) + iy(t)$, $0 \leq t \leq 1$ を z_0 を始点とする D 内の滑らかな曲線とする. ここに, $x(t), y(t)$ は $[0,1]$ での C^1-級関数であって, 各点 t で $z'(t) = x'(t) + iy'(t) \neq 0$ である. 曲線 C の $w = f(z)$ による像曲線 $K: w = f(z(t)) = u(x(t),y(t)) + iv(x(t),y(t))$, $0 \leq t \leq 1$ を描く. これを $w(t) = U(t) + iV(t)$, $0 \leq t \leq 1$ と書き, $z'(0) = x'(0) + iy'(0)$, $w'(0) = U'(0) + iV'(0)$ と置く. 定義そのものから, または合成関数の連鎖の公式とコーシー-リーマンの関係式から

$$w'(0) = z'(0)f'(z_0). \tag{2.12}$$

ところで, 曲線 C の始点 z_0 における接ベクトルは $\mathbf{t} := (x'(0), y'(0))$ と表され, 曲線 K の始点 $w_0 = f(z_0)$ における接ベクトルは $\mathbf{T} := (U'(0), V'(0))$ と表されるから上の等式は「接ベクトル $\mathbf{T}$ は接ベクトル $\mathbf{t}$ を $R = |f'(z_0)| > 0$ 倍して角度 $\Theta = \arg f'(z_0)$ だけ回転したものである」ことを意味する (図 2.7 を参照). このことから次の大切な定理を得る.

定理 2.3.1 (正則関数の等角性)　　正則関数 $w = f(z)$ はその微分が 0 でない点 z_0 では等角写像である.

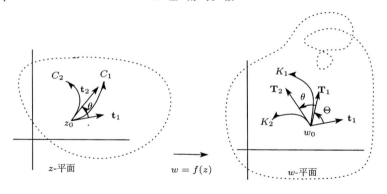

図 2.7 正則関数の等角性

$f'(z_0) = 0$ となる点 z_0 では決して $w = f(z)$ は等角ではないことは第 3 章で示される. 例えば, 関数 $w = z^2$ の原点 $z = 0$ での微分は 0 である. 第 1 章で見たごとく原点を始点とする二つの線分 L_1, L_2 のなす角を θ とすれば, それらの像曲線は原点を始点とする二つの線分で, そのなす角は 2θ であった.

2.4 正則関数の例

この節ではべき級数について述べ, それによって指数関数 e^z, 対数関数 $\log z$ を再説する. さらに, 複素数に関する三角関数 $\cos z$, $\sin z$ を定義し, それらの性質を調べる.

複素数 α に対して, z-平面における中心 α, 半径 r の円周を $C_r(\alpha)$, その内部を $(C_r(\alpha))$ と書く. 先ず, 複素数列の収束について述べよう. 今, (複素) 数列 $\{z_n\}_n$ が与えられたとする. これが収束するとは次の条件をみたす複素数 α が存在するときをいう:

「任意に正数 $\varepsilon > 0$ を与えるとき, 或る自然数 N が対応して, すべての $n \geq N$ に対して $z_n \in (C_\varepsilon(\alpha))$ である.」

このとき, 数列 $\{z_n\}_n$ は α に収束するといい, $\lim_{n\to\infty} z_n = \alpha$ と書く. α を $\{z_n\}_n$ の**極限値**という. 定義から極限値は唯一つ定まる. 収束の定義から次のことがわかる: もし数列 $\{z_n\}_n$ が α に収束するならば, (i) 絶対値の作る数列 $\{|z_n|\}_n$ は $|\alpha|$ に収束する. (ii) $\{z_n\}_n$ は有界である. すなわち, 或る $M > 0$

があって, $|z_n| \le M$ $(n = 1, 2, \dots)$.

次に, 級数の収束について述べよう. 数列 $\{z_n\}_n$ が与えられていたとする. 各 $n = 1, 2, \dots$ に対して有限個の和

$$S_n = z_1 + z_2 + \cdots + z_n$$

を考えると新しく数列 $\{S_n\}_n$ が得られる. この数列 $\{S_n\}_n$ が収束するとき, 級数 $\sum_{n=1}^{\infty} z_n$ は**収束**するといい, その極限値を

$$z_1 + z_2 + \cdots + z_n + \cdots = \sum_{n=1}^{\infty} z_n$$

と書く. もし級数 $\sum_{n=1}^{\infty} z_n$ が収束すれば, 数列 $\{z_n\}_n$ は 0 に収束する. 絶対値の作る級数 $\sum_{n=1}^{\infty} |z_n|$ が或る数 B (≥ 0) に収束するとき, 級数 $\sum_{n=1}^{\infty} z_n$ は**絶対収束**するという. (後に見るように) 絶対収束する級数は必ず収束する. しかし, 収束する級数は必ずしも絶対収束するとは限らない. 例えば, $\sum_{n=1}^{\infty} (-1)^n / n$ は収束するが $\sum_{n=1}^{\infty} 1/n = \infty$ である.

次に述べることは, 一見明らかに思えるが, 複素数の数列や級数を学ぶとき最も基本的なことである.

[**実数の連続性**] $\{a_n\}_n$ を任意の単調増加実数列, $a_1 \le a_2 \le \cdots \le a_n \le \cdots$, とする. もし数列 $\{a_n\}_n$ が有界ならば, すなわち, 或る実数 M があってすべての n に対して $a_n \le M$ ならば, 数列 $\{a_n\}_n$ は必ず或る実数 a に収束する.

これがデデキント (ドイツの 19 世紀末の数学者) による実数の連続性と呼ばれるものである. これを示すためには実数の全体 $\mathbf{R}$ とは何かをはっきりさせねばならない. 例えば, 有理数の全体 $\mathbf{Q}$ の世界ではこの意味の連続性は成立しない. 実際, $\sqrt{2}$ の小数展開から得られる単調増加有理数列 $\{a_n\}_n$: $a_1 = 1$, $a_2 = 1.4$, $a_3 = 1.41, \dots$ を考えれば, 数列 $\{a_n\}_n$ は $\mathbf{Q}$ の中に極限を持たない. よって, $\mathbf{R}$ と $\mathbf{Q}$ の違いを用いなければ, 実数の連続性は示すことは出来ない. この本では実数の連続性は証明なしに用いる.

[**上限の存在**] 上に有界な実数の集合は必ず上限を持つ. 詳しくいうと, K を 実数 の任意の集まりで, 或る実数 M が存在して, 任意の $x \in K$ に対して

$x \leq M$ とする. このとき次の 2 条件をみたす実数 α が存在する: (i) $x \leq \alpha$, $\forall x \in K$; (ii) $\alpha' < \alpha$ なる任意の α' に対して $\alpha' < x'$ となる $x' \in K$ が少なくとも一つ存在する. この α を集合 K の**上限**または**最小上界**といい, $\alpha = \sup K$ と書く.

条件 (ii) から α は集合 K により唯一つに定まる. この上限の存在は実数の連続性から容易に導かれる. 便宜的に, 有界でない実数の集まりの上限は $+\infty$ と定義する. 上記の実数の連続性で述べた数列 $\{a_n\}_n$ の上限がその極限 a に他ならない. したがって, 正または 0 の項 a_n よりなる級数 $\sum_{n=1}^{\infty} a_n$ が収束することと数列 $\{T_n\}_n = \{\sum_{k=1}^{n} a_k\}_n$ が上に有界であることとは同値であり, $\{T_n\}_n$ の最小上界が $\sum_{n=1}^{\infty} a_n$ に等しい.

実数の連続性から次の閉区間縮小法の定理が成立する.

定理 2.4.1 (閉区間縮小法の定理) 実直線上の閉区間の列 $I_n = [a_n, b_n]$ $(n = 1, 2, \dots)$ が次の 2 条件をみたすと仮定する: (i) $I_1 \supset I_2 \supset \cdots \supset I_n \supset \cdots$; (ii) $\lim_{n \to \infty}(b_n - a_n) = 0$. このとき, 各区間 I_n $(n = 1, 2, \dots)$ に含まれる唯一つの実数 a が存在する. すなわち, $\bigcap_{n=1}^{\infty} I_n = \{a\}$. しかも, 数列 $\{a_n\}_n$, $\{b_n\}_n$ は共に a に収束する.

開区間の列 $I_n = (a_n, b_n)$ $(n = 1, 2, \dots)$ が上の二つの条件をみたしたとしても, 一般には上の定理は成立しない. 例えば, $I_n = (0, 1/n)$ $(n = 1, 2, \dots)$ とすれば, 2 条件をみたすが $\bigcap_{n=1}^{\infty} I_n$ は空集合である. 実直線に関する定理 2.4.1 は次のように複素平面に関する定理に容易に拡張される.

定理 2.4.2 z-平面上の閉円板の列 $\overline{V_n} := \{|z - z_n| \leq r_n\}$ が次の 2 条件をみたすと仮定する: (i) $\overline{V_1} \supset \overline{V_2} \supset \cdots \supset \overline{V_n} \supset \cdots$; (ii) $\lim_{n \to \infty} r_n = 0$. このとき各閉円板 $\overline{V_n}$ に含まれる唯一つの複素数 α が存在する.

平面上の有界な閉集合 K に対して $r(K) = \mathrm{Max}\,\{|x - y| \mid x, y \in K\}$ を K の**直径**という. 上の定理から次の系を得る.

2.4 正則関数の例   57

系 2.4.1 K_n, $n = 1, 2, \ldots$ は空でない有界閉集合の列であって，次の2条件をみたすとする：(i) $K_n \supset K_{n+1}$, $n = 1, 2, \ldots$; (ii) $\lim_{n \to \infty} r(K_n) = 0$. このとき，各 K_n ($n = 1, 2, \ldots$) に含まれる唯一つの複素数 α が存在する．

系 2.4.2 F_n, $n = 1, 2, \ldots$ は空でない有界閉集合の列であって，$F_n \supset F_{n+1}$ ($n = 1, 2, \ldots$) とする．このとき，$\bigcap_{n=1}^{\infty} F_n \neq \emptyset$ である．

系 2.4.3 (ボレル-ルベーグの有限被覆性定理) K を有界閉集合とする．G_α, $\alpha \in A$ を開集合の集まりであって，$\{G_\alpha\}_{\alpha \in A}$ は K を被覆しているとする．すなわち，$\bigcup_{\alpha \in A} G_\alpha \supset K$. このとき，$\{G_\alpha\}_{\alpha \in A}$ の中の適当な有限個で既に K は覆われている．

[証明]   第一段階 A が可算個の場合，すなわち，$\bigcup_{n=1}^{\infty} G_n \supset K$ の場合．矛盾によって示すために，各 $n = 1, 2, \ldots$ に対して $\bigcup_{k=1}^{n} G_k \not\supset K$ と仮定する．故に，$F_n = K \cap [\bigcap_{k=1}^{n} G_k^c]$ (ただし，$G_k^c = \mathbf{C} \setminus G_k$) と置くと F_n は有界な空でない閉集合であって $F_n \supset F_{n+1}$ である．よって $\bigcap_{n=1}^{\infty} F_n \neq \emptyset$. これは $\bigcup_{n=1}^{\infty} G_n \not\supset K$ と同値であるから矛盾である．

第二段階 A が非可算個の場合．簡単のために，中心 a, 半径 R の開円板を $V_a(R)$ および集合 $\mathcal{G} = \bigcup_{\alpha \in A} G_\alpha$ を考える．点 $\zeta \in \mathcal{G}$ に対して

$$R(\zeta) = \sup \{R > 0 \,|\, 或る \, \alpha \in A \, が存在して \, G_\alpha \supset V_\zeta(R) \, である \}$$

を考える．このとき，$R(\zeta) \geq R(\xi) - |\zeta - \xi|$, $\forall \zeta, \xi \in \mathcal{G}$ である．$\mathcal{G}$ に含まれる有理点の全体は可算個であるからそれを $\{\zeta_n\}_n$ とする．$V_n = V_{\zeta_n}(\frac{R(\zeta_n)}{2})$ と置くと V_n を含む G_α ($\alpha \in A$) が少なくとも一つ存在する．それを G_n と書く．第一段階から $\bigcup_{n=1}^{\infty} G_n \supset K$ を示せばよい．実際，任意の無理点 $\zeta \in \mathcal{G}$ を取ってくる．$|\zeta - \zeta_n| < \frac{R(\zeta)}{4}$ となる有理点 $\zeta_n \in \mathcal{G}$ を取る．上の不等式から $\frac{R(\zeta_n)}{2} \geq \frac{R(\zeta)}{4}$ より，$V_n \ni \zeta$ となる．よって，$\bigcup_{n=1}^{\infty} G_n \supset \mathcal{G} \supset K$ を得る． $\square$

系 2.4.3 でのべた性質をもつ集合 K を**コンパクトな集合**という．

系 2.4.4 (ボルチァノ-ワイエルシュトラスの定理)   有界な無限集合は必ず少なくとも一つの集積点を持つ．

[証明] K を有界な無限集合とし，これが一つも集積点を持たないと仮定して矛盾を導こう．このとき K は閉集合であって孤立点ばかりからなる．すなわち任意の点 $\alpha \in K$ に対して，中心 α の小さい円板 V_α が取れて $V_\alpha \cap K = \{\alpha\}$ である．$K \subset \bigcup_{\alpha \in K} V_\alpha$ であり K は無限集合であるから上の系に反する． $\square$

複素数の数列や級数を学ぶときのもう一つ基本的な事実，いわゆる，**コーシーの収束定理**，を述べよう．複素数列 $\{z_n\}_n$ が次の条件をみたすとき $\{z_n\}_n$ は**コーシー列**であるという：

「任意に正数 $\varepsilon > 0$ を与えるとき，或る自然数 $N \,(= N_\varepsilon)$ が対応して，すべての $n, m \geq N$ に対して $|z_n - z_m| < \varepsilon$ である．」

この条件は次のわかり易い条件と必要十分である．「任意に正数 $\varepsilon > 0$ を与えるとき，或る自然数 $N \,(= N_\varepsilon)$ が対応して，すべての $n \geq N$ に対して，$z_n \in (C_\varepsilon(z_N))$ である．」

定理 2.4.3 (コーシーの収束定理) 複素数列 $\{z_n\}_n$ が或る複素数 α に収束するための必要十分条件は $\{z_n\}_n$ がコーシー列になることである．

[証明] 必要条件であることは図を描いて考えれば明らかより，十分条件を示す．数列 $\{z_n\}_n$ をコーシー列と仮定する．我々の目的は $\{z_n\}_n$ の極限値 α を見つけることである．先ず，複素数列 $\{z_n\}_n$ はコーシー列であるから正数 1 に対して適当な自然数 n_1 があって $|z_n - z_{n_1}| < 1,\ \forall n \geq n_1$．そこで中心 z_{n_1}，半径 1 の閉円板：V_1 を考える．次に，正数 $\frac{1}{2}$ に対して適当な自然数 $n_2 \,(\geq n_1)$ が見つかって $|z_n - z_{n_2}| < \frac{1}{2},\ \forall n \geq n_2$．そこで中心 z_{n_2}，半径 1/2 の閉円板 $\overline{V}_2$ を考え，$K_2 = \overline{V}_1 \cap \overline{V}_2$ と置く．これは有界な閉集合であって，K_2 の直径 r_2 は 1/2 より小さく，$K_2 \ni z_n,\ \forall n \geq n_2$．以下同様に順々に正数 $\frac{1}{2^j}\ (j = 3, 4, \dots)$ に対して自然数 $n_j \,(\geq n_{j-1})$ が見つかって $|z_n - z_{n_j}| < \frac{1}{2^j},\ \forall n \geq n_j$．そこで中心 z_{n_j}，半径 $1/2^j$ の閉円板 $\overline{V}_j$ を考え，$K_j = K_{j-1} \cap \overline{V}_j$ と置く．$K_j \,(\subset K_{j-1})$ は有界閉集合であって，その直径は $1/2^j$ より小さい．系 2.4.1 から $\bigcap_{j=2}^{\infty} K_j = \{\alpha\}$ となる唯一つの点 α が存在する．しかも $K_j \ni z_n,\ \forall n \geq n_j$ であるから，$z_n \to \alpha \,(n \to \infty)$ である． $\square$

2.4 正則関数の例

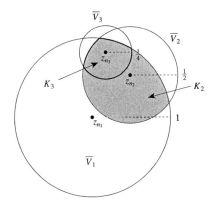

図 2.8 コーシー列の収束

複素級数 $\sum_{n=1}^{\infty} z_n$ が与えられたとき,この級数が**コーシー級数**であるとは,数列 $S_n := \sum_{k=1}^{n} z_k$ がコーシー列になるときをいう.すなわち,「任意に正数 $\varepsilon > 0$ を与えるとき,或る自然数 N が対応して,$|z_n + z_{n+1} + \cdots + z_{n+p}| < \varepsilon$, $\forall n \geq N, \forall p \geq 1$ と出来る」ときをいう.

系 2.4.5 1. 級数 $\sum_{n=1}^{\infty} z_n$ が収束するための必要十分条件はこの級数がコーシー級数になることである.
2. 絶対収束する級数は必ず収束する.
3. 級数 $\sum_{n=1}^{\infty} z_n$ が絶対収束すると仮定し,$A = \sum_{n=1}^{\infty} z_n$ と置く.このとき和の順序をどんなに換えても級数は収束し,その極限は A である.正確にいえば,$\{z_n\}_n$ を重複しないように有限個または無限個の集合 $E_k = \{z^{(k_j)}\}_j$ に分ける:$\{z_n\}_n = \bigcup_{k=1}^{\infty} E_k$.そこで各 $k = 1, 2, \ldots$ に対して,級数 $s_k = \sum_{j=1}^{\infty} z^{(k_j)}$ および級数 $S = \sum_{k=1}^{\infty} s_k$ を作る.このとき,各級数 s_k および級数 S は収束し,$S = A$ である.

[証明] 1, 2 は数列に関する定理 2.4.3 から導かれる.3 を示すために,$\sum_{n=1}^{\infty} |z_n| = B < \infty$ と置く.2 から各級数 s_k $(k = 1, 2, \ldots)$ および級数 $\sum_{k=1}^{\infty} s_k$ が収束する.$S = A$ を示すために,$\varepsilon > 0$ を与えられた任意の正数とする.仮定より或る自然数 N が対応して $B - \sum_{n=1}^{N} |z_n| = |z_{N+1}| + |z_{N+2}| + \cdots$

$< \varepsilon$. この N に対して十分大きな自然数 M を取れば $\bigcup_{k=1}^{M} E_k \supset \{z_n\}_{n=1}^{N}$. したがって, すべての $m \geq M$ に対して $|\sum_{k=1}^{m} s_k - A| < |z_{N+1}| + |z_{N+2}| + \cdots < \varepsilon$ となり, 3 が示された. □

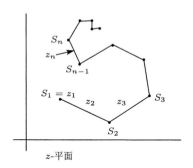

図 **2.9** 級数の収束

上の系の 2 を図 2.9 で説明すると折れ線 $S_1 S_2 \ldots S_n \ldots$ の長さが有限ならば, 折れ線 $S_1 S_2 \ldots S_n \ldots$ の先っ穂はある点に収束しているということである. 例えば, 実数列 θ_n を与えて, 級数 $\sum_{n=1}^{\infty} \frac{e^{i\theta_n}}{2^n}$ を考える. このとき, $\sum_{n=1}^{\infty} \frac{1}{2^n}$ は収束するから, 2 より $\sum_{n=1}^{\infty} \frac{e^{i\theta_n}}{2^n}$ は或る複素数に収束する.

例 2.4.1 上の系の 3 に関する例を述べよう. $R_1, R_2 > 0$ を二つの正数, $M > 0$ とする. 複素数 $a_{m,n}$ ($m, n = 0, 1, 2, \ldots$) が条件 $|a_{m,n}| \leq \frac{M}{R_1^m R_2^n}$ をみたすとする. このとき, $|z| < R_1$, $|w| < R_2$ なる複素数 z, w を取り, 級数

$$S(z, w) = a_{00} + a_{10} z + a_{01} w + a_{20} z^2 + a_{11} zw + a_{02} w^2 + \cdots$$

を考える. これは絶対収束している. 実際, $\rho = \frac{|z|}{R_1} < 1$, $\tau = \frac{|w|}{R_2} < 1$ と置くと $\sum_{m,n=0}^{\infty} |a_{mn} z^m w^n| \leq M \sum_{m,n=0}^{\infty} \rho^m \tau^n = M/(1-\rho)(1-\tau) < \infty$. したがって, 上の系の 3 から各 $n = 0, 1, \ldots$ に対して $\sum_{m=0}^{\infty} a_{mn} z^m w^n$ は $|z| < R_1$ では収束し, それは $(\sum_{m=0}^{\infty} a_{mn} z^m) w^n \equiv a_n(z) w^n$ と置ける. よって, $S(z, w) = \sum_{n=0}^{\infty} a_n(z) w^n$, $|z| < R_1$, $|w| < R_2$ と書くことが出来る.

[一様収束] 解析学で大切な一様収束という概念を述べよう. K を z-平面上

2.4 正則関数の例　　　　　　　　　61

の集合とする. $f_n(z)$ $(n = 1, 2, \ldots)$ を K 上で定義された複素数関数とする.
K 上の各点 z において数列 $\{f_n(z)\}_n$ が収束するとき, 関数列 $\{f_n(z)\}_n$ は K
で収束するという. さらに, $\{f_n(z)\}_n$ が K で**一様収束する**とは, $\{f_n(z)\}_n$ は
K で収束していて, その極限を $f(z)$ と置くとき

　「任意に正数 $\varepsilon > 0$ を与えるとき, 或る自然数 N が対応して, $f_n(z) \in$
　　$(C_\varepsilon(f(z)))$, $\forall z \in K$, $\forall n \geq N$ と出来る」

ときをいう. 注意すべきことは, N は ($\varepsilon > 0$ にはよるが) 点 $z \in K$ に依
らないことである. 容易にわかるように, $\{f_n(z)\}_n$ が K 上の一様コーシー
列 (すなわち, 任意に正数 $\varepsilon > 0$ を与えるとき, 或る自然数 N が対応して
$|f_n(z) - f_m(z)| < \varepsilon$, $\forall z \in K$, $\forall n \geq N$ と出来る) ならば, $\{f_n(z)\}_n$ は K 上
で一様収束する. その逆も正しい.

　各 $n = 1, 2, \ldots$ に対して z-平面上の集合 K で定義された関数 $g_n(z)$ が与え
られたとする. K 上の関数列

$$S_n(z) = g_1(z) + \cdots + g_n(z) \quad (n = 1, 2, \ldots)$$

を考える. 今, この関数列 $\{S_n(z)\}_n$ は K で収束しているとし, その極限値
を $S(z)$, $z \in K$ と書こう： $S(z) = \sum_{n=1}^\infty g_n(z)$, $z \in K$. もし, この収束が
集合 K 上で一様であるならば, K 上の級数 $\sum_{n=1}^\infty g_n(z)$ は K 上の関数 $S(z)$
に一様収束しているという.

　以下の議論でよく使われる一様収束に関する次の定理を示そう.

定理 2.4.4 (ワイエルシュトラスの優級数定理)　z-平面上の集合 K での関
数項級数 $\sum_{n=1}^\infty g_n(z)$ が与えられていて, 次の二つの条件をみたす正数列
$A_n \geq 0$ $(n = 1, 2, \ldots)$ が存在したと仮定する： (i) $|g_n(z)| \leq A_n$, $z \in K$,
$n = 1, 2, \ldots$; (ii) 級数 $\sum_{n=1}^\infty A_n$ は収束する. このとき $\sum_{n=1}^\infty g_n(z)$ は K
上で一様収束する.

[証明]　$S_n(z) = \sum_{k=1}^n g_k(z)$, $z \in K$ と置く. $\varepsilon > 0$ を任意に与えられた正数
とする. 条件 (ii) から級数 $\sum_{n=1}^\infty A_n$ は収束するから系 2.4.5 により, 或る
自然数 N が対応して $A_{n+1} + \cdots + A_m < \varepsilon$, $\forall z \in K$, $\forall m > \forall n \geq N$. した

がって，すべての $m > n \geq N$ および各 $z \in K$ に対して

$$|S_m(z) - S_n(z)| = |g_{n+1}(z) + \cdots + g_m(z)| \leq A_{n+1} + \cdots + A_m < \varepsilon.$$

したがって，$\{S_n(z)\}_n$ は K 上の一様コーシー列となり，$\sum_{n=1}^{\infty} g_n(z)$ は K 上での或る関数 $S(z)$ に一様収束する． $\qquad\qquad\square$

正項級数 $\sum_{n=1}^{\infty} A_n$ を $\sum_{n=1}^{\infty} g_n(z)$ の集合 K における**優級数**という．このように一般的な準備をして，解析学の分野で不可欠な**べき級数**と呼ばれる特別の関数項級数を論じよう．各 $n = 0, 1, \ldots$ について $\mathbf{C}$ 上の多項式

$$S_n(z) = a_0 + a_1 z + a_2 z^2 + \cdots + a_{n-1} z^{n-1}$$

が与えられたとする．今，或る複素数 z_0 で数列 $\{S_n(z_0)\}_n$ が或る複素数 A に収束したと仮定する：$A = \lim_{n \to \infty} S_n(z_0)$．このときべき級数 $\sum_{n=0}^{\infty} a_n z^n$ は点 z_0 で A に収束するといい，$A = \sum_{n=0}^{\infty} a_n z_0^n$ と書く．また，各自然数 $n \geq 0$ および複素数 z に対して，数列

$$T_n(z) = |a_0| + |a_1 z| + |a_2 z^2| + \cdots + |a_{n-1} z^{n-1}|$$

を考える．もし或る複素数 z_0 において正項数列 $\{T_n(z_0)\}_n$ が或る数 $B\ (\geq 0)$ に収束したと仮定する：$B = \lim_{n \to \infty} T_n(z_0)$．このときべき級数 $\sum_{n=0}^{\infty} a_n z^n$ は点 z_0 で**絶対収束**するという．べき級数に関しては次の定理およびその証明法が基本的である．

定理 2.4.5 べき級数 $\sum_{n=0}^{\infty} a_n z^n$ が或る $z_0\ (\neq 0)$ で収束すると仮定し，任意に $r\ (0 < r < |z_0|)$ を固定する．このとき，閉円板 $\overline{(C_r(0))}$ 上でべき級数 $\sum_{n=0}^{\infty} a_n z^n$ および $\sum_{n=0}^{\infty} |a_n z^n|$ は一様収束する．

[証明] 級数 $\sum_{n=0}^{\infty} a_n z_0^n$ は収束するから $\lim_{n \to \infty} a_n z_0^n = 0$．したがって，正数 $M > 0$ を大きく取れば $|a_n z_0^n| \leq M,\ \forall n \geq 0$ である．よって，$|a_n| \leq \frac{M}{|z_0|^n}$，$\forall n \geq 0$．そこで，$\rho = \frac{r}{|z_0|}\ (< 1)$ と置けば，任意の $z \in \overline{(C_r(0))}$ について

$$|a_n z^n| \leq M|z|^n/|z_0^n| \leq M\rho^n,\ \forall n \geq 0. \tag{2.13}$$

2.4 正則関数の例　　　　　　　　　　　　　　*63*

故に, $\sum_{n=0}^{\infty} M\rho^n$ は $\sum_{n=0}^{\infty} |a_n z^n|$ の $\overline{(C_r(0))}$ での優級数となり, $\sum_{n=0}^{\infty} |a_n z^n|$ は (よって, $\sum_{n=0}^{\infty} a_n z^n$ も) $\overline{(C_r(0))}$ で一様収束する.　　　　　　□

べき級数 $s(z) = \sum_{n=0}^{\infty} a_n z^n$ が与えられたとする. 次の三つの場合が起こる：1. $s(z)$ は $z = 0$ を除いてどんな複素数 z についても収束しない；2. $s(z)$ はすべての複素数 z について収束する；3. $s(z)$ は或る複素数 $z' \neq 0$ について収束し, 或る z'' について収束しない.

最後の 3 の場合, 次の性質 (*)「べき級数 $s(z)$ は $|z| < R$ をみたす任意の z に対して収束し, $|z| > R$ をみたす任意の z に対して収束しない」を持つ正数 R が定まる. 実際, $R \equiv \sup\{|z| \mid s(z)$ は収束する$\}$ と置く. このとき定理 2.4.5 から $|z'| \le R \le |z''|$ となり, $0 < R < \infty$ である. 再度, 定理 2.4.5 を用いれば R が上の性質 (*) を持つことがわかる.

1 の場合に $R = 0$；2 の場合に $R = \infty$；3 の場合には, (*) で定まる正数 R をべき級数 $s(z) = \sum_{n=0}^{\infty} a_n z^n$ の**収束半径**という.「べき級数には収束半径が定まる」という事実は**アーベルの定理**として知られている.

例えば, べき級数

$$s(z) = \sum_{n=0}^{\infty} \frac{z^n}{n!} \tag{2.14}$$

の収束半径は ∞ である (章末問題 (4) を参照).

べき級数 $\sum_{n=0}^{\infty} a_n z^n$ は係数の定める複素数列 $\{a_n\}_n$ で決定されるのだから, その収束半径 R も $\{a_n\}_n$ を用いて表されるはずである. それを明確に示したのはアダマール[7]である. そのために彼は任意の実数列 $\{\rho_n\}_n$ に対して, 上極限という実数を導入した.

任意に実数列 $\{\rho_n\}_n$ が与えられたとする. このとき, 次の三つの場合のいずれか一つの場合が起こる：1. $\lim_{n\to\infty} \rho_n = -\infty$；2. 或る部分列 $\{\rho_{n_j}\}_j$ が存在して $\lim_{j\to\infty} \rho_{n_j} = +\infty$；3. 1 でも 2 でもない. すなわち, 或る二つの実数 a, b が存在して, $\rho_n \le b$, $n = 1, 2, \ldots$ かつ $\rho_n \ge a$ となる n が無限に存在する. 最後の 3 の場合, 必然的に $a < b$ である.

3 の場合の $\{\rho_n\}_n$ に対しては次の性質 (*)「任意に $a' < c < b'$ をみたす実数 a', b' を与えるとき, $\rho_n > a'$ となる ρ_n は無限個あり, $\rho_n > b'$ となる ρ_n

は高々有限個しかない」をみたす実数 c が存在する.

[証明] $a_1 = a$, $b_1 = b$ と置く. 先ず, $c_2 = (a_1 + b_1)/2$ と置くと $a_1 < c_2 < b_1$ である. そこで, 次のように二つの実数 a_2, b_2 を決める:もし $\rho_n > c_2$ となる ρ_n が無限個あるならば $a_2 = c_2$, $b_2 = b_1$ と定め, そうでないとき, すなわち, $\rho_n > c_2$ となる ρ_n は高々有限個しかないときは, $a_2 = a_1$, $b_2 = c_2$ と定める. 次に, $c_3 = (a_2 + b_2)/2$ と置き, 同様の操作を順次 $k = 3, 4, \ldots$ に対して行い, 二つの実数 a_k, b_k:$a_{k-1} \leq a_k < b_k \leq b_{k-1}$ を定めていく. $b_k - a_k = (b_1 - a_1)/2^{k-1}$ であるから, 閉区間の列 $I_k = [a_k, b_k]$, $k = 1, 2, \ldots$ は定理 2.4.1 の 2 条件をみたす. よって, $\bigcap_{k=1}^{\infty} I_k$ は唯一つの或る実数 c よりなる. このとき, 数列 $\{a_k\}_k$ は増加しつつ, $\{b_k\}_k$ は減少しつつ, 共に c に収束するから, c は性質 (*) を持つ. $\qquad\square$

1 の場合に $c = -\infty$, 2 の場合に $c = +\infty$, 3 の場合には (*) で定まる実数 c を実数列 $\{\rho_n\}_n$ の**上極限**といい, $\overline{\lim}_{n \to \infty} \rho_n$ と書く (別の見方をすれば, $\{\rho_n\}_n$ のすべての収束する部分列の極限値の集合 E を考えるとき, E の上限が $\{\rho_n\}_n$ の上極限に等しい). 同様に, 実数列 $\{\rho_n\}_n$ の**下極限**も定義し, $\underline{\lim}_{n \to \infty} \rho_n$ と書く ($\underline{\lim}_{n \to \infty} \rho_n = -\overline{\lim}_{n \to \infty}(-\rho_n)$ である). 明らかに, $\underline{\lim}_{n \to \infty} \rho_n \leq \overline{\lim}_{n \to \infty} \rho_n$. さらに, 等号が成立するのは数列 $\{\rho_n\}_n$ が収束するときに限り, $\lim_{n \to \infty} \rho_n = \underline{\lim}_{n \to \infty} \rho_n = \overline{\lim}_{n \to \infty} \rho_n$ である.

例えば, $\rho_n = -n$ とすれば, $\{\rho_n\}_n$ は 1 の場合である. $\tau_n = -n + 2(-1)^n n$ とすれば, $\{\tau_n\}_n$ は 2 の場合である. $\sigma_n = -n + (-1)^n n + \frac{1}{n}$ とすれば $\{\sigma_n\}_n$ は 3 の場合であって, その上極限は 0 である.

定理 2.4.6 (収束半径に関するアダマールの定理) べき級数 $\sum_{n=0}^{\infty} a_n z^n$ の収束半径 R は次式で与えられる:

$$1/R = \overline{\lim_{n \to \infty}} \sqrt[n]{|a_n|}.$$

[証明] $\rho = \overline{\lim}_{n \to \infty} \sqrt[n]{|a_n|}$ と置く. $\rho = 0$ および $\rho = +\infty$ の場合も以下の $0 < \rho < \infty$ の場合と同様に証明されるので, ρ は $0 < \rho < \infty$ と仮定しよう. 先ず, z を $|z| < 1/\rho$ をみたす固定された任意の複素数とする. $|z| < r < 1/\rho$ なる

2.4 正則関数の例 65

r を一つ取ってきて, $k = |z|/r \, (< 1)$ と置く. $\rho < 1/r$ より, 上極限の定義から $\sqrt[n]{|a_n|} > 1/r$ となる $\sqrt[n]{|a_n|}$ は高々有限個しかない. したがって, 十分大きな自然数 N を取れば $\sqrt[n]{|a_n|} \leq 1/r, \, \forall n \geq N$. 故に, $|a_n||z|^n \leq (|z|/r)^n = k^n$, $\forall n \geq N$. ここで $0 \leq k < 1$ に注意すれば, べき級数 $\sum_{n=0}^{\infty} a_n z^n$ は点 z において収束する. 次に, z を $|z| > 1/\rho$ をみたす固定された任意の複素数とする. $1/|z| < \rho$ より, 上極限の定義から $\sqrt[n]{|a_n|} > 1/|z|$ となる $\sqrt[n]{|a_n|}$ が無限個存在する. したがって, 無限個の n に対して $|a_n z^n| > 1$ となる. よって, べき級数は収束しない. 故に, $R = 1/\rho$ である. □

以上の準備のもとで, この節での主目的である次の事実を示そう.

定理 2.4.7 収束半径 $R > 0$ を持つべき級数 $f(z) = \sum_{n=0}^{\infty} a_n z^n$ に対して

1. $f(z)$ は収束円内: $(C) = \{|z| < R\}$ において複素数の意味で何階でも微分可能であり, その k-次導関数 $f^{(k)}(z)$ は次式で与えられる:

$$f^{(k)}(z) = \sum_{n=k}^{\infty} n(n-1)\cdots(n-k+1)a_n z^{n-k}, \quad z \in (C). \quad (2.15)$$

ここに右辺のべき級数の収束半径は $f(z)$ の収束半径と同じ R である.

2. $a_n = f^{(n)}(0)/n! \, (n = 0, 1, \dots)$.

3. 円板 (C) での $f(z)$ の原始関数 $F(z)$ (すなわち, $F(z)$ は (C) での正則関数で $F'(z) = f(z)$) が存在する.

4. (コーシーの不等式) 円板 (C) 上で $|f(z)| \leq M$ ならば

$$|f^{(n)}(0)| \leq \frac{n!M}{R^n}, \quad n = 0, 1, \dots. \quad (2.16)$$

[証明] 1 については, $k = 1$ の場合が正しいことを証明すれば, 一般の k について正しいことは数学的帰納法によりわかる. 先ず, (2.15) の $k = 1$ としたときの, 右辺で定義されるべき級数を $g(z) = \sum_{n=1}^{\infty} n a_n z^{n-1}$ と置くと, その収束半径は同じ R であることに注意する (章末問題 (5) を参照). 次に, 任意に 1 点 $z \in (C)$ を与えて $f'(z) = g(z)$ であることを示そう. そのために, $R > r > |z|$ となる正数 r を固定する. べき級数 $\sum_{n=2}^{\infty} n^2 a_n z^n$ の収束半径も R より, $K := \sum_{n=2}^{\infty} n^2 |a_n||r|^{n-2} \, (< \infty)$ と置く. (C_r) を中心原点, 半径 r

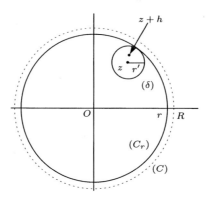

図 2.10　三つの円 $(\delta), (C_r), (C)$ の関係

の円板；(δ) を中心 z, 半径 $r' := r - |z|\ (> 0)$ の円とすると，$(\delta) \subset (C_r)$ である．任意の複素数 $h\colon 0 < |h| < r'$ を取ってくる．二項展開により

$$\frac{f(z+h) - f(z)}{h} - g(z) = \sum_{n=0}^{\infty} a_n \left(\frac{(z+h)^n - z^n}{h} - nz^{n-1} \right)$$
$$= h \sum_{n=2}^{\infty} a_n ({}_nC_2 z^{n-2} + {}_nC_3 z^{n-3} h + \cdots + {}_nC_n h^{n-2}).$$

$z + h \in (\delta)$ および ${}_nC_k \le n^2\, {}_{n-2}C_{k-2}\ (2 \le k \le n)$ より

$$\left| \frac{f(z+h) - f(z)}{h} - g(z) \right|$$
$$\le |h| \sum_{n=2}^{\infty} n^2 |a_n| ({}_{n-2}C_0 |z|^{n-2} + {}_{n-2}C_1 |z|^{n-3}|h| + \cdots + {}_{n-2}C_{n-2}|h|^{n-2})$$
$$= |h| \sum_{n=2}^{\infty} n^2 |a_n| (|z| + |h|)^{n-2} \le |h| \sum_{n=2}^{\infty} n^2 |a_n| r^{n-2} = |h|K.$$

したがって，$h \to 0$ として $f'(z) = g(z)$ となり，1 が示された．2 は (2.15) において，$z = 0$ と置くと，$f^{(k)}(0) = k!\, a_k$ よりわかる．3 を示すために，べき級数 $F(z) = \sum_{n=0}^{\infty} \frac{a_n}{n+1} z^{n+1}$ を作る．この収束半径は $f(z)$ のそれと同じく R であり，1 より $F(z)$ は $f(z)$ の (C) での原始関数である．4 を示すために，フーリエ展開で基本的な次の等式に注意しよう：

$$\int_0^{2\pi} e^{ik\theta}d\theta = \begin{cases} 0, & k = \pm 1, \pm 2, \ldots, \\ 2\pi, & k = 0. \end{cases}$$

任意に R_0 $(0 < R_0 < R)$ を固定する．$f(z)$ は円周 $|z| = R_0$ 上で一様収束，すなわち，θ の関数として $f(R_0 e^{i\theta}) = \sum_{k=0}^{\infty} a_k R_0^k e^{ik\theta}$ は $[0, 2\pi]$ で一様収束するから項別積分できて

$$\int_0^{2\pi} f(R_0 e^{i\theta})e^{-in\theta}d\theta = \int_0^{2\pi} \left[\sum_{k=0}^{\infty} \left(a_k R_0^k e^{i(k-n)\theta} \right) \right] d\theta$$
$$= \sum_{k=0}^{\infty} \left[a_k R_0^k \left(\int_0^{2\pi} e^{i(k-n)\theta}d\theta \right) \right] = 2\pi a_n R_0^n.$$

したがって，$|f(R_0 e^{i\theta})e^{-in\theta}| \leq M$ $(0 \leq \theta \leq 2\pi)$ より

$$|2\pi a_n R_0^n| = \left| \int_0^{2\pi} f(R_0 e^{i\theta})e^{-in\theta}d\theta \right| \leq 2\pi M.$$

よって，$|f^{(n)}(0)| \leq n!\, M/R_0^n$ である．R_0 $(< R)$ は任意より，4 を得る． $\square$

定理 2.4.8 (べき級数に関する一致の定理) べき級数 $f(z) = \sum_{n=0}^{\infty} a_n z^n$ は正の収束半径を持つとする．もし原点 $z = 0$ に収束する或る点列 $\{z_\nu\}_\nu$ $(z_\nu \neq 0)$ 上で $f(z_\nu) = 0$ ならば $f(z)$ は恒等的に零である．

これを示すために次の補題を準備する：

補題 2.4.1 (正則関数の零点の孤立性) 正の収束半径を持つ，恒等的には零ではないべき級数 $f(z)$ が $f(0) = 0$ と仮定する．このとき，或る十分小さい正数 r_0 $(0 < r_0 < R)$ が存在して $f(z) \neq 0$, $0 < |z| \leq r_0$ である．

[証明] $f(z)$ の収束半径を $R > 0$ とする．仮定から或る自然数 k (≥ 1) があって

$$f(z) = a_k z^k + a_{k+1} z^{k+1} + a_{k+2} z^{k+2} + \cdots, \qquad |z| < R. \quad (2.17)$$

ただし, $a_k \neq 0$ である. 正数 R_0 $(0 < R_0 < R)$ を一つ固定する. 右辺のべき級数は $z = R_0$ で収束するから, $a_n R_0^n \to 0$ $(n \to \infty)$ より, 或る正数 $M > 0$ があって $|a_n||R_0|^n < M$, $\forall n \geq k$. 最初の係数 $a_k \neq 0$ に目を付けて, 十分小さい正数 $r_0 > 0$ で $r_0 < R_0/2$ かつ $|a_k| > 2Mr_0/R_0^{k+1}$ をみたすものを一つ取ってくる. このとき, $0 < |z| < r_0$ なる任意の z に対して

$$|f(z)| \geq |a_k z^k| - \sum_{j=1}^{\infty} |a_{k+j} z^{k+j}| \geq |z|^k \left(|a_k| - \frac{M}{R_0^k} \sum_{j=1}^{\infty} \left(\frac{r_0}{R_0} \right)^j \right)$$
$$> |z|^k \left(|a_k| - \frac{2Mr_0}{R_0^{k+1}} \right) > 0. \qquad \Box$$

[系の証明] 矛盾によって示すために, べき級数 $f(z)$ の収束円 $|z| < R$ で $f(z) \not\equiv 0$ と仮定しよう. $f(0) = \lim_{\nu \to \infty} f(z_\nu) = 0$ である. したがって, 上の補題により或る $r_0 > 0$ があって $0 < |z| \leq r_0$ において $f(z) \neq 0$ である. これは, 定理の仮定に矛盾する. $\qquad \Box$

定理 2.4.9 (収束円周上の点に関するアーベルの定理) $f(z) = \sum_{n=0}^{\infty} a_n z^n$ を収束半径 $R > 0$ を持つべき級数であって, 収束円上の一点 $Re^{i\theta_0}$ において複素級数 $\sum_{n=0}^{\infty} a_n R^n e^{in\theta_0}$ が収束すると仮定する. このとき

$$\lim_{r \to R-0} f(re^{i\theta_0}) = \sum_{n=0}^{\infty} a_n R^n e^{in\theta_0}. \qquad (2.18)$$

これを示すために次のアーベルの総和法を補題として設けよう.

補題 2.4.2 (アーベルの総和法) b_k, η_k $(k = 1, 2, \ldots, m)$ を任意の複素数とする. $t_l = b_1 + \cdots + b_l$ $(1 \leq l \leq m)$ と置く. このとき

$$b_1 \eta_1 + b_2 \eta_2 + \cdots + b_m \eta_m = t_m \eta_m + t_{m-1}(\eta_{m-1} - \eta_m) + \cdots + t_1(\eta_1 - \eta_2).$$

[証明] 右辺の t_l を $b_1 + \cdots + b_l$ で置き換え, 整理すると左辺になる. しかし, これでは等式の意味が不明である. そこで次のように考える. 先ず, $b_k > 0$,

2.4 正則関数の例

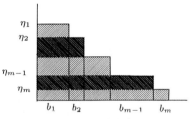

図 2.11 アーベルの総和法

$\eta_k > 0$ $(k = 1, 2, \ldots, m)$ かつ $\eta_1 > \eta_2 > \cdots > \eta_m > 0$ とする. このとき, 補題の等式の左辺は図 2.11 の縦棒グラフの面積を表している. 等式の右辺はこのグラフの面積を斜線のように横に区分けして足したものである. したがって, 等式はこのようなすべての b_k, η_k について成立する. すべての複素数 b_k, η_k について等式が成立することをみるためには, 先ず, b_1 のみを複素数と考える. (各 t_l を $b_1 + \cdots + b_l$ で置き換えたものの) b_1 についての一致の定理から, 補題の等式はすべての $b_1 \in \mathbf{C}$, $b_k > 0$ $(k = 2, \ldots, m)$, $\eta_1 > \eta_2 > \cdots > \eta_m > 0$ について成立する. 以下同様の手順を踏めば, すべての複素数 b_k, η_k $(k = 1, 2 \ldots, m)$ について補題の等式が成立する. □

[定理 2.4.9 の証明] 任意の正数 $\varepsilon > 0$ を与える. 仮定から或る自然数 N が存在して $|\sum_{k=N+1}^{N+m} a_k R^k e^{ik\theta_0}| < \varepsilon/3$, $\forall m \geq 1$ である. 任意の r $(0 \leq r \leq R)$ および $m \geq 1$ に対して

$$s_m(r) = a_{N+1} r^{N+1} e^{i(N+1)\theta_0} + \cdots + a_{N+m} r^{N+m} e^{i(N+m)\theta_0}$$

と置く. よって, $|s_m(R)| \leq \varepsilon/3$, $\forall m \geq 1$ である. 任意に r $(0 \leq r \leq R)$ を固定し, $\rho = r/R$ と置くと $0 \leq \rho \leq 1$ である. したがって, 各 $m \geq 1$ についてアーベルの総和法から, $\rho^k \leq \rho^{k-1} \leq 1$ に注意して

$$\begin{aligned}
|s_m(r)| &= |(a_{N+1} R^{N+1} e^{i(N+1)\theta_0}) \rho^{N+1} + \cdots \\
&\quad + (a_{N+m} R^{N+m} e^{i(N+m)\theta_0}) \rho^{N+m}| \\
&= |s_m(R) \rho^{N+m} + s_{m-1}(R)(\rho^{N+m-1} - \rho^{N+m}) + \cdots \\
&\quad + s_1(R)(\rho^{N+1} - \rho^{N+2})| \\
&\leq \frac{\varepsilon}{3} \rho^{N+1} < \frac{\varepsilon}{3}.
\end{aligned}$$

$$\therefore \quad \left| \sum_{j=N+1}^{\infty} a_k r^k e^{ik\theta_0} \right| < \frac{\varepsilon}{3}, \qquad 0 \le \forall r \le R.$$

上に定めた N に対して $\sum_{n=0}^{N} a_n r^n e^{in\theta_0}$ は $[0, \infty)$ において r の関数として連続な関数であるから十分小さい正数 $\delta > 0$ を取れば

$$\left| \sum_{n=0}^{N} a_n r^n e^{in\theta_0} - \sum_{n=0}^{N} a_n R^n e^{in\theta_0} \right| < \frac{\varepsilon}{3}, \qquad R - \delta < \forall r \le R.$$

したがって，三角不等式からすべての $r \ (R - \delta < r < R)$ に対して

$$\left| f(re^{i\theta_0}) - \sum_{n=0}^{\infty} a_n R^n e^{i\theta_0} \right| < \varepsilon.$$

よって (2.18) が示された． □

2.5 指数関数 e^z および三角関数 $\cos z$ の像

(2.5) によって複素数に関する指数関数 e^z を定義したが，これは (2.14) で定義したべき級数に他ならない．すなわち，

$$e^z = \sum_{n=0}^{\infty} \frac{z^n}{n!}, \qquad z \in \mathbf{C} \tag{2.19}$$

実際，上式の両辺の定める関数は共に z-平面 $\mathbf{C}$ における正則関数である．しかも，共に各点 $z \in \mathbf{C}$ における複素数の意味での微分が自分自身である．さらに，原点 $z = 0$ における値は共に 1 である．右辺の定める関数を $g(z)$ と置く． $e^z \ne 0$, $z \in \mathbf{C}$ であるから，$f(z) \equiv g(z)/e^z$ は $\mathbf{C}$ 上の正則関数である．しかも，$f'(z) = 0$, $z \in \mathbf{C}$ かつ $f(0) = 1$．したがって，系 2.2.1 から $\mathbf{C}$ 上で恒等的に $f(z) = 1$ となり，(2.19) が成立する．

(2.19) において，$z = i\theta \ (-\infty < \theta < \infty)$ と純虚数にすると

$$\cos\theta + i\sin\theta = \sum_{n=0}^{\infty} \frac{(-1)^n \theta^{2n}}{(2n)!} + i \sum_{n=1}^{\infty} \frac{(-1)^{n-1} \theta^{2n-1}}{(2n-1)!}.$$

したがって，任意の実数 θ に対しての通常の三角関数のべき級数展開を得る：

$$\cos\theta = 1 - \frac{\theta^2}{2!} + \frac{\theta^4}{4!} - \cdots + (-1)^n \frac{\theta^{2n}}{(2n)!} + \cdots,$$

$$\sin\theta = \theta - \frac{\theta^3}{3!} + \frac{\theta^5}{5!} + \cdots + (-1)^{n-1} \frac{\theta^{2n-1}}{(2n-1)!} + \cdots.$$

この式を複素数に拡張して複素変数の三角関数を次式で定義する：

$$\cos z = \sum_{n=0}^{\infty} \frac{(-1)^n z^{2n}}{(2n)!}, \qquad \sin z = \sum_{n=1}^{\infty} \frac{(-1)^{n-1} z^{2n-1}}{(2n-1)!}.$$

二つの級数は共に収束半径は ∞ であり，(2.19) から

$$\cos z = \frac{e^{iz} + e^{-iz}}{2}, \qquad \sin z = \frac{e^{iz} - e^{-iz}}{2i}.$$

よって，複素関数としては指数関数と三角関数は同種の関数であることがわかる．

ここで複素関数 $w = e^z$ および $w = \cos z$ によって z-平面は w-平面上にどのように写るかを調べよう．

1. $w = e^z$ の像　$w = e^{iz} = e^x e^{iy}$ は周期 $2\pi i$ を持つ $(e^{z+2\pi i} = e^z)$ ことを考えて，各整数 $n = 0, \pm 1, \ldots$ に対して次の帯領域 $B_n \subset \mathbf{C}_z$ を考える：

$$B_n := \{z = x + iy \in \mathbf{C} \mid -\infty < x < \infty, \ 2n\pi \le y < 2(n+1)\pi\}.$$

帯領域 B_0 が $w = e^z$ によって w-平面に如何に写るかを見よう．今，c $(0 \le c < 2\pi)$ を与えて x-軸に平行な直線 L_c: $-\infty < x < \infty$, $y = c$ を考える．これは $w = e^x e^{ic}$ に写るのだから，点 z が直線 L_c 上を $-\infty$ から徐々に右に動いて $+\infty$ にいくとき，対応する点 w は w-平面上の原点を始点とする偏角 c の半直線 l_c を原点から徐々に ∞ に向かう．c が 0 から 2π まで動けば L_c は x-軸から出発して徐々に x-軸に平行に上がって $L_{2\pi}$ となり，帯領域 B_0 を埋め尽くす．したがって，対応する l_c は正の実軸から出発して徐々に原点の周りを回転して $l_{2\pi}$ でもとの正の実軸に戻ってきて，原点を除いた w-平面を埋め尽くす．故に，帯領域 B_0 は w-平面上に一対一に写されることがわかる．この w-平面を Π_0 と書く．

別の見方をするために，d: $-\infty < d < \infty$ を与えて y-軸に平行な線分 M_d: $x = d$, $0 \le y < 2\pi$ を考える．これは $w = e^d e^{iy}$ に写るのだから，点 z が線分

M_d 上を点 $z = d$ から徐々に上に動いて，$z = d + 2\pi i$ にいったとすれば対応する点 w は w-平面上の原点中心，半径 $R = e^d$ の円周 C_d の上を u-軸上の点 $w = R$ から出発して徐々に反時計回りに一回りしてもとの点 $w = R$ に戻ってくる．d が $-\infty$ から ∞ まで動けば M_d は帯領域 B_0 を埋め尽くす．したがって，対応する円周 C_d は原点中心の無限に小さい半径の円周から徐々に半径が大きい円周になり最後は無限に大きい半径の円周となり，w-平面を埋め尽くす．故に，帯領域 B_0 は $w = e^z$ によって，このように，原点を除いた w-平面 Π_0 に一対一に写されると見ることもできる（図 2.12 を参照）．e^z は周期 $2\pi i$ を持

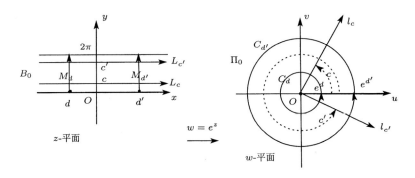

図 2.12 指数関数 $w = e^z$ による帯領域 B_0 の像

つことに注意すれば，帯領域 B_1 も B_0 と同じように写る．すなわち，z-平面上で直線 L_c が $c = 2\pi$ から徐々に $c = 4\pi$ まで動いて帯領域 B_1 を埋め尽くすとき，対応する半直線 l_c は w-平面上で正の実軸から出発して徐々に原点の周りを回転していって $l_{4\pi}$ でもとの正の実軸に戻ってきて，原点を除いた w-平面を埋め尽くす．この w-平面を Π_1 と書く．したがって，帯領域 $B_0 \cup B_1$ は w-平面を2葉に覆うことがわかる．ただし，Π_0 の実軸の下岸 $l_{2\pi}$ と Π_1 の上岸 $l_{2\pi}$ とを貼り合わせる．以下同様に z-平面上の帯領域の B_n の写っていった領域を Π_n と書き，$\Pi_n \setminus l_n$（ただし，l_n は原点を込めた正の実軸）を考え，Π_n の l_n の上岸を l_n^+，下岸を l_n^- と書く．Π_n の上岸 l_n^+ および下岸 l_n^- をそれぞれ Π_{n-1} の下岸 l_{n-1}^- および Π_{n+1} の上岸 l_{n+1}^+ と貼り合わせる（図 2.13 を参照）．このようにして得られた w-平面を無限に覆う面を $\mathcal{E}$ と書くと $w = e^z$ によって，z-

2.5 指数関数 e^z および三角関数 $\cos z$ の像

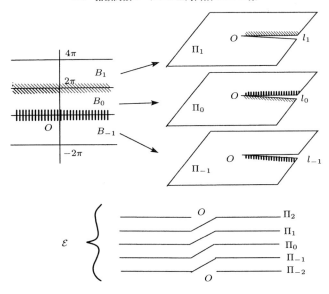

図 **2.13** $w = e^z$ の像領域 $\mathcal{E}$

平面全体は $\mathcal{E}$ と一対一に写ることがわかる.

2. $w = \cos z$ の像 z-平面 $\mathbf{C}$ が $w = \cos z$ によって如何に写るかを見るために, 次のジュウコフスキー変換 $w = J(z)$ を調べよう:

$$w = J(z) = \frac{1}{2}\left(z + \frac{1}{z}\right).$$

これは $\mathbf{C} \setminus \{0\}$ で正則な関数である. ± 1 は不動点: $J(\pm 1) = \pm 1$ であり, $|z|$ が大きいならば $J(z) \fallingdotseq z/2$ である. さらに, 次の性質がある:

$$J(\bar{z}) = \overline{J(z)}, \quad J(z^*) = \overline{J(z)}, \quad J(-\bar{z}) = -\overline{J(z)}, \quad J(1/z) = J(z). \tag{2.20}$$

すなわち, x-軸に対象な点および単位円に関する反点 $z^* = 1/\bar{z}$ は共に u-軸に対象な点に, y-軸に対象な点は v-軸に対象な点に, 逆数 $1/z$ は z と同じ点に写る. したがって, z-平面上の閉領域

$$\mathcal{V} \equiv \{z = x + iy \in \mathbf{C} \mid |z| \geq 1, \ x \geq 0, y \geq 0\}$$

が w-平面上に如何に写るかを調べれば, 後はそれらをつなぎ合わせればよい.

そのために $z = re^{i\theta}$ $(r \geq 1,\ 0 \leq \theta < 2\pi)$, $w = u + iv$ と置くと

$$u = \frac{1}{2}\left(r + \frac{1}{r}\right)\cos\theta, \qquad v = \frac{1}{2}\left(r - \frac{1}{r}\right)\sin\theta.$$

θ $(0 < \theta < 2\pi)$ を固定して r を $r = 1$ から ∞ まで増加させる. すなわち, z が単位円周上の点 $e^{i\theta}$ から放射状に無限遠点に向かって半直線 l_θ を描いたとする. このとき対応する w は u-軸上の点 $(\cos\theta, 0)$ から出発して次の双曲線

$$H_\theta: \frac{u^2}{\cos^2\theta} - \frac{v^2}{\sin^2\theta} = 1 \tag{2.21}$$

の第一象限の部分 h_θ に沿って ∞ に向かう. $\theta = 0$ のときは, x-軸上の $[1, \infty)$ は u-軸上の $[1, \infty)$ に行き, $\theta = \pi/2$ のときは, y-軸上の $[i, \infty)$ は v-軸上の $[0, \infty)$ に行く. 四分の一円 $z = e^{i\theta}$ $(0 \leq \theta \leq \pi/2)$ は u-軸上の閉区間 $[0, 1]$ (向きは反対) に写る.

このように z-平面上の領域 $\mathcal{V}$ は w-平面上の第一象限 $\mathcal{W}$ 上に一対一に写る (図 2.14 を参照). これと (2.20) の第 2, 3 式より $\mathbf{C}_z \setminus \{O\}$ の上半平面 π^+ は w-平面全体 Π^+ に, さらに, (2.20) の第 1 式より, 下半平面 π^- も w-平面全体 Π^- に一対一に写される (図 2.15 を参照). したがって, $w = J(z)$ によって $\mathbf{C} \setminus \{O\}$ は図 2.16 のように w-平面を二重に被覆したリーマン面 $\mathcal{J} := \Pi^+ \cup \Pi^-$ に写される.

$w = \cos z$ は次のように合成される:

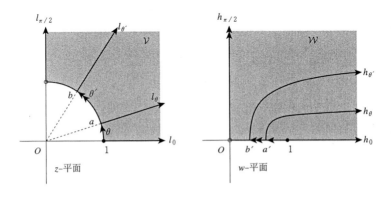

図 2.14 $w = J(z) = \frac{1}{2}(z + \frac{1}{z})$ による領域 $\mathcal{V}$ の像 $\mathcal{W}$

2.5 指数関数 e^z および三角関数 $\cos z$ の像

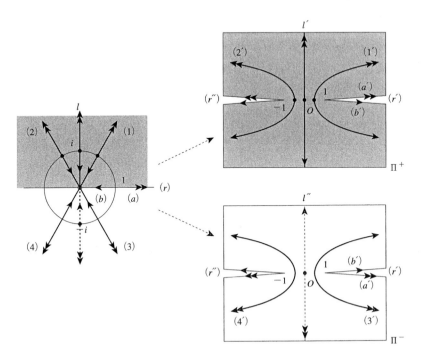

図 2.15 $w = J(z)$ による $\mathbf{C} \setminus \{0\}$ の上および下半平面 $\pi^\pm$ の像 $\Pi^\pm$

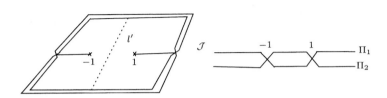

図 2.16 $w = J(z)$ による $\mathbf{C} \setminus \{0\}$ の像領域 $\mathcal{J}$

$$z \to \zeta = iz \to Z = e^{\zeta} \to w = J(Z) \tag{2.22}$$

これより $\cos z$ は $\mathbf{C}_z$ 上の周期 2π を持つ：$\cos(z + 2\pi) = \cos z,\ z \in \mathbf{C}_z$. そこで z-平面上に y-軸に平行な横幅 2π の次の帯領域の列 D_n $(n = 0, \pm 1, \pm 2, \dots)$ を考える：

$$D_n \equiv \left\{ z = x + iy \in \mathbf{C}_z \ \middle|\ \frac{\pi}{2} + 2n\pi \le x < \frac{\pi}{2} + 2(n+1)\pi,\ -\infty < y < \infty \right\}.$$

$w = \cos z$ によって帯領域 D_0 が w-平面上にどのような図形に写るかを調べると，後はそれらをつないでいくことによって z-平面全体がどのように写るかがわかる.

領域 D_0 内の y-軸に平行な直線 $L_c : x = c,\ -\infty < y < \infty$（ただし，$\pi/2 \le c < 5\pi/2$）を考える．これは (2.22) の最初の二つの変換の合成 $Z = e^{iz}$ によって Z-平面上の偏角 c の原点から出発する半直線 l_c に一対一に写る．ただし，L_c 上を y が $-\infty$ から原点 $y = 0$ を通って ∞ に増加するとき，対応する Z は l_c 上を ∞ から単位円周上の点 e^{ic} を通って原点 $Z = 0$ へ向かう．この l_c は第三の変換 $w = J(Z)$ によって (2.21) の定める双曲線 H_c の 2 本の内の 1 本 H_c' の上に一対一に写っていた（図 2.15 を参照）.

変換 $w = J(z)$ の像領域 $\mathcal{J}$ において，図 2.15 の Π^+ 上の直線 l' に沿って鋏を入れる．$\mathcal{J} \setminus l'$ は一つながりであり，l' の右岸 l^- と左岸 l^+ が出来る（図 2.17 を参照）.

先ず，c が $\pi/2$ から増加しつつ $5\pi/2$ まで動くならば，直線 L_c（上向き）は $L_{\pi/2}$ から y-軸に平行に右方向へ $L_{5\pi/2}$ まで動いていき，帯領域 D_0 を覆う．それにつれて $l_c' := \cos(L_c)$ は図 2.15 の l'（下向き）から出発して

直線 l'（下向き）$\to$ 双曲線の片方 $(2')$（下向き）$\to$ 折れ半直線 (r'')

$\to (4')$（上向き）$\to l''$（上向き）$\to (3')$（上向き）

$\to$ 折れ半直線 $(r') \to (1')$（下向き）

$\to l'$（下向き）

ともとの v-軸上の l'（下向き）に戻って来て，面 $\mathcal{J}$ を 1 回だけ覆う．それを $\mathcal{J}_0$

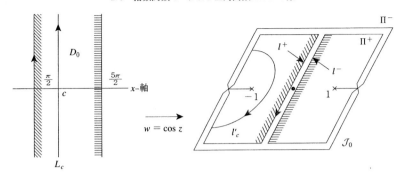

図 2.17　$\cos z$ による帯領域 D_0 の像

と書こう (図 2.17 を参照). 出発のときの $l' = l^+$ と書き, 戻ってきたときの $l' = l^-$ と書くことにする.

次に, c が $5\pi/2$ から増加して $9\pi/2$ まで動いたとすれば, 直線 L_c (上向き) は $L_{5\pi/2}$ から y-軸に平行に右方向へ $L_{9\pi/2}$ まで動くが, $w = \cos z$ は周期 2π であるから, 上と同様に v-軸上の l^+ (下向き) から出発して l^- (下向き) に戻って来て, 面 $\mathcal{J}$ を 1 回だけ覆う. それを $\mathcal{J}_1$ と書こう. したがって, 帯領域 $D_0 \cup D_1$ は $\mathcal{J}$ を 2 葉に覆うことがわかる. ただし, $\mathcal{J}_0 \setminus l$ の右岸 l_0^- と $\mathcal{J}_1 \setminus l$ の左岸 l_1^+ とを貼り合わせる.

以下同様に z-平面上の帯領域の D_n の写っていったリーマン面を $\mathcal{J}_n$ と書き, $\mathcal{J}_n \setminus l$ の右岸 l_n^- および左岸 l_n^+ をそれぞれ $\mathcal{J}_{n+1}$ の左岸 l_{n+1}^+ および $\mathcal{J}_{n-1}$ の右岸 l_{n-1}^- と貼り合わせる (図 2.18 を参照). このようにして得られた w-平面を無限に覆う面を $\widetilde{\mathcal{J}}$ と書くと, $w = \cos z$ によって z-平面全体は $\widetilde{\mathcal{J}}$ と一対一に写ることがわかる. なお, 各 $n = 0, \pm 1, \pm 2, \ldots$ に対して点 $z = 2n\pi$ は $w = 1$ に, $z = (2n-1)\pi$ は $w = -1$ に写り, $w = \pm 1$ の近傍では $\sqrt{w \mp 1}$ のリーマン面の ± 1 の近傍と同じである.

説明は割愛するが, $w = \sin z$ による像も同様にして得られる. 或いは, 等式 $\sin z = \cos(\pi/2 - z)$ を利用して, 上に得た $\widetilde{J}$ からも得られる.

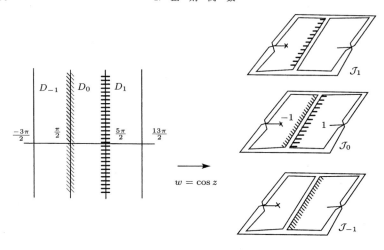

図 2.18　$w = \cos z$ の像の定める面 $\widetilde{\mathcal{J}}$

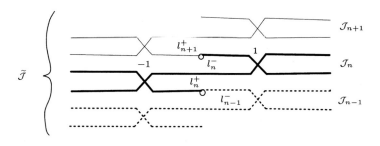

図 2.19　$w = \cos z$ の像の定める面 $\widetilde{\mathcal{J}}$ のモデル

2.6　解析接続

今まではべき級数として $\sum_{n=0}^{\infty} c_n z^n$ の形だけを調べた．この節ではより一般的な次の形の級数

$$f(z) = \sum_{n=0}^{\infty} a_n (z-a)^n \tag{2.23}$$

を考え，これを点 a の周りのべき級数という．したがって，今までのものは原点の周りのべき級数である．変数 z を a だけ平行移動すれば従来の原点の周りの

べき級数になるから, (2.23) に関しても収束半径 $R \geq 0$ (すなわち, $|z - a| < R$ なる z に関しては収束し, $|z - a| > R$ なる z に関しては発散するような R) が一意的に定まり, $R = 1/\overline{\lim}_{n \to \infty} \sqrt[n]{|a_n|}$ である. $R > 0$ のとき, 定理 2.4.7 に対応するものが成立する. 点 a の周りのべき級数 $f(z)$ が次の展開:

$$f(z) = a_N(z - a)^N + a_{N+1}z^{N+1} + \cdots, \qquad \text{ただし}, \ N \geq 1 \ \text{かつ} \ a_N \neq 0$$

を持つとき, $f(z)$ は点 a で N 位の零を持つという.

1. 直接接続 べき級数 $f(z) = \sum_{n=0}^{\infty} a_n(z - a)^n$ の収束半径を $R > 0$ とし, 収束円を $(C) := \{|z - a| < R\}$, その境界を $C := \{|z - a| = R\}$ と置く. 点 $b \in (C)$ を取り, b の周りのべき級数

$$g(z) = \sum_{n=0}^{\infty} \frac{f^{(n)}(b)}{n!}(z - b)^n$$

を作り, これをべき級数 $f(z)$ の**直接接続**という. この $g(z)$ の収束半径を R_b とかく. このとき次が成立する.

命題 2.6.1 べき級数 $f(z) = \sum_{n=0}^{\infty} a_n(z - a)^n$ の収束半径を $R > 0$ とし, その収束円を (C) とする. このとき

1. $R - |b - a| \leq R_b \leq R + |b - a|$ であって, 円板 $\{|z - b| < R - |b - a|\}$ において $f(z) \equiv g(z)$ である.

2. **(カルタン-ツーレンの不等式)** (C) 内に閉集合 K を取り, $b \in (C)$ とする. K と円周 C との距離を $\rho: R > \rho > 0$ とする. もし次の不等式

$$|f^{(n)}(b)| \leq A \max_{z \in K} \{|f^{(n)}(z)|\}, \qquad n = 0, 1, \ldots$$

をみたす n に無関係な正数 $A > 0$ が存在するならば, $R_b \geq \rho$ である.

[証明] $r_0 = R - |b - a| > 0$ と置く. r' を $r' < r_0$ なる任意の正数として, $U := \{|z - b| < r'\}$ と置く. $U \subset \{|z - a| < R\}$ であるから $z \in U$ に対して

$$f(z) = \sum_{n=0}^{\infty} a_n((b - a) + (z - b))^n = \sum_{n=0}^{\infty} a_n \left(\sum_{j=0}^{n} {}_nC_j(b - a)^j(z - b)^{n-j} \right).$$

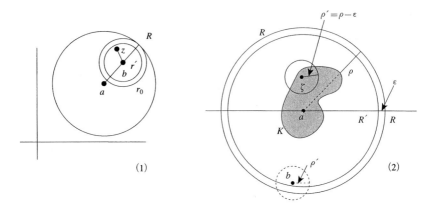

図 2.20 (1) $R_b \geq R - |b-a|$ と (2) カルタン-ツーレンの不等式

ところで, $|b-a| + r' < R$ から $\sum_{n=0}^{\infty} |a_n|(|b-a| + r')^n < \infty$ である. したがって, 系 2.4.5 の 3 から上式の右辺は和の順序を換えても変わらないから

$$f(z) = \sum_{n=0}^{\infty} b_n(z-b)^n, \quad z \in U \tag{2.24}$$

ただし, $b_n = \sum_{k=0}^{\infty} a_{n+k}(n+k)!/k!n!$. 故に, (2.24) の右辺で定義される点 b の周りのべき級数の収束半径は U 内の任意の点 z で収束するから少なくとも r' 以上である. 他方, $b_n = f^{(n)}(b)/n!$ であるから, (2.24) の右辺で定まるべき級数は $g(z)$ に他ならない. したがって, べき級数 $g(z)$ の収束半径は少なくとも r' 以上であって $f(z) = g(z)$, $|z-b| < r'$ である. r' は $r' < r_0$ なる任意の正数だから, $R_b \geq R - |b-a|$ である. a と b の役割を入れ替えて考えれば, $R \geq R_b - |a-b|$ がわかり, 1 が成立する.

2 を示すために, 十分小さい任意の正数 ε を $|b-a| < R - \varepsilon$ かつ $\rho - \varepsilon > 0$ をみたすように取り, $R' = R - \varepsilon$, $\rho' = \rho - \varepsilon$ と置く. 故に, $(C_{\rho'}(\zeta)) \subset (C_{R'}(a))$, $\forall \zeta \in K$ である. ここで, $|f(z)| \leq M$, $\forall z \in \overline{(C_{R'}(a))}$ となる $M > 0$ を取る. 各点 $\zeta \in K$ について $f(z)$ の点 ζ での直接接続 $f_\zeta(z)$ を考え, その収束半径を R_ζ とする. $\overline{(C_{\rho'}(\zeta))}$ において $|f_\zeta(z)| \leq M$ であるから, (2.16) によって, 各 $n \geq 0$ に対して $|f_\zeta^{(n)}(\zeta)| \leq n!M/(\rho')^n$. したがって, 仮定から

$$|f^{(n)}(b)| \leq A \operatorname*{Max}_{\zeta \in K}\{|f^{(n)}(\zeta)|\} \leq n!AM/(\rho')^n, \quad n = 0, 1, \ldots.$$

故に, 任意の $z \in (C_{\rho'}(b))$ に対して $\sum_{n=0}^{\infty} \frac{|f^{(n)}(b)|}{n!}|z-b|^n \leq AM \sum_{n=0}^{\infty} (\frac{|z-b|}{\rho'})^n$
$< \infty$. よって, $g(z)$ は収束し, $R_b \geq \rho'$ である. よって, $R_b \geq \rho$ である. □

2. 解析接続 今, 点 a でのべき級数 $f(z)$ および点 b でのべき級数 $g(z)$ が与えられているとする. もし適当な有限個の点 $a_0 = a, a_1, \ldots, a_n = b$ および各点の周りのべき級数 $f_k(z)$ $(k = 0, 1, \ldots, n)$ (ただし, $f_0(z) = f(z)$, $f_n(z) = g(z)$) が見つかって, 各 k $(= 1, \ldots, n)$ について, $f_k(z)$ が $f_{k-1}(z)$ の直接接続になっているならば, $g(z)$ は $f(z)$ の**解析接続**という. 或いは, $f(z)$ は折れ線 $[a_0, a_1, \ldots, a_n]$ に沿って点 b まで**解析接続可能**という. 明らかに, $f(z)$ の直接接続 $f_b(z)$ は $f(z)$ の解析接続である.

2 点 a, b を結ぶ連続曲線 $L: t \in [\alpha, \beta] \to z = z(t)$ および始点 a でのべき級数 $f(z)$ が与えられているとする. もし各 $t \in [\alpha, \beta]$ に対して点 $z(t)$ の周りのべき級数 $f_t(z)$ が存在して, 条件「各 $t_0 \in [\alpha, \beta]$ に対して, 正数 $\delta > 0$ (これは t_0 による) が対応して $|t - t_0| < \delta$ をみたす任意の $t \in [\alpha, \beta]$ に対してべき級数 $f_t(z)$ は $f_{t_0}(z)$ の直接接続である」をみたすならば, べき級数 $f(z)$ は曲線 L に沿って点 $z(\beta)$ まで**解析接続可能**であって, $f_\beta(z)$ はその**解析接続**という (図 2.21 の左図を参照). したがって, $F(z) = f_t(z)$, $z \in V(t)$ (ここに, $V(t)$ は $f_t(z)$ の $z(t)$ の周りの収束円である) と置けば, $F(z)$ は領域 $\mathbf{V} := \bigcup_{t \in [\alpha, \beta]} V(t)$ での (一価な) 正則関数である. ただし, $\mathbf{V}$ は図 2.21 の右図のような場合には z-平面上の単葉の領域とは限らない (重なっている部分は別物と考える). L^{-1} を曲線 L の方向を変えた曲線とすれば, 定義から $f_\alpha(z)$

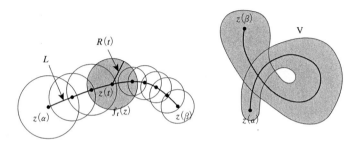

図 **2.21** 曲線 L に沿っての解析接続

は曲線 L^{-1} に沿っての $f_\beta(z)$ の解析接続である．

$f(z)$ が $g(z)$ まで或る曲線 $L: t \in [\alpha, \beta] \to z = z(t)$ に沿って解析接続可能であるならば，或る折れ線 K に沿って解析接続可能である (逆は自明). 実際, 各 $t \in [\alpha, \beta]$ について点 $z(t)$ の周りのべき級数 $f_t(z)$ の収束半径を $R(t)$ とすると，仮定より $R(t) > 0$. ところで，命題 2.6.1 の 1 から $R(t)$ は $[\alpha, \beta]$ 上の連続関数であるから閉区間 $[\alpha, \beta]$ での一様連続関数である．故に，最小値 $R_0 = \text{Min}\{R(t) \mid t \in [\alpha, \beta]\} > 0$ がある．この $R_0 > 0$ に対応して，十分小さい $\delta > 0$ を取れば

$$|z(t) - z(t')| < R_0/2, \quad \forall t, t' \in [\alpha, \beta], \ |t - t'| < \delta \quad (2.25)$$

である．故に，$f_t(z)$ と $f_{t'}(z)$ はお互いに直接接続である．このことから求める折れ線を引くことは容易である．

平面上の領域 D 内に始点 a および終点 b を同じくする連続曲線の集まり $\{L_s\}_{s \in [0,1]}$ を考える．各 $s \in [0,1]$ に対して，$L_s: z = z_s(t),\ \alpha \leq t \leq \beta$ と置くとき，条件 $z_s(\alpha) = a,\ z_s(\beta) = b$ および次の連続条件をみたすと仮定する：

$$写像\ T: (s, t) \in [0, 1] \times [\alpha, \beta] \longrightarrow z_s(t) \in D \quad (2.26)$$

は矩形 $[0, 1] \times [\alpha, \beta]$ で (t, s) について連続である．このとき

定理 2.6.1 (一価性の定理)　もし始点 a の周りで与えられたべき級数 $f(z)$ が各曲線 L_s, $s \in [0, 1]$ に沿って終点 b まで解析接続可能と仮定すれば，この

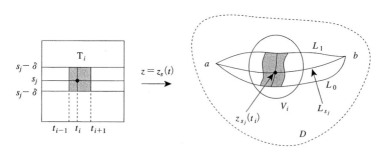

図 2.22　一価性の定理

2.6 解析接続 83

解析接続で得られる終点 b でのべき級数は $s \in [0,1]$ によらない.

[証明] $f(z)$ の各曲線 L_s に沿っての終点 b における解析接続を $f_s(\beta, z)$ と書く. L_0 に目を付けると写像 T の連続性から (2.25) と同様にして, $s > 0$ が十分 0 に近いとき各 $f_s(t, z)$, $t \in [\alpha, \beta]$ は $f_0(t, z)$ の直接接続である. 故に, L_s に沿って $f(z)$ を解析接続して得られる終点 b におけるべき級数 $f_s(\beta, z)$ は $f_0(\beta, z)$ に等しい. そのような $s_1 > 0$ を一つ取る. 同様にして, $s > s_1$ が十分 s_1 に近いとき L_s に沿って $f(z)$ を解析接続して得られる終点での $f_s(\beta, z)$ は $f_{s_1}(\beta, z)$ (したがって, $f_0(\beta, z)$) に等しい. 以下同様の操作を続けていけば, 最後には $f(z)$ の L_1 に沿っての解析接続 $f_1(\beta, z)$ は $f_0(\beta, z)$ に等しい. 実際, 矛盾で示すために, いつまで操作を繰り返しても L_1 に至らないとすると, 或る $t < 1$ が存在して, $0 \le s < t$ をみたす任意の L_s については $f_s(\beta, z) \equiv f_0(\beta, z)$ であり, L_t に沿って得られる $f_t(\beta, z)$ は $f_0(\beta, z)$ に等しくない. 逆に, L_t に沿って $f(z)$ を解析接続を考えると, $s \, (< t)$ が十分 t に近いとき $f(z)$ の L_s に沿って $f(z)$ を解析接続して得られるべき級数 $f_s(\beta, z)$ は $f_t(\beta, z)$ に等しい. これは矛盾である. □

領域 D 内に始点および終点を同じくする二つの連続曲線 $L_i : z = z_i(t)$ $(i = 0, 1)$ が与えられたとする. もし条件 (2.26) をみたす矩形 $[0,1] \times [\alpha, \beta]$ から D への連続写像 T が作れるならば, L_0 と L_1 とは**ホモトープ**という.

3. 解析接続の定めるリーマン面と解析関数 z-平面の点 a_0 の周りのべき級数 $\mathcal{P}(z)$ が与えられたとする. $\mathcal{L}$ を, 点 a_0 を始点とする曲線 l の集まりで, $\mathcal{P}(z)$ は l に沿ってその終点 b_l まで解析接続可能とする. それによって定まる b_l の周りのべき級数を $\mathcal{P}_{b_l}(z)$, その収束円を $V_{b_l} = \{|z - b_l| < R_l\}$ と書く. 二つの曲線 $l', l'' \in \mathcal{L}$ を取り, それらの終点を b', b'' と書く. それらの周りでの ($\mathcal{P}(z)$ の解析接続によって定まる) べき級数をそれぞれ $\mathcal{P}_{b'}(z)$, $\mathcal{P}_{b''}(z)$, 収束円を V', V'' と書く. V' と V'' との貼り合わせを次の方法によって行う. もし $V' \cap V'' = \emptyset$ ならば V' と V'' は別物と考える (貼り合わせない). もし $V' \cap V'' \ne \emptyset$ であって, そこにおいて $\mathcal{P}_{b'}(z) \ne \mathcal{P}_{b''}(z)$ ならば, やはり V'', V'' は別物と考える. もし $V' \cap V'' \ne \emptyset$ であって, そこにおいて $\mathcal{P}_{b'}(z) \equiv \mathcal{P}_{b''}(z)$

ならば, 二つの円板 V', V'' を $V' \cap V''$ で貼り合わせ (すなわち, V' と V'' とは $V' \cap V''$ の部分では同じものと見なす), $\widetilde{V} = V' \cup V''$ を作る. したがって

$$\widetilde{P}(z) = \begin{cases} P_{b'}(z), & z \in V', \\ P_{b''}(z), & z \in V'' \end{cases}$$

と置けば, $\widetilde{P}(z)$ は $\widetilde{V}$ での一価な正則関数となる. この操作を任意の二つの $l', l'' \in \mathcal{L}$ について行うと, 結果として, z-平面に被覆した (一般には無限個の円板からなる) 面 $\mathcal{R}$, および $\mathcal{R}$ における一価な正則関数 $f(z)$ を得る. この $\mathcal{R}$ を (最初に与えた点 a_0 の周りの) べき級数 $\mathcal{P}(z)$ によって定まる**リーマン面**といい, $f(z)$ を $\mathcal{P}(z)$ の定める**解析関数**という. 各点 $b \in \mathcal{R}$ には ($f(z)$ に属する) b の周りのべき級数 $\mathcal{Q}_b(z)$ が一意的に対応している. z-平面上に点 z_0 を与えればその上に $\mathcal{R}$ の点は一つもない場合もあるし, $\mathcal{R}$ の点が有限個乗っている場合もあるし, ときによっては無限個乗っている場合もある.

今, z_0 に乗っている $\mathcal{R}$ のすべての点を考え, $\{z_0^{(j)}\}_j$, ただし, $0 \leq j \leq n(z_0)$ $(\leq \infty)$, としよう. z_0 をリーマン面 $\mathcal{R}$ 上の点 $z_0^{(j)}$ の**射影**または**座標**といい, $n(z_0)$ を $\mathcal{R}$ の点 z_0 上の**葉数**という. 各点 $z_0^{(j)}$ の周りには $f(z)$ の関数要素 $\mathcal{Q}^{(j)}(z)$ が対応している. 各 $\mathcal{Q}^{(j)}(z)$ を点 z_0 上の $f(z)$ の一つの**関数要素**と呼ぶ. $f(z)$ の定め方から $\mathcal{Q}^{(i)}(z) \not\equiv \mathcal{Q}^{(j)}(z)$ $(i \neq j)$ である. さらに, 点 $p \in \mathcal{R}$ の射影を $\underline{p} \in \mathbf{C}_z$ と書き, 平面 $\mathbf{C}_z$ 上の領域 G に対して $\widetilde{G} = \{p \in \mathcal{R} \mid \underline{p} \in G\}$ を考える. $\widetilde{G}$ は有限または無限個の $\mathcal{R}$ の部分領域 $\widetilde{G}_i$, $i = 1, 2, \ldots$ よりなる. 解析関数 f の各 $\widetilde{G}_i$ への制限 f_i を $G \subset \mathbf{C}_z$ 上の f の**分枝**という.

注意 2.6.1　上で用いた同じ記号: 点 a_0 の周りのべき級数 $\mathcal{P}(z)$; リーマン面 $\mathcal{R}$; 解析関数 $f(z)$ のもとで考える. z-平面上に点 a_0 を始点とする任意の曲線 $l: z = z(t)$ $(\alpha \leq t \leq \beta)$ を描く. l が始点 a_0 に近い部分は常にリーマン面 $\mathcal{R}$ に含まれている. もし l が完全に $\mathcal{R}$ に含まれていれば曲線 l に沿って $\mathcal{P}(z)$ はその終点まで解析接続可能である. 今, l は完全には $\mathcal{R}$ には含まれてなかったと仮定する. このとき, 次の条件をみたす或る実数 γ $(\alpha < \gamma \leq \beta)$ が一意的に存在する: 任意の $t_0 < \gamma$ に対して (l の部分) 曲線 $l_0: z = z(t)$ $(\alpha \leq t \leq t_0)$ に沿って終点 $z(t_0)$ まで $\mathcal{P}(z)$ は解析接続可能であるが, 曲線 $l_\gamma: z = z(t)$

$(\alpha \le t \le \gamma)$ に沿ってはその終点 $z(\gamma)$ まで解析接続可能ではない. 故に, $\mathcal{P}(z)$ の解析接続の定める点 $z(t)$, $t \in [\alpha, \gamma)$ の周りのべき級数 $\mathcal{P}_{z(t)}(z)$ の収束半径を $R_t > 0$ とすれば, $R_t \to 0$ $(t \to \gamma)$ である.

定理 2.6.2 (関数関係不変の定理)   点 a に二つのべき級数 $\mathcal{P}_i(z)$ $(i = 1, 2)$ が与えられ, それらの収束円を Δ_i とする. a を始点とする曲線 l に沿って $\mathcal{P}_i(z)$ $(i = 1, 2)$ は終点 b まで解析接続出来るとし, それの定める b の周りの円板 δ_i でのべき級数を $\mathcal{Q}_i(z)$ とする. $F(X, Y)$ を複素 2 変数空間 $\mathbf{C}^2$ での正則な関数 (例えば, X, Y の多項式) とする. もし $F(\mathcal{P}_1(z), \mathcal{P}_2(z)) \equiv 0$, $z \in \Delta_1 \cap \Delta_2$ ならば, $F(\mathcal{Q}_1(z), \mathcal{Q}_2(z)) \equiv 0$, $z \in \delta_1 \cap \delta_2$ である.

[証明]   仮定から l の (多葉域) 近傍 V および V での正則関数 $f_i(z)$ $(i = 1, 2)$ が存在して, 始点 a の近くでは $\mathcal{P}_i(z)$ に等しく, 終点 b の近くでは $\mathcal{Q}_i(z)$ に等しい. $g(z) = F(f_1(z), f_2(z))$ は V での正則関数であるから, 正則関数の一致の定理により, 関数関係不変の定理が成立する. $\square$

例 2.6.1 n (≥ 2) 次多項式 $P(z) = z^n + a_1 z + a_2 z^2 + \cdots + a_n$ を考え, $w = P(z)$ の一つの不動点 α および t-平面上の原点中心の円板 $D_0 = \{t \in \mathbf{C}_t \mid |t| < r\}$ でのべき級数 $f(t)$ が次の 2 条件をみたすとする: (i) $\lambda = P'(\alpha_i)$ と置くとき $|\lambda| > 1$ である; (ii) $f(0) = \alpha$, $f'(0) = 1$ かつ

$$関数方程式: \quad P(f(t)) = f(\lambda t), \qquad t \in D_{-1} \qquad (2.27)$$

である[1]. ただし, $D_{-1} = \{t \in \mathbf{C}_t \mid |t| < r/|\lambda|\}$ である. このとき $f(t)$ は t-平面全体での正則関数に解析接続出来て, $\mathbf{C}_t$ で上の関数方程式をみたす.

[証明] $|\lambda| > 1$ に注意して, $D_1 \equiv \{t \in \mathbf{C} \mid |t| < |\lambda| r\}$ $(\supset D_0)$ と置く. 任意に $t \in D_1$ を取ってくると $t/\lambda \in D_0$ より $f_0(t/\lambda)$ は定まるので $f_1(t) \equiv$

---

[1]   (i) をみたす不動点 α の存在 (ジュリアの定理) の証明は第 3 章の正則関数のコーシー積分表示によって示される (第 3 章の章末問題 (5) を参照). (ii) をみたす $f(t)$ の存在 (ポアンカレの定理) は未定係数法で初等的に証明されるがここでは証明を割愛する.

$P(f_0(t/\lambda))$, $t \in D_1$ と定義する. このとき $f_1(t)$ は開円板 D_1 での正則関数である. しかも, $t \in D_0$ では $t/\lambda \in D_{-1}$ から

$$f_1(t) = P(f_0(t/\lambda)) = f_0(\lambda(t/\lambda)) = f_0(t).$$

すなわち, $f_1(t)$ は $f_0(t)$ の D_1 への解析接続である. 関数関係不変の定理から $P(f_1(t)) = f_1(\lambda t)$, $t \in D_0$ をみたす. 同様に $D_2 \equiv \{t \in \mathbf{C} \mid |t| < |\lambda|^2 r\}$ と置き, $f_2(t) \equiv P(f_1(t/\lambda))$, $t \in D_2$ と置く. このとき $f_2(t)$ は D_2 での解析関数で, $f_1(t)$ (したがって, $f_0(t)$) の D_2 への解析接続であって, D_1 において $P(f_2(t)) = f_2(\lambda t)$ をみたす. 以下同様に帰納的に行っていくと, 最後には, $f_0(t)$ は t-平面 $\mathbf{C}$ 全体の正則関数 $f(z)$ に解析接続可能であって, $P(f(t)) = f(\lambda t)$, $t \in \mathbf{C}$ をみたす. □

べき級数 $\mathcal{P}(z)$ の定めるリーマン面および解析関数をそれぞれ $\mathcal{R}$ および $f(z)$ とする. z-平面 $\mathbf{C}$ 上に点 b を取り, b 上のリーマン面 $\mathcal{R}$ の葉数 $n(b)$ $(0 \leq n(b) \leq \infty)$ とする. $m = \sup\{n(b) \mid b \in \mathbf{C}\}$ を $\mathcal{R}$ の**葉数**といい, m が有限のとき $\mathcal{R}$ は $\mathbf{C}$ 上の**有限葉**のリーマン面という. 特に $m = 1$ のときは $\mathcal{R}$ は**単葉域**という. 単葉域の場合 $\mathcal{R}$ は z-平面上の普通の領域となる

点 a で与えられたべき級数 $\mathcal{P}(z)$ の形からそのリーマン面や解析関数を求めるのは一般には困難である. 例えば, 次のよく似た $z = 0$ での二つのべき級数

$$P_1(z) = 2 - \sum_{n=0}^{\infty} \frac{(2n-1)!}{n!\,2^n} \frac{z^{n+1}}{n+1}, \quad P_2(z) = \frac{\pi}{2} - \sum_{n=0}^{\infty} \frac{(2n-1)!}{n!\,2^n} \frac{z^{2n+1}}{2n+1}$$

を考えよう. それらのリーマン面を $\mathcal{R}_j$, 葉数を m_j, 解析関数を $f_j(z)$ $(j = 1, 2)$ と書くと, $\mathcal{R}_1$ は $\sqrt{z-1}$ のリーマン面 (図 1.24) $\mathcal{R}$ から 1 点 $+1$ を除いたもの. したがって, $m_1 = 2$, $f_1(z) = 2\sqrt{1-z}$ であり, $\mathcal{R}_2$ は図 2.19 の $\widetilde{S}$ から ± 1 上のすべての点を除いたもの. したがって, $m_2 = \infty$, $f_2(z) = \cos^{-1} z$ である. これらのことは, $2\sqrt{1-z}$ および $\cos^{-1} z$ を原点の周りでテイラー展開 (次章を参照) すればわかる. なお, $\mathcal{R}_1$ の $z = 1$ 上の点 Q は 1 位の代数的分岐点といわれ, そこでの f_1 の値を $\lim_{z \to 1} f(z) = 0$ とおいて解析関数 $f(z)$ に関して Q は内点と考えると, 第 1 章で述べたように f_1 のリーマン面は $\mathcal{R}'$ となる. 同様に, $\mathcal{R}_2$ の $z = \pm 1$ 上の無限個の点 $Q_k^{\pm 1}$ $(k = 1, 2, \ldots)$ も 1 位の代

数的分岐点であり，$f(Q_k^{\pm 1}) = \lim_{z \to Q_k^{\pm 1}} f(z)$ (これは k および ± 1 に応じて，$n\pi$ ($n = 0, 1, 2, \ldots$) のいずれかの値となる) と定義して $Q_k^{\pm 1}$ を $f(z)$ の内点と考えると，f のリーマン面は $\mathcal{S}$ となる．

　平面上の領域 D が**単連結**であるとは，始点および終点を同じくする D 内の任意の二つの連続曲線 l_0, l_1 が D 内でホモトープのときをいう．単連結でない領域を**複連結領域**という．

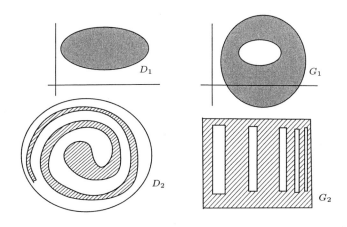

図 2.23　単連結領域 D_1, D_2 と複連結領域 G_1, G_2

定理 2.6.3 (モノドロミー定理)　D を z-平面上の単連結領域とする．D 内の 1 点 a におけるべき級数 $\mathcal{P}(z)$ が与えられているとする．$\mathcal{P}(z)$ は，a を始点とする D 内の任意の曲線 l に沿ってその終点 b まで解析接続可能と仮定する．このとき $\mathcal{P}(z)$ の定める D 上での解析関数は一価関数である．

[証明]　D 内に点 a を始点とし，同一の終点 b を持つ二つの曲線 l_0, l_1 を任意に与える．仮定より，a の周りのべき級数 $\mathcal{P}(z)$ は曲線 l_0, l_1 に沿って b まで解析接続可能であるから，それによって得られる b の周りのべき級数を $\mathcal{Q}_0(z), \mathcal{Q}_1(z)$ と書く．D が単連結であることと一価性の定理 2.6.1 から $\mathcal{Q}_0(z) \equiv \mathcal{Q}_1(z)$ となり，定理は示された．　　□

上の定理で単連結という条件が必要であることは上の例 $P_1(z)$ および $P_2(z)$ を考え，それぞれ $D = \mathbf{C} \setminus \{1\}$, $D = \mathbf{C} \setminus \{\pm 1\}$ としてみればわかる．

定理 2.6.4 (解析関数の一意性定理) z-平面上の2点 $a, \widetilde{a}$ および点 a の周りのべき級数 $\mathcal{P}(z)$，点 $\widetilde{a}$ の周りのべき級数 $\widetilde{\mathcal{P}}(z)$ が与えられていて，それらの定めるリーマン面および解析関数をそれぞれ $\mathcal{R}, \widetilde{\mathcal{R}}$; $f(z), \widetilde{f}(z)$ と書く．もし z-平面上の或る点 b に対して，b 上の $f(z)$ および $\widetilde{f}(z)$ の或る関数要素 $\mathcal{Q}(z)$ および $\widetilde{\mathcal{Q}}(z)$ が存在して，点 b に収束する点列 $\{z_n\}_n$ があって，$\mathcal{Q}(z_n) = \widetilde{\mathcal{Q}}(z_n)$ $(n = 1, 2, \ldots)$ とする．このとき $\mathcal{R} = \widetilde{\mathcal{R}}$, $f(z) = \widetilde{f}(z)$ である．

[証明] $\mathcal{Q}(z)$ および $\widetilde{\mathcal{Q}}(z)$ の収束円を V および $\widetilde{V}$ とする．べき級数に関する一致の定理 2.4.8 から $V = \widetilde{V}$ であって，その上で $\mathcal{Q}(z) \equiv \widetilde{\mathcal{Q}}(z)$ である．解析関数はその関数要素の取り方によらないから，上の命題を得る． □

（単連結とは限らない）領域 $D \subset \mathbf{C}$ で 0 を取らない正則関数 $f(z)$ を考える．このとき $\log f(z)$ は一般には D での一価でない解析関数を表す．例えば，$D = \{0 < |z| < 1\}$, $f(z) = z$ とすれば $\log z = \log|z| + i \arg z$ は D での無限多価関数である．しかし，次のことが第1章の「岡潔の論文から」(p.37) の考えからわかる：$\log f(z)$ の各分枝が D で一価になるための必要十分条件の一つは，直積 $D \times [0, 1]$ で 0 を取らない連続関数 $F(z, t)$ で $F(z, 0) = f(z)$, $F(z, 1) = 1$ となるものが存在することである．

第2章の演習問題

(1) $f(z) = z^n$ $(n = 0, \pm 1, \pm 2, \ldots)$ とする．$f(z)$ は $n \geq 0$ のときは複素平面 $\mathbf{C}$ 全体で，$n \leq -1$ のときは $\mathbf{C} \setminus \{0\}$ で正則な関数であり，いずれの場合も $f'(z) = nz^{n-1}$ である．ただし，$z^0 = 1$ と定義する．

(2) $f(z) = \overline{z}^2$ とするとき，各点 $z \in \mathbf{C}$ での微分可能性について論じよ．

(3) $K = \{|z| < 1\}$, $f_n(z) = z^n$ $(n = 1, 2, \ldots)$ と置く．このとき $\{f_n(z)\}_n$ は K 上の各点 z で 0 に収束している．$r : 0 < r < 1$ を固定して，集合 $K_r = \{|z| < r\}$ を考えると，ここでは一様収束しているが，K

第 2 章の演習問題　　　　　89

上では一様収束しないことを示せ.

(4)　べき級数 $\sum_{n=0}^{\infty} \frac{z^n}{n!}$ の収束半径は ∞ であることを示せ.

(5)　べき級数 $\sum_{n=0}^{\infty} a_n z^n$, $\sum_{n=1}^{\infty} n a_n z^{n-1}$ の収束半径は等しいことを示せ.

(6)　べき級数 $\sum_{n=0}^{\infty} \frac{z^n}{n}$ の収束半径は 1 であり, 収束円周上の 1 を除く各点 $e^{i\theta}$ で収束することを示せ.

3

コーシーの積分表示

この章はこの本の主要部である．特に，コーシーの第一定理 (一口にいえば，正則関数 $f(z)$ を閉曲線 C に沿って積分すると 0 になる) およびコーシーの第二定理 (正則関数 $f(z)$ の C 内の点 z における値 $f(z)$ は C 上の値 $f(\zeta)$ と $1/(\zeta - z)$ の積の積分で表せる) を中心に解説する．これらを用いて，正則関数の一般的性質を導き出す．コーシーの両定理は内容も証明も簡単ではあるが，複素解析学において基本的であるばかりでなく，物理学や数学の他の分野でも欠くことのできないものである[*1]．

3.1 曲線の長さと線積分

$C: z = z(t) = x(t) + iy(t),\ a \le t \le b$ を z-平面上の連続な曲線とする．区間 $[a, b]$ の分割 $\Delta: a = t_0 < t_1 < \cdots < t_n = b$ を考え，C 上の $n + 1$ 個の点 $z_i = z(t_i)\ (i = 0, 1, \ldots, n)$ で定まる折れ線 $K = [z_0, z_1] \cup \cdots \cup [z_{n-1}, z_n]$ を作る．K の長さ L_Δ は $L_\Delta = \sum_{i=1}^{n} |z_i - z_{i-1}|$ である．区間 $[a, b]$ の分割 Δ のすべての集まりを $\mathcal{D}$ と書く．実数の集まり $\{L_\Delta \mid \Delta \in \mathcal{D}\}$ の上限 L_C を曲

[*1]　岡潔は 1953 年の関数論の講義ノートにおいてコーシーの第一定理について次のように述べている．"Cauchy の第一定理ですが，これは感知さへ出来ればあとは (どんなにひかえめに云っても少なくともその本質的な部分は)，問題なく出来てしまうようなものです．そう云うと今日のわがくにの数学者たちはすぐ，ではつまらないのか，と思ってしまうようですが，凡そその反対であって，数の科学がかかる定理を持ち得たという事実，これは自然数だけしかなかったときからきまって居た事実 (それが発見されるか否かは別として) でして，云はば数の内在的性質とも云うべきものですが，この事実はたとえを絶して驚異的です．と云いますのは形式的論理の到底予想出来ないようなものであります上に，その形がまことに簡単でしかも flexible であって，何にも使えそうに思われることです (実際そうなのですが)"．

3.1 曲線の長さと線積分

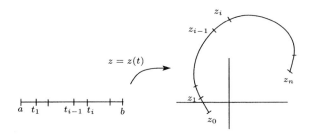

図 **3.1** 曲線の表示

線 C の**長さ**といい,$L_C \equiv \int_C |dz|$ と書く.$L_C < \infty$ のとき C は長さ有限の曲線という.曲線 $C\colon z = z(t) = x(t) + iy(t)$, $a \leq t \leq b$ が一階連続的微分可能曲線のとき,すなわち,$x'(t)$, $y'(t)$ が $[a,b]$ で連続であるとき

$$L_C = \int_a^b \sqrt{x'(t)^2 + y'(t)^2}\, dt$$

であることは微積分法で学んだ.ところで

$$\frac{dz(t)}{dt} \stackrel{\text{定義}}{=} \lim_{h \to 0} \frac{z(t+h) - z(t)}{h} = x'(t) + iy'(t), \quad a \leq t \leq b$$

であるから上式は次の式で表せる:

$$L_C = \int_C |dz| = \int_a^b \left|\frac{dz(t)}{dt}\right| dt.$$

[境界距離] D を z-平面上の領域とし,z を D 内の任意の 1 点とする.$r > 0$ を十分小さく取れば,中心 z,半径 r の円板 $V_z(r)$ は D 内に含まれる.そこでそのような $r > 0$ の上限:$d(z) \equiv \sup \{r > 0 \mid V_z(r) \subset D\}$ を考え,z から D の境界までの**距離**という.z は D 内の任意の点だから $d(z)$ は領域 D での正数値関数を定める.これを D での**距離関数**という.$d(z)$ の定義から次式が成立する:(i) $|d(z') - d(z'')| \leq |z' - z''|$, $\forall z', z'' \in D$;(ii) D の任意の境界点 ζ に対して $\lim_{z \to \zeta} d(z) = 0$.

注意 3.1.1 $d(z)$ には次の関数論的性質がある:任意の点 $z \in D$ および任意の r $(0 < r < d(z))$ に対して

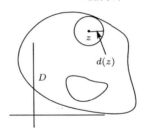

図 3.2 境界距離 $d(z)$

$$\log d(z) \geq \frac{1}{2\pi} \int_0^{2\pi} \log d(z + re^{i\theta}) d\theta.$$

このことを「距離関数 $d(z)$ は領域 D で**対数的優調和関数である**」という．これは複素 1 変数独自の性質である．実際，複素多変数空間 $\mathbf{C}^n$ の任意の領域 D の距離関数 $d(z)$ に関しては (これに対応する) 性質は成立しない．岡潔は第 VI 論文において，$\mathbf{C}^n$ の領域でこの性質を持つものは複素多変数関数論で「擬凸状領域」と呼ばれるものと一致し，最終的に或る複素多変数正則関数の自然存在域 (そこだけで正則であるような関数が少なくとも一つ存在するような領域) になっていることを初めて示した (1942 年)．この事実は複素多変数論ばかりでなく，幾何学や微分方程式論まで広く影響を及ぼした．

　高校で学んだ積分の定義を，その形式だけを拡張して，z-平面の上の複素数値関数の線積分を定義しよう．$C: z = z(t)$, $a \leq t \leq b$ を z-平面上の長さ有限の連続な曲線，$f(z)$ を C 上の複素数値連続関数とする．区間 $[a,b]$ の分割：$\Delta: a = t_0 < t_1 < \cdots < t_n = b$ および $c_i: t_i \leq c_i \leq t_{i+1}$ $(i = 1, \ldots, n)$ を考える．$z_i = z(t_i)$, $z(c_i) = \xi_i$ とおいて，部分和

$$S_\Delta(f) \equiv \sum_{i=1}^n f(\xi_i)(z_i - z_{i-1})$$

を作る．これは一つの複素数である．分割 Δ の最大幅を $\delta(\Delta) := \mathrm{Max}_{i=1,\ldots,n}\{t_i - t_{i-1}\}$ を考える．実数値積分の場合と同様の理由で，$\delta(\Delta) \to 0$ ならば $S_\Delta(f)$ は或る一定の複素数に近づく．その複素数を $f(z)$ の曲線 C に沿っての**線積分**といい，$\int_C f(z)dz$ と書く：

$$\int_C f(z)dz \equiv \lim_{\delta(\Delta)\to 0} \sum_{i=1}^{n} f(\xi_i)(z_i - z_{i-1}).$$

区間 $[a, b]$ 上の実数値関数 $f(x)$ の場合には部分和 $\sum_{i=1}^{n} f(\xi_i)(x_i - x_{i-1})$ は n 個の細長い長方形の符号付き面積の和を表していた. そのことから, 積分 $\int_a^b f(x)dx$ は二つの直線 $x = a$, $x - b$, $y = 0$ と曲線 $y = f(x)$ で囲まれる符合付き面積を表していた. しかし, 今の場合, $S_\Delta(f)$ は何ら幾何学的意味を持たないので, 線積分 $\int_C f(z)dz$ の幾何学的意味は明らかでない. 歴史的に見れば, この意味が明らかでない積分が複素解析学ばかりでなく幾何学, 微分方程式論, 電磁気学,... での不可欠の道具となった. $S_\Delta(f)$ と同様にして

$$T_\Delta(f) \equiv \sum_{i=1}^{n} |f(\xi_i)||z_i - z_{i-1}| \ (\geq 0)$$

を定義する. やはり, $\delta(\Delta) \to 0$ ならば $T_\Delta(f)$ は或る負でない実数に近づく. それを $\int_C |f(z)||dz|$ と書く:

$$\int_C |f(z)||dz| \equiv \lim_{\delta(\Delta)\to 0} \sum_{i=1}^{n} |f(\xi_i)||z_{i+1} - z_i|.$$

曲線 C の長さを L とする. もし C 上で $|f(z)| \leq M$ (ただし, M は或る正数) ならば, 任意の分割 Δ に対して, $|S_\Delta(f)| \leq T_\Delta(f) \leq ML$ である. よって,

$$\left| \int_C f(z)dz \right| \leq \int_C |f(z)||dz| \leq ML.$$

同様にして, Δ の分点 $z_i = x_i + \sqrt{-1}y_i \ (i = 1, 2, \ldots, n)$ と書くとき

$$\int_C f(z)dx = \lim_{\delta(\Delta)\to 0} \sum_{i=1}^{n} f(\xi_i)(x_i - x_{i-1})$$

と定義し, $f(z)$ の曲線 C に沿っての x についての線積分という. y についての線積分 $\int_C f(z)dy$ も同様に定義する.

曲線 $C: z = z(t) = x(t) + iy(t)$, $a \leq t \leq b$ が一階連続的微分可能な曲線の場合には, 実数値関数の微積分法と同様に次が成立する:

$$\int_C f(z)dz = \int_a^b f(z(t))z'(t)dt, \quad \int_C |f(z)||dz| = \int_a^b |f(z(t))||z'(t)|dt.$$

ただし，第一の等式の右辺の正確な定義は次式である： $f(z(t)) = u(t) + iv(t)$ ($u = u(t)$, $v = v(t)$ は実数関数), $z'(t) = u'(t) + iv'(t)$ と置くとき

$$\int_a^b f(z(t))z'(t)dt = \int_a^b \Re\{f(z(t))z'(t)\}dt + i\int_a^b \Im\{f(z(t))z'(t)\}dt$$
$$= \int_a^b (u(t)x'(t) - v(t)y'(t))dt + i\int_a^b (u(t)y'(t) + v(t)x'(t))dt.$$

同様に

$$\int_C f(z)dx = \int_a^b f(z(t))x'(t)dt, \quad \int_C f(z)dy = \int_a^b f(z(t))y'(t)dt.$$

したがって，曲線 C の始点および終点を α, β とするとき，もし $f(z)$ が曲線 C の近傍で C^1-級ならば

$$\int_C \frac{\partial f}{\partial x}dx + \frac{\partial f}{\partial y}dy = f(\beta) - f(\alpha). \tag{3.1}$$

[**区分的に滑らかな曲線**] この本においては曲線 C の線積分を考えるとき，C は区分的に滑らかな曲線に限る．すなわち，$C\colon z = z(t)$, $a \leq t \leq b$ は連続曲線であって，有限個の $c_j\colon a = c_0 < c_1 < \cdots < c_{q-1} < c_q = b$ が存在して，$z = z(t)$ を各区間 $I_j \equiv [c_{j-1}, c_j]$ に制限した曲線を $C_j\colon z = z_j(t)$ と書くとき，$z_j(t)$ は I_j で連続的微分可能であって $z_j'(t) \neq 0$, $\forall t \in I_j$. 故に，C_j の終点と C_{j+1} の始点とは一致し，向きを込めて $C = C_1 + \cdots + C_q$ である．

微積分法において，区間 $[a,b]$ 上の実数値連続関数 $f(x)$ が原始関数 $F(x)$ (すなわち，$F'(x) = f(x)$, $a \leq x \leq b$) を持つならば，次の基本定理が成立した：

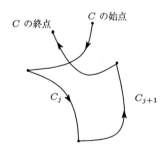

図 **3.3** 区分的に滑らかな曲線 $C = C_1 + \cdots + C_q$

$$\int_a^b f(x)dx = F(b) - F(a).$$

これは，複素数値関数の複素数の意味での微分と線積分が結びついて，次の形に拡張される．形は全く同一であるが，その意味は遙かに深い．

定理 3.1.1 曲線 C は区分的に滑らかな曲線とし，その始点および終点を α, β とする．$f(z)$ は C 上の連続関数であって，原始関数 $F(z)$ を持つと仮定する．すなわち，$F(z)$ は曲線 C を含む或る領域 D で正則な関数であって D 上で $F'(z) = f(z)$ である．このとき

$$\int_C f(z)dz = F(\beta) - F(\alpha).$$

特に，C が閉曲線ならば，$f(z)$ の C に沿っての線積分は 0 である．

[証明] 曲線 C が滑らかな場合を証明すればよい．$C: z = z(t)$, $t \in [a,b]$ (ただし，$z(a) = \alpha$, $z(b) = \beta$) と置く．$t_0 \in [a,b]$ を固定して $z_0 = z(t_0) \in C$ と置く．$F(z)$ は z_0 で複素数の意味で微分可能だから絶対値が十分小さい複素数 Δz に対して常に

$$F(z_0 + \Delta z) = F(z_0) + F'(z_0)\Delta z + \varepsilon(\Delta z)\Delta z.$$

ただし，$\varepsilon(\Delta z) \to 0$ $(\Delta z \to 0)$．さらに，$z(t)$ は t_0 において連続的微分可能だから絶対値が十分小さい実数 h に対して常に

$$z(t_0 + h) = z(t_0) + z'(t_0)h + \eta(h)h$$

ただし，$\eta(h) \to 0$ $(h \to 0)$．特に，$\Delta z = z(t_0 + h) - z(t_0)$ と置けば，$\Delta z \to 0$ $(h \to 0)$ である．よって，$\varepsilon(\Delta z) \to 0$ $(h \to 0)$．後者の式を前者の式に代入して

$$F(z(t_0 + h)) = F(z(t_0)) + F'(z_0)z'(t_0)h + \zeta(h)h.$$

ただし，$\zeta(h) = F'(z_0)\eta(h) + \varepsilon(\Delta z)(z'(t_0) + \eta(h))$ より $\lim_{h \to 0} \zeta(h) = 0$．故に

$$\frac{dF(z(t))}{dt}\bigg|_{t=t_0} = F'(z(t_0))z'(t_0) = f(z(t_0))z'(t_0).$$

t_0 は区間 $[a,b]$ 上の任意の点だから $[a,b]$ 上でこの式は成立する. よって

$$\int_C f(z)dz = \int_a^b f(z(t))z'(t)dt = \int_a^b \frac{dF(z(t))}{dt}dt = F(\beta) - F(\alpha). \qquad \square$$

注意 3.1.2 (i) $f(z)$ を収束円 $V: |z-a| < R$ を持つべき級数とすれば, $f(z)$ は V において原始関数を持っていた. したがって, V 内の任意の (区分的に滑らかな) 閉曲線 C に対して

$$\int_C f(z)dz = 0.$$

特に, $f(z)$ が多項式ならば, 平面上の任意の閉曲線 C に対して上式はいえる.

(ii) 点 α を中心とし, 半径 $r > 0$ の反時計回りの円周 C_r に対して

$$\int_{C_r} \frac{1}{z-\alpha}dz = 2\pi i. \qquad (3.2)$$

この等式の左辺が半径 r によらないという事実は大切である.

実際, $C_r: z = \alpha + re^{i\theta}$, $0 \le \theta \le 2\pi$ と表せる. $\frac{de^{i\theta}}{d\theta} = ie^{i\theta}$ から

$$\int_{C_r} \frac{1}{z-\alpha}dz = \int_0^{2\pi} \frac{1}{re^{i\theta}}(rie^{i\theta})d\theta = i\int_0^{2\pi} d\theta = 2\pi i.$$

[別の見方] z-平面に点 α から実軸に平行な半直線 $[\alpha, \infty)$ に沿って鋏を入れる. $\frac{1}{z-\alpha}$ は単連結領域 $\mathbf{C} \setminus [\alpha, \infty)$ において原始関数

$$\log(z-\alpha) = \log|z-\alpha| + i\arg(z-\alpha), \qquad ただし, \; 0 < \arg(z-\alpha) < 2\pi$$

を持っていた. したがって

$$\int_C \frac{1}{z-\alpha}dz = (\log r + 2\pi i) - \log r = 2\pi i.$$

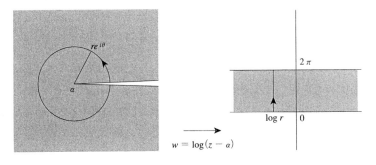

図 3.4　$w = \log(z - \alpha)$ による $\mathbf{C} \setminus [\alpha, \infty)$ の像

3.2　コーシーの第一定理

　この節と次の節で，関数論ばかりでなく解析学において，応用の面でも理論的な面でも最も重要な定理であるコーシーの第一，第二定理を述べよう．z-平面上の連続曲線 $C\colon z = z(t)$, $a \leq t \leq b$ が**単純曲線**とは，任意の t_1, t_2 ($t_1 \neq t_2$) に対して，$z(t_1) \neq z(t_2)$ のときをいう．すなわち，C は自分自身と交わらないときをいう．また，連続な閉曲線 C が始点 (=終点) 以外では単純曲線であるとき C を**単純閉曲線**という．

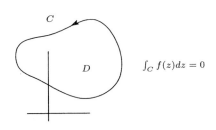

図 3.5　コーシーの第一定理

定理 3.2.1 (コーシーの第一定理 (1825 年))　　D を区分的に滑らかな単純閉曲線 C で囲まれた領域とする．$\overline{D} = D \cup C$ と置く．$f(z)$ は $\overline{D}$ で連続で D で正則な関数とする．このとき

$$\int_C f(z)dz = 0. \tag{3.3}$$

[証明] 以下の証明はグルサ[6]による. 曲線 C の向きは領域 D に関して正として証明すればよい. 点 $z \in D$ と C との最短距離を $d(z) > 0$ と置く. $d(z)$ は D での連続関数で z が C に近づくとき $d(z)$ は零に近づく. 各 $\nu \geq 1$ に対して $D_\nu = \{z \in D \mid d(z) < 1/\nu\}$ と置くと $\overline{D_\nu} \subset D$ であって或る番号 ν_0 より大きい ν に対する D_ν は (D と同様に) 区分的に滑らかな単純閉曲線 C_ν で囲まれた領域である. f は $\overline{D}$ で一様連続であるから

$$\lim_{\nu \to \infty} \int_{C_\nu} f(z)dz = \int_C f(z)dz.$$

したがって (3.3) を示すためには, 各 $\nu \geq \nu_0$ に対して

$$\int_{C_\nu} f(z)dz = 0 \tag{3.4}$$

を示せばよい. さらに, このことを示すためには D 内の任意の折れ線からなる閉曲線 (閉折れ線) K に対して

$$\int_K f(z)dz = 0 \tag{3.5}$$

を証明すれば十分である. 実際, 任意の閉折れ線 $K \subset D$ に対して (3.5) が成り立つと仮定する. 各点 $\zeta \in C_\nu$ に対して, 中心 ζ, 半径 $\frac{1}{2\nu}$ の円板 $\delta(\zeta)$ と半径 $\frac{1}{\nu}$ の円板 $\widetilde{\delta}(\zeta)$ を描く. このとき $\delta(\zeta) \subset D$ で, それらの集まりは C_ν を覆うからボレル-ルベーグの被覆定理から有限個の $\zeta_j \in C_\nu$ $(j = 1, 2, \ldots, J)$ が見つかって, $C_\nu \subset \bigcup_{j=1}^J \delta(\zeta_j)$. 曲線 C_ν 上に n 個の分点 $z_0, z_1, \ldots, z_{n-1}$, $z_n = z_0$ を取り, 2 点 z_{i-1}, z_i で定まる C_ν の部分弧を c_i, その長さを $a_i > 0$, 2 点 z_{i-1}, z_i を結ぶ線分を l_i と書く. もし $a_i < 1/2\nu$ $(i = 1, \ldots, n)$ ならば, 各 $i = 1, \ldots, n$ に対して $\zeta_l \in C_\nu$ が見つかって, c_i, l_i は共に $\widetilde{\delta}(\zeta_l)$ に含まれる. したがって, 始点 z_0 から出発して順番に $z_1, \ldots, z_{n-1}, z_n$ と結んでもとの点 z_0 に戻ってくる閉折れ線を K とすると, 向きを込めて $K = l_1 + \cdots + l_n$ であり, $K \subset D$ である. さて, 任意に $\varepsilon > 0$ を与える. 十分小さい $\eta : 0 < \eta$ $(< 1/2\nu)$ を取れば, 線積分の定義および f の $\overline{D}$ での一様連続性から $a_i < \eta$

$(i = 0, 1, \ldots, n)$ なる C_ν の任意の分割 $z_0, z_1, \ldots, z_{n-1}, z_n = z_0$ に対して

$$\left| \int_{C_\nu} f(z)dz - \sum_{i=1}^{n} f(z_i)(z_i - z_{i-1}) \right| < \frac{\varepsilon}{2},$$

$$\left| \sum_{i=1}^{n} f(z_i)(z_i - z_{i-1}) - \sum_{i=1}^{n} \int_{l_i} f(z)dz \right| < \frac{\varepsilon}{2}.$$

第2式の左辺の n 個の線積分の和は $\int_K f(z)dz$ に他ならない．仮定からこれは 0 である．よって $\left| \int_{C_\nu} f(z)dz \right| < \varepsilon$ を得る．左辺の積分値は $\varepsilon > 0$ によらないから 0 となり (3.4) を得る．

故に，定理のためには (3.5) を示せば十分である．閉折れ線 K は幾つかの多角形 K_p $(p = 1, 2, \ldots, p')$ に分けられ，向きを込めて $K = K_1 + \cdots + K_{p'}$ で

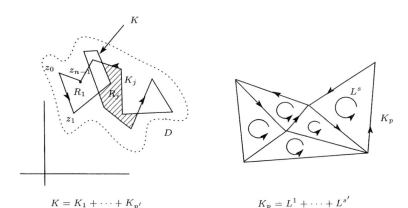

図 3.6 三角形の三辺の線積分への還元

ある．D は単純閉曲線 C で囲まれる領域だから，各 K_p の囲む領域 R_p は D に含まれる．ところで $\int_K f(z)dz = \sum_{p=1}^{p'} \int_{K_p} f(z)dz$ より，(3.5) を示すためには，各 $p = 1, \ldots, p'$ について

$$\int_{K_p} f(z)dz = 0 \qquad (3.6)$$

を示せばよい．そのためには多角形 K_p の向きは領域 R_p に関して正であるとしてよい．領域 R_p は幾つかの閉三角形 Δ^s $(s = 1, \ldots, s')$ に分けることが出来る．

各 Δ^s の周の定める三角形を L^s とすれば, 向きを込めて $K_p = L^1 + \cdots + L^{s'}$ であり, $\Delta^s \subset D$ である. ところで $\int_{K_p} f(z)dz = \sum_{s=1}^{s'} \int_{L^s} f(z)dz$ より, (3.6) のためには各 $s = 1, \ldots, s'$ について

$$\int_{L^s} f(z)dz = 0 \tag{3.7}$$

を示せばよい. 記号を改めて $L^s = L$, $\Delta^s = \Delta \ (\subset D)$ と書く.

今, 任意に正数 $\varepsilon > 0$ を固定する. Δ の各点 ζ で $f(z)$ は複素数の意味で微分可能より, 十分小さい $r_\zeta > 0$ を取り, 中心 ζ, 半径 r_ζ の円板 $\mathcal{V}(\zeta) := \{|z - \zeta| < r_\zeta\}$ を描くと $\mathcal{V}(\zeta) \subset D$ であり, $z \in \mathcal{V}(\zeta)$ に対して

$$f(z) = f(\zeta) + f'(\zeta)(z - \zeta) + \varepsilon(z)(z - \zeta), \quad \text{ただし}, |\varepsilon(z)| < \varepsilon.$$

三角形 C の各辺の中点を結んで閉三角形 Δ を四つの閉三角形に分割し, それらを $\Delta_k \ (k = 1, \ldots, 4)$ と書く: $\Delta = \Delta_1 \cup \cdots \cup \Delta_4$. このとき各 $\Delta_k \ (k = 1, \ldots, 4)$ に対して次の二つの場合が起きる:

(i) Δ_k 上に少なくとも 1 点 ζ_k が存在して $\Delta_k \subset \mathcal{V}(\zeta_k)$ である;

(ii) Δ_k 上のどの点 ζ に対しても $\Delta_k \not\subset \mathcal{V}(\zeta)$ である.

さて, (i) の場合の Δ_k の集まりを $\mathbf{S}_1$ とし, (ii) の場合の Δ_k の集まりを $\mathbf{T}_1$ と書く: $\Delta = \mathbf{S}_1 \cup \mathbf{T}_1$. もし $\mathbf{T}_1 \neq \emptyset$ ならば, ($\mathbf{S}_1$ はそのままにして) $\mathbf{T}_1$ に属する各 Δ_k に対して, 上と同様に, これを四つの閉三角形に分割してそれらを $\Delta_{k1}, \Delta_{k2}, \Delta_{k3}, \Delta_{k4}$ と書く: $\Delta_k = \Delta_{k1} \cup \cdots \cup \Delta_{k4}$. このとき各 Δ_{kl} $(l = 1, \ldots, 4)$ に対して次の二つの場合が起きる:

(i) Δ_{kl} 上に少なくとも 1 点 ζ_{kl} が存在して $\Delta_{kl} \subset \mathcal{V}(\zeta_{kl})$ である;

(ii) Δ_{kl} 上のどの点 ζ に対しても $\Delta_{kl} \not\subset \mathcal{V}(\zeta)$ である.

(i) の場合の Δ_{kl} の集まりを $\mathbf{S}_2$ とし, (ii) の場合の Δ_{kl} の集まりを $\mathbf{T}_2$ と書く. 故に, $\Delta = \mathbf{S}_1 \cup \mathbf{S}_2 \cup \mathbf{T}_2$. もし $\mathbf{T}_2 \neq \emptyset$ ならば, ($\mathbf{S}_2$ はそのままにして) 同様の操作を続けていく. 最後には, 或る番号 N が存在して $\mathbf{T}_{N-1} \neq \emptyset$ かつ $\mathbf{T}_N = \emptyset$ となる. すなわち,

$$\Delta = \mathbf{S}_1 \cup \cdots \cup \mathbf{S}_N.$$

これは $\mathbf{T}_1 \supset \mathbf{T}_2 \supset \cdots$ であることと各段階で分割された閉三角形の大きさが段々小さくなっていくから, 系 2.4.2 からわかる (例えば, 図 3.7 のような形で $\mathbf{T}_4 = \emptyset$ になったとすれば, $\mathbf{S}_1$ は 2 個の閉三角形, $\mathbf{S}_2$ は 5 個の閉三角形, $\mathbf{S}_3$ は 11 個, $\mathbf{S}_4$ は 4 個の閉三角形よりなる). $j = 1, \ldots, N$ を固定する. $\mathbf{S}_j$ は大

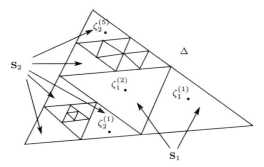

図 3.7　$\Delta = \mathbf{S}_1 \cup \cdots \cup \mathbf{S}_4$

きさの等しい有限個の閉三角形よりなる. これらを $\Delta_j^{(\mu)}$, $\mu = 1, \ldots, M_j$ と書く: $\mathbf{S}_j = \bigcup_{\mu=1}^{M_j} \Delta_j^{(\mu)}$. 各 $\Delta_j^{(\mu)}$ には或る点 $\zeta_j^{(\mu)}$ が見つかって, $\Delta_j^{(\mu)} \subset \mathcal{V}(\zeta_j^{(\mu)})$ であるから, 任意の $z \in \Delta_j^{(\mu)}$ に対して

$$f(z) = f(\zeta_j^{(\mu)}) + f'(\zeta_j^{(\mu)})(z - \zeta_j^{(\mu)}) + \varepsilon(z)(z - \zeta_j^{(\mu)}), \quad \text{ただし}, |\varepsilon(z)| < \varepsilon.$$

閉三角形 $\Delta_j^{(\mu)}$ の境界の定める三角形を $L_j^{(\mu)}$ と書き, その向きは $\Delta_j^{(\mu)}$ に関して正とする. このとき向きを込めて $L = \sum_{j=1}^{N} \sum_{\mu=1}^{M_j} L_j^{(\mu)}$ より

$$\int_C f(z)dz = \sum_{j=1}^{N} \sum_{\mu=1}^{M_j} \int_{L_j^{(\mu)}} f(z)dz.$$

定理 3.1.1 より平面上の任意の閉曲線 γ に対して $\int_\gamma dz = \int_\gamma z\,dz = 0$ より

$$\left| \int_{L_j^{(\mu)}} f(z)dz \right| = \left| \int_{L_j^{(\mu)}} \left\{ f(\zeta_j^{(\mu)}) + f'(\zeta_j^{(\mu)})(z - \zeta_j^{(\mu)}) + \varepsilon(z)(z - \zeta_j^{(\mu)}) \right\} dz \right|$$

$$= \left| \int_{L_j^{(\mu)}} \varepsilon(z)(z - \zeta_j^{(\mu)})dz \right| \leq \varepsilon \left(L_j^{(\mu)} \text{ の長さ} \right)^2.$$

最初の閉三角形 Δ の面積を A,周 L の長さを B とし,$B^2 < KA$ となる正数 $K > 0$ を一つ固定する.各閉三角形 $\Delta_j^{(\mu)}$ は Δ に相似だから $\Delta_i^{(\mu)}$ の面積を $A_j^{(\mu)}$,周 $L_j^{(\mu)}$ の長さを $B_j^{(\mu)}$ とすれば $(B_j^{(\mu)})^2 < KA_j^{(\mu)}$ である.三角形 Δ は

$$\Delta = \bigcup_{j=1}^{N} \mathbf{S}_j = \bigcup_{j=1}^{N} \bigcup_{\mu=1}^{M_j} \Delta_j^{(\mu)}$$

と表され,任意の二つの $\Delta_j^{(\mu)}$ の交わりは線分かまたは 1 点であるから Δ の面積 A はこれら $\Delta_j^{(\mu)}$ の面積 $A_j^{(\mu)}$ の総和に等しい.したがって

$$\left| \int_L f(z)dz \right| \leq \sum_{j=1}^{N} \sum_{\mu=1}^{M_j} \varepsilon (L_j^{(\mu)} \text{ の長さ})^2 \leq \varepsilon K \sum_{j=1}^{N} \sum_{\mu=1}^{M_j} A_j^{(\mu)} = \varepsilon KA.$$

正数 K, A は ε によらないから,$\int_L f(z)dz = 0$ となり,(3.7) が示された.□

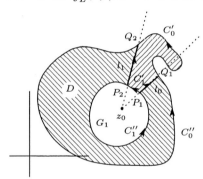

図 **3.8** 複連結領域でのコーシーの第一定理

この証明は等式 (3.3) を代数的にピシッと示したと言うよりも解析的に「等号が成立せざるを得ない」ことを示したと言える.

系 3.2.1 (複連結領域に関するコーシーの第一定理) 有限個の区分的に滑らかな単純閉曲線 C_j $(j = 0, 1, \ldots, q)$ で囲まれた領域 D を考える.C_0 を外部境界とし,その方向を D に関して正とする.各閉曲線 C_j $(j = 1, 2, \ldots, q)$ の方向を D に関して負とする.すなわち,$\partial G = C_0 - C_1 - \cdots - C_q$.このとき閉領域 $\overline{D}$ で連続で,D で正則な関数 $f(z)$ に対して

$$\int_{C_0} f(z)dz = \sum_{j=1}^{q} \int_{C_j} f(z)dz.$$

[証明] $q \geq 2$ のときも同様に示されるから, $q = 1$ の場合 (すなわち, $\partial D = C_0 - C_1$) を証明する. C_1 の囲む領域 G_1 内に 1 点 z_0 ($\notin D$) を取り, z_0 を始点とする偏角が θ_i ($i = 1, 2; 0 < \theta_1 < \theta_2$) の 2 本の半直線 L_i を引く. 各 L_i の閉曲線 C_1 と最後に交わる点を P_i, 閉曲線 C_0 と最初に交わる点を Q_i とする. P_i から Q_i に向かう線分 l_i は領域 D に含まれる. 点 P_1 から P_2 へ向かう閉曲線 C_1 の部分弧を C_1' とし, 点 P_2 から P_1 へ向かう閉曲線 C_1 の部分弧を C_1'' とする. したがって, $C_1 = C_1' + C_1''$ である. 同様に Q_1, Q_2 の定める閉曲線 C_0 の二つの部文弧を C_0', C_0'' とすると $C_0 = C_0' + C_0''$ である. D 内の二つの区分的に滑らかな単純閉曲線

$$K_0 := l_0 + C_0' - l_1 - C_1' \qquad K_1 := l_1 + C_0'' - l_0 - C_1''$$

を考え, これらによって囲まれる領域は D に含まれる. 定理 3.2.1 から $\int_{K_0} f(z)dz = \int_{K_1} f(z)dz = 0$ である. $C_0 - C_1 = K_0 + K_1$ から

$$\int_{C_0 - C_1} f(z)dz = 0. \quad \text{よって} \quad \int_{C_0} f(z)dz = \int_{C_1} f(z)dz. \qquad \square$$

3.3 コーシーの第二定理

定理 3.3.1 (コーシーの第二定理) D は有限個の区分的に滑らかな単純閉曲線 C で囲まれた領域とし, C の向きは D に関して正とする. $f(z)$ は閉領域 $\overline{D}$ で連続で D で正則な関数とする. このとき, 任意の点 $z \in D$ に対して

$$f(z) = \frac{1}{2\pi i} \int_C \frac{f(\zeta)}{\zeta - z} d\zeta.$$

[証明] 与えられた点 $z \in D$ を中心とし, 小さい半径 $\varepsilon > 0$ の円周 $\gamma(\varepsilon)$: $\zeta = z + \varepsilon e^{i\theta}$ ($0 \leq \theta \leq 2\pi$) をその内部まで込めて D に含まれるように描く. したがって, ζ に関する関数として $\frac{f(\zeta)}{\zeta - z}$ は閉曲線 C と $\gamma(\varepsilon)$ で囲まれる領域で

正則である．系 3.2.1 によって
$$\int_C \frac{f(\zeta)}{\zeta-z}d\zeta = \int_{\gamma(\varepsilon)} \frac{f(\zeta)}{\zeta-z}d\zeta.$$
左辺は $\varepsilon > 0$ の取り方によらない複素数であるから，右辺も $\varepsilon > 0$ によらない．$f(\zeta)$ は点 z において複素数の意味で微分可能だから
$$f(\zeta) = f(z) + f'(z)(\zeta-z) + \eta(\zeta)(\zeta-z), \quad \text{ただし}, \lim_{\zeta\to z}\eta(\zeta) = 0.$$
ところで，$\int_{\gamma(\varepsilon)} \frac{d\zeta}{\zeta-z} = 2\pi i$ かつ $\int_{\gamma(\varepsilon)} d\zeta = 0$ であるから
$$\begin{aligned}
\int_C \frac{f(\zeta)}{\zeta-z}d\zeta &= \lim_{\varepsilon\to 0}\int_{\gamma(\varepsilon)} \frac{f(\zeta)}{\zeta-z}d\zeta \\
&= \lim_{\varepsilon\to 0}\left\{f(z)\int_{\gamma(\varepsilon)}\frac{d\zeta}{\zeta-z} + f'(z)\int_{\gamma(\varepsilon)} d\zeta + \int_{\gamma(\varepsilon)}\eta(\zeta)d\zeta\right\} \\
&= 2\pi i f(z) + \lim_{\varepsilon\to 0}\int_{\gamma(\varepsilon)}\eta(\zeta)d\zeta = 2\pi i f(z). \qquad \square
\end{aligned}$$

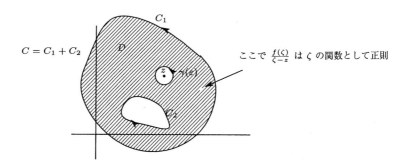

図 3.9　コーシーの第二定理

系 3.3.1　上の定理と同じ条件の下で
$$\frac{1}{2\pi i}\int_C \frac{f(\zeta)}{\zeta-z}d\zeta = \begin{cases} f(z), & z \in D, \\ 0, & z \in \mathbf{C}\setminus\overline{D}. \end{cases}$$

3.4 コーシーの定理の応用 105

[証明] $z \in D$ についてはコーシーの第二定理である. $z \in \mathbf{C} \setminus \overline{D}$ について左辺の積分が 0 になることは, $f(\zeta)/(\zeta - z)$ が ζ の関数として D で正則であるから, コーシーの第一定理から導かれる. □

故に, 左辺の線積分で定まる $\mathbf{C} \setminus C$ 上の関数は C に沿って落差 $f(z)$ をもつ.

注意 3.3.1 コーシーの第二定理の意味を調べよう. 先ず, z-平面 $\mathbf{C}$ 上の1点 ζ を固定する. このとき $\frac{1}{\zeta - z}$ は z の関数として領域 $\mathbf{C} \setminus \{\zeta\}$ で正則であり, $\left(\frac{1}{\zeta - z}\right)' = \frac{1}{(\zeta - z)^2}$ である. 次に, $\mathbf{C}$ 上に相異なる有限個の点 $\zeta_1, \ldots, \zeta_n$ および n 個の複素数 $a_1, \ldots, a_n$ が与えられたとき $S_n(z) = \sum_{i=1}^{n} \frac{a_i}{\zeta_i - z}$ は z の関数として領域 $\mathbf{C} \setminus \{\zeta_1, \ldots, \zeta_n\}$ で正則であり, $S_n'(z) = \sum_{i=1}^{n} \frac{a_i}{(\zeta_i - z)^2}$ である. さらに, C を $\mathbf{C}$ 上の有限個の区分的に滑らかな曲線とし, $\varphi(z)$ を C 上の任意の連続関数とする. このとき

$$S(z) \equiv \int_C \frac{\varphi(\zeta)}{\zeta - z} d\zeta = \lim_{\delta(\Delta) \to 0} \sum_{i=1}^{n} \frac{\varphi(\xi_i)}{\zeta_i - z}(\zeta_i - \zeta_{i-1})$$

は z の関数として領域 $\mathbf{C} \setminus C$ で正則であり, $S'(z) = \int_C \frac{\varphi(\zeta)}{(\zeta - z)^2} d\zeta$ である. 特に, C が有限個の区分的に滑らかな互いに交わらない単純閉曲線 C_j $(j = 0, 1, \ldots, q)$ よりなり, 領域 D の境界となっているとする. $\mathbf{C} \setminus C$ は D と非有界な領域 G_0 と他に q 個の有界な領域 G_j $(j = 1, \ldots, q)$ よりなる. このとき, コーシーの第二定理は「もし C 上の連続関数 $\varphi(z)$ が $\overline{D}$ で連続であり, D で正則な関数 $\varphi(z)$ の曲線 C への制限とすれば, $S(z) = 2\pi i \varphi(z),\ z \in D;\ S(z) = 0,\ z \in \bigcup_{j=0}^{q} G_j$ である」というのである.

3.4 コーシーの定理の応用

コーシーの二つの定理を用いて, 正則関数に関する諸性質を述べよう.

1. 正則関数のテイラー展開 $f(z)$ は領域 D で正則な関数とする. z_0 を D の1点とし, z_0 から D の境界までの距離を $d(z_0)$ とする. このとき, $f(z)$ は z_0 の周りで次のようにテイラー展開出来る:

$$f(z) = \sum_{n=0}^{\infty} a_n(z-z_0)^n. \quad \text{ただし,} \quad a_n = \frac{1}{2\pi i}\int_{C_r} \frac{f(\zeta)}{(\zeta-z_0)^{n+1}}d\zeta. \quad (3.8)$$

ここに, C_r は中心 z_0 半径 $r < d(z_0)$ の反時計回りの円周である. さらに, 右辺のべき級数の収束半径は $d(z_0)$ 以上である.

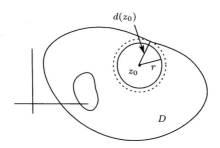

図 3.10 正則関数のテイラー展開

[証明] r を $0 < r < d(z_0)$ なる任意の正数とする. 中心 z_0, 半径 $r > 0$ の円板 $\Delta_r : |z-z_0| < r$ を描き, その円周を C_r とする. 定理 3.3.1 から

$$f(z) = \frac{1}{2\pi i}\int_{C_r} \frac{f(\zeta)}{\zeta - z}d\zeta, \qquad z \in \Delta_r.$$

任意の点 $\zeta \in C_r$ において $\left|\frac{z-z_0}{\zeta-z_0}\right| = \frac{|z-z_0|}{r} < 1$ であるから

$$\frac{1}{\zeta-z} = \frac{1}{\zeta-z_0}\frac{1}{1-\frac{z-z_0}{\zeta-z_0}} = \frac{1}{\zeta-z_0}\sum_{n=0}^{\infty}\left(\frac{z-z_0}{\zeta-z_0}\right)^n.$$

右辺の級数は $\zeta \in C_r$ に関して優級数 $\sum_{n=0}^{\infty}(\frac{|z-z_0|}{r})^n$ を持つから, C_r 上で一様収束する. したがって, 項別積分できて

$$f(z) = \frac{1}{2\pi i}\sum_{n=0}^{\infty}\int_{C_r} f(\zeta)\frac{1}{\zeta-z_0}\left(\frac{z-z_0}{\zeta-z_0}\right)^n d\zeta$$
$$= \frac{1}{2\pi i}\sum_{n=0}^{\infty}\left(\int_{C_r} \frac{f(\zeta)}{(\zeta-z_0)^{n+1}}d\zeta\right)(z-z_0)^n.$$

よって, $f(z)$ は C_r 内で (3.8) のようにテイラー展開出来ることがわかる.

コーシーの第一定理から各 n (≥ 0) に対して線積分 $\int_{C_r} \frac{f(\zeta)}{(\zeta - z_0)^{n+1}} d\zeta$ は r $(r < d(z_0))$ の取り方によらない. r は $0 < r < d(z_0)$ をみたす任意の数であるから, 等式 (3.8) は $|z - z_0| < d(z_0)$ において成立する. □

2. 正則関数の高階微分可能性 $f(z)$ は領域 D で正則な関数とする. このとき, $f(z)$ は D において何階でも複素数の意味で微分可能である. さらに, $G \subset D$ を有限個の区分的に滑らかな D 内の単純閉曲線 C で囲まれた領域とする. このとき

$$f^{(n)}(z) = \frac{n!}{2\pi i} \int_C \frac{f(\zeta)}{(\zeta - z)^{n+1}}, \quad z \in G. \tag{3.9}$$

[証明] $n = 1$ の場合を示そう. 任意の点 $z_0 \in G$ を固定する. コーシーの第二定理から任意の $z \in G$ に対して

$$\begin{aligned}
f(z) - f(z_0) &= \frac{1}{2\pi i} \int_C f(\zeta) \left(\frac{1}{\zeta - z} - \frac{1}{\zeta - z_0} \right) d\zeta \\
&= \frac{z - z_0}{2\pi i} \int_C \frac{f(\zeta)}{(\zeta - z)(\zeta - z_0)} d\zeta.
\end{aligned}$$

$z \to z_0$ のとき ζ に関して C 上で一様に $\frac{f(\zeta)}{(\zeta-z)(\zeta-z_0)} \to \frac{f(\zeta)}{(\zeta-z_0)^2}$ であるから

$$\lim_{z \to z_0} \frac{f(z) - f(z_0)}{z - z_0} = \frac{1}{2\pi i} \int_C \frac{f(\zeta)}{(\zeta - z)^2} d\zeta.$$

よって, $n = 1$ の場合が示された. 同様にして, $n \geq 2$ の場合も示される. □

系 3.4.1 (コーシーの不等式) $f(z)$ は円板 $\Delta: |z| < R$ で正則な関数であって $|f(z)| \leq M$ とする. このとき各自然数 n (≥ 1) に対して

$$|f^{(n)}(0)| \leq \frac{n!\, M}{R^n}.$$

[証明] 正則関数 $f(z)$ は円板 Δ でべき級数に展開できるから, 上の不等式は定理 2.4.7 の (2.15) に他ならない. ここでは (3.9) を用いて直接に示そう. 原点中心, 半径 r $(0 < r < R)$ の反時計回りの円 C_r を描くと

$$\left| f^{(n)}(0) \right| = \left| \frac{n!}{2\pi i} \int_{C_r} \frac{f(\zeta)}{\zeta^{n+1}} d\zeta \right| \leq \frac{n!}{2\pi} \frac{M}{r^{n+1}} (2\pi r) = \frac{n!\, M}{r^n}.$$

r は $0 < r < R$ となる任意の正数だから $r \to R$ として系を得る. □

定理 3.4.1 (モレラの定理) $f(z)$ は領域 D での連続関数とする. もし D 内の任意の区分的に滑らかな閉曲線に対して

$$\int_C f(z)dz = 0$$

ならば, $f(z)$ は D で正則である.

[証明] 1点 $z_0 \in D$ を固定する. 任意の点 $z \in D$ に対して, z_0 を始点, z を終点とする D 内の区分的に滑らかな曲線 C_z を描き, 線積分

$$F(z) \equiv \int_{C_z} f(z)dz$$

を考える. 仮定より $F(z)$ は D 内の曲線の取り方によらず (図 3.11 を参照), 終点 z のみによるから $F(z)$ は D 内の (一価) 関数を定義する. モレラの定理を示すためには, p.107 の **2** より $F(z)$ が D で $f(z)$ の原始関数, すなわち, $F'(z) = f(z)$, $z \in D$ であることを示せばよい. 実際, $z \in D$ を固定する. 任意に $\varepsilon > 0$ を与えると f は点 z で連続より, 中心 z, 半径 r の円板 δ が取れて, $|f(\zeta) - f(z)| < \varepsilon$, $\forall \zeta \in \delta$. 複素数 h を $z + h \in \delta$ となるように任意に取り, $l_h \subset \delta$ を z と $z + h$ を結ぶ線分とする. 仮定から

$$\frac{F(z+h) - F(z)}{h} = \frac{1}{h} \int_{l_h} f(\zeta)d\zeta. \quad \text{さらに}, \quad f(z) = \frac{1}{h} \int_{l_h} f(z)d\zeta.$$

故に, l_h の長さは $|h|$ であることに注意すれば

$$\left| \frac{F(z+h) - f(z)}{h} - f(z) \right| \leq \frac{1}{|h|} \int_{l_h} |f(\zeta) - f(z)||d\zeta| \leq \varepsilon$$

となり, $F'(z) = f(z)$ を得る. □

平面全体で正則な関数を**整関数**という.

系 3.4.2 (リュービルの定理) 有界な整関数は定数である.

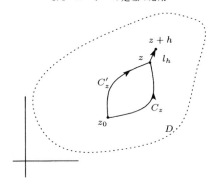

図 3.11 モレラの条件: $\int_{C_z} f(\zeta)d\zeta = \int_{C'_z} f(\zeta)d\zeta$

[証明] $f(z)$ を $\mathbf{C}$ 上の正則関数で $|f(z)| \leq M$, $\forall z \in \mathbf{C}$ と仮定する. $z \in \mathbf{C}$ を任意に固定するとき, $f(z) = f(0)$ を示せばよい. R を $R > |z|$ を満たす任意の正数として C_R を原点中心, 半径 R の反時計回りの円周とする. コーシーの第二定理から

$$|f(z) - f(0)| = \frac{1}{2\pi}\left|\int_{C_R}\left(\frac{1}{\zeta - z} - \frac{1}{\zeta}\right)f(\zeta)d\zeta\right|$$
$$\leq \frac{1}{2\pi}\int_{C_R}\left|\frac{zf(\zeta)}{(\zeta - z)\zeta}\right||d\zeta| \leq \frac{M|z|}{R - |z|}.$$

$R > |z|$ は任意より, $R \to \infty$ として $f(z) = f(0)$ を得る. □

注意 3.4.1 独立な二つの周期を持つ整関数は定数である.

実際, $f(z)$ を独立な二つの周期 c_1, c_2 (すなわち, c_1/c_2 が有理数でないような二つの複素数) を持つ整関数と仮定する. もし c_1/c_2 が実数でないならば, 4 点 0, c_1, c_2, $c_1 + c_2$ を頂点とする平行四辺形 K が描ける. $M := \mathrm{Max}\{|f(z)| \mid z \in K\}$ と置くと, $M < \infty$ である. よって, $\mathbf{C}$ 上で $|f(z)| \leq M$ となり, リュービルの定理から $f(z)$ は定数である. もし c_1/c_2 が有理数でない実数ならば, $mc_1 + nc_2$ (m, n: 整数) は原点と点 c_1 を通る直線上で稠密であるから一致の定理より $f(z)$ は定数である.

3. リーマンの除去可能定理 関数 $f(z)$ は原点を除いた円板 $\Delta': 0 < |z| < R$

で有界で正則ならば，$f(z)$ は原点 $z = 0$ まで正則に延長できる．

[証明] 仮定から Δ' において $|f(z)| \leq M$ を満たす $M > 0$ が存在する．$0 < r < R$ を満たす r を固定し，円周 $C: |z| = r$ （向きは反時計回り）および円板 $\Delta: |z| < r$ を描き，$\Delta': 0 < |z| < r$ と置く．このとき

$$F(z) = \frac{1}{2\pi i} \int_C \frac{f(\zeta)}{\zeta - z} d\zeta, \quad z \in \Delta$$

と置くと，$F(z)$ は Δ での正則関数である．したがって，命題を示すためには $f(z) = F(z)$, $z \in \Delta'_r$ を示せばよい（実際，命題が正しいとすれば，コーシーの第二定理から必然的にこの等式は成立するはずである）．$z \in \Delta'_r$ を任意に固定する．$0 < \varepsilon < |z|$ を満たす ε を取り，円周 $C_\varepsilon: |\zeta| = \varepsilon$ （向きは反時計回り）を描く．任意の $\zeta \in C$ に対して $|f(\zeta)|/|\zeta - z| \leq M/(|z| - \varepsilon)$ であるから，コーシーの第二定理 $f(z) = (1/2\pi i) \int_{C \setminus C_\varepsilon} f(\zeta)/(\zeta - z)\,d\zeta$ によって

$$|f(z) - F(z)| = \left| \frac{-1}{2\pi i} \int_{C_\varepsilon} \frac{f(\zeta)}{\zeta - z} d\zeta \right| \leq \frac{M\varepsilon}{|z| - \varepsilon}.$$

左辺は $\varepsilon > 0$ によらないから，$\varepsilon \to 0$ として $f(z) - F(z) = 0$ を得る． □

4. ローラン展開　級数

$$g(z) \equiv \sum_{n=1}^{\infty} \frac{b_n}{(z - z_0)^n} + \sum_{n=0}^{\infty} a_n(z - z_0)^n$$

で定義されるものを点 z_0 の周りの**ローラン級数**という．右辺の第1項，第2項をそれぞれ $g_1(z)$, $g_2(z)$ と表そう：$g(z) = g_1(z) + g_2(z)$．$g_2(z)$ は点 z_0 の周りのべき級数であるから，収束半径 R_2 が定まり，$g_2(z)$ は $|z - z_0| < R_2$ において正則な関数である．第1項は変数変換 $w = 1/(z - z_0)$ を行えば

$$G_1(w) \equiv g_1\left(\frac{1}{w}\right) = \sum_{n=1}^{\infty} b_n w^n$$

を得る．$G_1(w)$ は w について 0 の周りのべき級数である．したがって，収束半径 r が定まり，$|w| < r$ において正則な関数である．変数変換 $z = z_0 + 1/w$ によって，もとに戻せば $g_1(z)$ は $|z - z_0| > R_1$ （ただし，$R_1 = 1/r$）において正則な関数である．したがって，$R_1 < R_2$ のとき $R(z)$ は円環 $R_1 < |z - z_0| < R_2$ で正則な関数である．コーシーの第二定理を使って，逆が成立することを示そう．

3.4 コーシーの定理の応用

定理 3.4.2 $f(z)$ は円環 $D: R_1 < |z - z_0| < R_2$ (ただし, $0 \le R_1 < R_2 \le \infty$) において正則な関数とする. このとき, $f(z)$ は D で次のようにローラン級数に展開できる:

$$f(z) = \sum_{n=1}^{\infty} \frac{a_{-n}}{(z - z_0)^n} + \sum_{n=0}^{\infty} a_n (z - z_0)^n, \qquad z \in D. \quad (3.10)$$

ここで $\qquad a_n = \dfrac{1}{2\pi i} \displaystyle\int_C \dfrac{f(\zeta)}{(\zeta - z_0)^{n+1}} d\zeta \qquad (n = 0, \pm 1, \pm 2, \ldots)$

であって, C は中心 z_0, 半径 r ($R_1 < r < R_2$) の反時計回りの円周である. さらに, この収束は次の性質を持つ:任意の $a, b: R_1 < a < b < R_2$ に対して閉円環領域 $a \le |z - z_0| \le b$ において絶対一様収束する.

[証明] 証明にあたり, 次のことに注意しよう: (1) 上記の a_n は半径 $r: R_1 < r < R_2$ の円 C を使って定義したが, コーシーの第一定理から半径 r にはよらない. (2) $f(z)$ が円環 D において (3.10) のローラン級数に表せさえすれば, 定理の後半に述べたことはべき級数の性質から自然としたがう. (3) $z_0 = 0$ として一般性を失わない. 何故ならば, 定理が $z_0 = 0$ の場合に正しいと仮定しよう. $z_0 \ne 0$ の場合, $w = z - z_0$ と変数変換し, $\widetilde{f}(w) := f(w + z_0)$ と置けば, $\widetilde{f}(w)$ は円環領域 $\widetilde{D}: R_1 < |w| < R_2$ において正則な関数になる. 仮定から, これはローラン級数展開出来る. それを $z = w + z_0$ と変数変換し直せば, $z_0 \ne 0$ の場合も定理が正しい. 故に, $z_0 = 0$ のとき, $f(z)$ が D において (3.10) と展開出来ることを示そう.

任意に $z \in D$ を固定し, この z について等式 (3.10) を示せばよい. そこで, $R_1 < r_1 < |z| < r_2 < R_2$ となる r_1, r_2 を取り, 反時計回りの二つの同心円周 $C_i: |z| = r_i$ ($i = 1, 2$) を描き, 二つの円周で囲まれる円環を D' とする. コーシーの第二定理から

$$f(z) = \frac{1}{2\pi i} \int_{C_2} \frac{f(\zeta)}{\zeta - z} d\zeta - \frac{1}{2\pi i} \int_{C_1} \frac{f(\zeta)}{\zeta - z} d\zeta \equiv f_1(z) - f_2(z)$$

である. 先ず, p.105 の **1** と全く同じ議論によって

$$f_2(z) = \sum_{n=0}^{\infty} A_n z^n, \quad \text{ただし,} \quad A_n = \frac{1}{2\pi i} \int_{C_2} \frac{f(\zeta)}{\zeta^{n+1}} d\zeta.$$

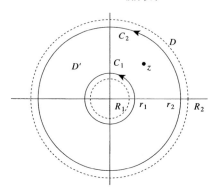

図 3.12 正則関数のローラン級数展開

上に述べた (1) から $A_n = a_n$ $(n = 0, 1, \dots)$ である. 次に, 任意の $\zeta \in C_1$ に対して, $|z| > |\zeta| = r_1$ より

$$\frac{1}{\zeta - z} = \frac{-1}{z} \frac{1}{1 - (\zeta/z)} = \frac{-1}{z} \sum_{n=0}^{\infty} \left(\frac{\zeta}{z}\right)^n.$$

右辺の級数は ζ に関して C 上で一様収束する. 故に, 1 と同様の議論から

$$f_1(z) = -\sum_{n=0}^{\infty} \frac{B_n}{z^{n+1}}, \quad \text{ただし,} \quad B_n = \frac{1}{2\pi i} \int_{C_1} f(\zeta) \zeta^n d\zeta$$

(1) から $a_{-n-1} = -B_n$ $(n = 0, 1, \dots)$ となり, 定理は示された. □

注意 3.4.2 上の定理の証明から, 円環領域 $R_1 < |z| < R_2$ で正則な関数 $f(z)$ は常に $|z| < R_2$ での或る正則な関数 $f_2(z)$ と $|z| > R_1$ での或る正則な関数 $f_1(z)$ の落差 $f_2(z) - f_1(z)$ として表せる. ここで $\lim_{z \to \infty} f_1(z) = 0$ である.

$f(z)$ は点 z_0 を除いた z_0 の周りの円板 $0 < |z - z_0| < R$ において正則とする. このとき z_0 は $f(z)$ の**孤立特異点**と呼ばれる. 定理 3.4.2 の特別の場合 $R_1 = 0$ であるから, $f(z)$ は z_0 の周りでローラン展開できる:

$$f(z) = \sum_{n=-\infty}^{\infty} a_n (z - z_0)^n, \quad 0 < |z - z_0| < R.$$

$\frac{1}{z-z_0}$ の係数 a_{-1} は特別の意味を持ち，$f(z)$ の孤立特異点 z_0 における**留数**と呼ばれ，$\mathrm{Res}_{z_0} f$ と書く：

$$\mathop{\mathrm{Res}}_{z_0} f(z) = a_{-1} = \frac{1}{2\pi i} \int_C f(z) dz.$$

孤立特異点は $f(z)$ によって，三つの場合が起こる：

(i) $a_{-n} = 0 \ (n = 1, 2, \dots)$ ；

(ii) ある $N \geq 1$ があって，$a_{-n} = 0 \ (n = N, N+1, \dots)$ ；

(iii) 無限に多くの $n \geq 1$ に対して $a_{-n} \neq 0$.

(i) の場合，孤立特異点 z_0 は $f(z)$ の**除去可能特異点**，(ii) の場合は $f(z)$ の**極**，(iii) の場合は $f(z)$ の**真性特異点**と呼ばれる．

(i) の場合，$f(z) = \sum_{n=0}^{\infty} a_n (z-z_0)^n$，$0 < |z-z_0| < R$ である．右辺のべき級数は円板 $D\colon |z| < R$ で正則な関数であるから $f(z)$ は z_0 まで正則に延長される．(i) の場合 $f(z)$ は z_0 の近傍で明らかに有界であるが，リーマンの除去可能定理はその逆も正しいことを示している．

(ii) の場合，$a_{-n} \neq 0$ なる最大の正の整数 n を取り，それを N とする．このとき z_0 は $f(z)$ の **N 位の極**という．明らかに，$f(z)$ が z_0 で極を有する場合，$\lim_{z \to z_0} f(z) = \infty$ である．この逆も正しいことを示そう．

[証明] $z_0 = 0$ として一般性を失わない．それで，$f(z)$ は $0 < |z| < R$ で正則で，$\lim_{z \to 0} f(z) = \infty$ と仮定する．このとき，十分小さい円板 $0 < |z| < r$ $(< R)$ において $f(z) \neq 0$. よって，$g(z) = 1/f(z)$ と置けば，これは $0 < |z| < r$ で正則で 0 を取らない．さらに，$\lim_{z \to 0} g(z) = 0$ であるから，原点は $g(z)$ の除去可能特異点となり，$|z| < r$ において

$$g(z) = \sum_{k=N}^{\infty} a_k z^k = z^N \sum_{n=0}^{\infty} a_{N+n} z^n \equiv z^N \varphi(z)$$

と展開される．ただし，$N \geq 1$，$a_N \neq 0$. べき級数 $\varphi(z)$ の収束半径は r 以上となり，$|z| < r$ で正則，$\varphi(0) = a_N$ かつ $\varphi(z) \neq 0$ である．よって，$1/\varphi(z)$ は $|z| < r$ で正則な関数になり，そこにおいてテイラー展開出来る：

$$\frac{1}{\varphi(z)} = \sum_{n=0}^{\infty} d_n z^n, \qquad ただし，d_0 = 1/a_N.$$

$$\therefore \quad f(z) = \frac{1}{z^N}\frac{1}{\varphi(z)} = \sum_{n=-N}^{\infty} e_n z^n, \quad 0 < |z| < r.$$

ただし, $e_{-N} = 1/a_N \ (\neq 0)$ である. 故に, $f(z)$ は原点を N 位の極とする. $\square$

(iii) の場合, 次の事実が成立する.

定理 3.4.3 (孤立真性特異点に関するワイエルシュトラスの定理) $f(z)$ は $D: 0 < |z - z_0| < R$ で正則な関数で, z_0 は $f(z)$ の孤立真性特異点とする. このとき, 複素数 $\alpha \in \mathbf{C}$ および正数 $\varepsilon > 0$ を任意に与えるとき, D 内の点列 $\{z_n\}_n$ で, $\lim_{n \to \infty} z_n = z_0$ かつ $|f(z_n) - \alpha| < \varepsilon$ となるものが存在する.

[証明] 矛盾によって示すために, 或る $\alpha \in \mathbf{C}$, 或る $\varepsilon > 0$ があって, 定理の条件を満たす点列 $\{z_n\}_n$ が存在しなかったと仮定する. したがって, 或る正数 $r \ (0 < r < R)$ が見つかって

$$|f(z) - \alpha| \geq \varepsilon, \quad \forall z \in \delta' = \{z \in \mathbf{C} \mid 0 < |z - z_0| < r\}$$

である. $g(z) = 1/(f(z) - \alpha)$, $z \in \delta'$ と置けば $g(z)$ は δ' での有界な正則関数となる. したがって, z_0 は $g(z)$ の除去可能特異点である. 故に, $g(z_0) \neq 0$ ならば, z_0 は $f(z)$ の除去可能特異点であり, $g(z_0) = 0$ ならば, z_0 は $f(z)$ の極となる. これは z_0 が $f(z)$ の真性特異点に反する. $\square$

注意 3.4.3 無限遠点 ∞ における零点, 極, 真性特異点を定義しよう. $f(z)$ は ∞ の近傍 $|z| > R$ で定義された正則関数とする. 変数変換 $\zeta = 1/z$ を行い $\widetilde{f}(\zeta) = f(1/\zeta)$ と置けば, これは $0 < |\zeta| < 1/R$ での正則関数となる. $\zeta = 0$ が $\widetilde{f}(\zeta)$ の除ける特異点, 極, 真性特異点に応じて, $z = \infty$ は $f(z)$ の除ける特異点, 極, 真性特異点という. また, $\zeta = 0$ が $\widetilde{f}(\zeta)$ の除ける特異点で N 位の零点となる場合, $f(z)$ は $z = \infty$ を N 位の零点とするという. N 位の極についても同様に定義する. 例えば, 有理関数 $R(z) = P(z)/Q(z)$ を考える. ここに, $P(z), Q(z)$ はそれぞれ n 次および m 次の多項式である: $P(z) = \sum_{k=0}^{n} a_k z^k$,

$Q(z) = \sum_{l=0}^{m} b_l z^l$. ただし, $a_n, b_m \neq 0$. このとき, $n > m$ ならば, $z = 1/\zeta$ と置くと

$$R(z) = \frac{1}{\zeta^{n-m}} \frac{a_n + a_{n-1}\zeta + \cdots + a_0\zeta^n}{b_m + b_{m-1}\zeta + \cdots + b_0\zeta^m}$$

より, $R(z)$ は $z - \infty$ を $n - m$ 位の極とする. 同様に, $n < m$ ならば $f(z)$ は $z = \infty$ を除ける特異点とし, 特に, $n < m$ ならば, $m - n$ 位の零点とする.

(有理型関数の定義) $f(z)$ は z-平面上の領域 D で定義された関数で D 内で (有限個又は無限個の) 孤立特異点 z_n, $n = 1, 2, \ldots$ しか持たず, しかもその特異点は除ける特異点か極であると仮定する (したがって, 無限個の場合, 点列 $\{z_n\}_n$ は必ず D の境界か ∞ に近づく). このとき, $f(z)$ は D での**有理型関数**と呼ばれる. D が無限遠点 ∞ を含む場合も同様に定義する. したがって, 有理関数はリーマン球面 $\widehat{\mathbf{C}} \equiv \mathbf{C} \cup \{\infty\}$ での有理型関数である. 逆に, 次の **5** で述べる正則関数の絶対値に関する最大値の原理を用いれば, リーマン球面での任意の有理型関数 $f(z)$ は有理関数であることがわかる.

実際, $f(z)$ の除ける孤立特異点は通常点 (すなわち, そこでは正則) として証明すれば十分である. 先ず, $\widehat{\mathbf{C}}$ はコンパクトであるから, そこでの $f(z)$ の孤立特異点は高々有限個 $z_1, \ldots, z_N$ である. 各 z_n の極の位数を ν_n とする. $f(z)$ の $\widehat{\mathbf{C}}$ での零点も高々有限個であるから, それらを a_k $(k = 1, \ldots, \lambda)$ と置き, a_k での零点の位数を ρ_k と置く. そこで

$$P(z) \equiv \frac{(z-a_1)^{\rho_1} \cdots (z-a_\lambda)^{\rho_m}}{(z-z_1)^{\nu_1} \cdots (z-z_N)^{\nu_N}}, \quad \text{かつ} \quad F(z) \equiv \frac{f(z)}{P(z)}$$

と定義すると, $F(z)$ はリーマン球面 $\widehat{\mathbf{C}}$ 上での正則関数である. $\widehat{\mathbf{C}}$ はコンパクトだから $|F(z)|$ は $\widehat{\mathbf{C}}$ の或る点で最大値を持つ. よって, 最大値の原理から $F(z)$ はリーマン球面上で定数となり結論を得る.

5. 正則関数の絶対値に関する最大値の原理

補題 3.4.1 (正則関数の平均値の定理) $f(z)$ は閉円板 $\overline{\Delta} : |z - z_0| \leq R$ において連続で, その内部 Δ で正則とする. このとき

$$f(z_0) = \frac{1}{2\pi} \int_0^{2\pi} f(z_0 + Re^{i\theta})d\theta. \tag{3.11}$$

[証明]　Δ の周を $C: \zeta = z_0 + Re^{i\theta}$, $0 \le \theta \le 2\pi$ と置くと $d\zeta/d\theta = i(\zeta - z_0)$ である. コーシの第二定理から

$$f(z_0) = \frac{1}{2\pi i} \int_C \frac{f(\zeta)}{\zeta - z_0} d\zeta = \frac{1}{2\pi} \int_0^{2\pi} f(z_0 + Re^{i\theta})d\theta. \qquad \square$$

系 3.4.3 (調和関数の平均値の定理)　$\overline{\Delta}$ および Δ を上の補題と同じものとし, $u(z)$ を $\overline{\Delta}$ で連続で, Δ で調和する. このとき

$$u(z_0) = \frac{1}{2\pi} \int_0^{2\pi} u(z_0 + Re^{i\theta})d\theta. \tag{3.12}$$

[証明]　$u(z)$ は円板 Δ での或る正則関数 $f(z)$ の実部である (定理 3.4.17 を参照). R' を $0 < R' < R$ を満たす任意の正数とする. 等式 (3.11) (ただし, R を R' にしたもの) の実部を取れば $u(z_0) = \frac{1}{2\pi} \int_0^{2\pi} u(z_0 + R'e^{i\theta})d\theta$. ここで $R' \to R$ とすれば, u は $\overline{\Delta}$ で連続より (3.12) を得る. $\qquad \square$

定理 3.4.4 (最大値の原理)　$f(z)$ は領域 D で定数でない正則な関数とする. このとき, D のいかなる点でも $|f(z)|$ は極大値を取ることはない. すなわち, z_0 を D の任意の点とするとき, D に含まれるどんなに小さい閉円板 $\overline{\Delta_0}$: $|z - z_0| \le r_0$ においても $|f(z_0)| \ge |f(z)|$ とは出来ない.

[証明]　矛盾によって示そう. 今, D 内の或る閉円板 $\Delta_0: |z - z_0| \le r_0$ において $|f(z_0)| \ge |f(z)|$ であると仮定する. 一致の定理から Δ_0 でも $f(z)$ は定数ではない. $0 < r \le r_0$ となる任意の r に対して $C_r: |z - z_0| = r$ (反時計回り) を描く. 平均値の定理から

$$|f(z_0)| \le \frac{1}{2\pi} \int_0^{2\pi} |f(z_0 + re^{i\theta})|d\theta \le \frac{1}{2\pi} \int_0^{2\pi} |f(z_0)|d\theta = |f(z_0)|.$$

したがって, $h(z) := |f(z_0)| - |f(z)| \ge 0$, $z \in C_r$ と置くと

$$\int_0^{2\pi} h(z_0 + re^{i\theta})d\theta = 0.$$

実関数 $h(z_0 + re^{i\theta})$ は $\theta \in [0, 2\pi]$ について連続な関数であるから，C_r 上で $h(z) \equiv 0$，すなわち，$|f(z)| \equiv |f(z_0)|$．故に，閉円板 $\overline{\Delta}$ において $|f(z)| \equiv |f(z_0)|$ である．よって，$\overline{f(z)} = |f(z_0)|^2/f(z)$ が Δ_0 で定数でない正則関数となり，矛盾である． $\qquad \square$

上で述べた最大値の原理はしばしば次の形で用いられる．

系 3.4.4 D を有限個の区分的に滑らかな単純閉曲線 C で囲まれた領域とする．$f(z)$ を閉領域 $\overline{D}$ で連続で D で正則な関数とする．このとき

$$|f(z)| \leq \mathrm{Max}\{|f(z)| \mid z \in C\}, \qquad z \in \overline{D}.$$

さらに，もし或る点 $z_0 \in D$ で等号が成立すれば，$f(z)$ は $\overline{D}$ で定数である．

注意 3.4.4 調和関数についても平均値の定理が成立するから，全く同じ証明によって，定理 3.4.4 および系 3.4.4 において，$|f(z)|$ を調和関数 $u(z)$ に置き換えてもそれらは成立する．

6. シュワルツの補題 $f(z)$ は円板 $\Delta : |z| < R$ で正則な関数であって，Δ 内で $|f(z)| \leq M$ かつ $f(0) = 0$ とする．このとき

(i) $|f(z)| \leq \dfrac{M}{R}|z|, \qquad z \in \Delta.$

(ii) $|f'(0)| \leq \dfrac{M}{R}.$

(iii) (i) において或る点 z' で等号が成立するか，(ii) で等号が成立するならば，或る定数 θ $(0 \leq \theta < 2\pi)$ が存在して，$f(z) = \dfrac{Me^{i\theta}}{R}z$, $z \in \Delta$ である．

[証明] 円板 Δ において $f(z)$ をべき級数に展開すると，$f(0) = 0$ から

$$f(z) = a_1 z + a_2 z^2 + a_3 z^3 + \cdots, \quad z \in \Delta.$$

ここでべき級数

$$g(z) = a_1 + a_2 z + a_3 z^2 + \cdots, \qquad z \in \Delta$$

を作れば, これは Δ で収束するからそこでの正則な関数となる. 上式から

$$g(z) = \frac{f(z)}{z}, \qquad 0 < |z| < R.$$

今, 任意の点 $z_0 \in \Delta$ を固定する. $|z_0| < r < R$ なる任意の正数 r を取る. $g(z)$ は閉円板 $|z| \leq r$ で正則な関数であり, 周 $|z| = r$ の上では

$$|g(z)| = \left| \frac{f(z)}{z} \right| \leq \frac{M}{|r|}$$

である. したがって, 系 3.4.4 から $|z| \leq r$ において $|g(z)| \leq M/r$ である. 特に, $|g(z_0)| \leq M/r$. $r \to R$ として, $|g(z_0)| \leq M/R$ を得る. よって, $|f(z_0)| \leq (M/R)|z_0|$ となり, (i) が示された. (ii) を示すために, 上の証明において, $z_0 = 0$ とすれば, $|g(0)| \leq M/R$ を得る. ところで, $g(0) = a_1 = f'(0)$ であるから $|f'(0)| \leq M/R$ を得る. もし (iii) の条件が満たされれば, 上記の証明で $|g(z)|$ は D 内の点 z' で最大値 M/R を取ることになり, $g(z)$ は D で定数 $Me^{i\theta}/R$ となり, (iii) を得る. $\qquad\square$

系 3.4.5 同心の円板 $\Delta: |z| < 1$ および $\Delta_0: |z| < r$ (ただし, $0 < r < 1$) を考える. このとき次の性質を満たす正数 λ $(0 < \lambda < 1)$ が存在する: $f(z)$ を Δ 内で正則で, $|f(z)| \leq M$ であり, Δ_0 内に少なくとも n 個の零点を持つ任意の関数とすれば

$$|f(z)| \leq M\lambda^n, \quad \forall z \in \Delta_0.$$

[証明] 円板 Δ を自分自身の上に一対一に, 点 $a \in \Delta_0$ を原点に写す一次変換

$$\zeta = L_a(z) = \frac{z - a}{1 - \bar{a}z}, \quad z \in \Delta$$

を考え, $\lambda = \mathrm{Max}\,\{|L_a(z)| \mid a \in \Delta_0,\ z \in \Delta_0\}$ と置くと $0 < \lambda < 1$ である. $f(z)$ を Δ で正則かつ $|f(z)| \leq M$ とし, Δ_0 内に零点 z_1 を持つとする. Δ での正則関数 $w = f(L_{z_1}^{-1}(\zeta))$ $(\equiv F(\zeta))$ を作ると Δ 内で $|F(\zeta)| \leq M$ かつ $F(0) = 0$ である. シュワルツの定理によって $|F(\zeta)| \leq M|\zeta|$, $\zeta \in \Delta$, すなわ

ち，$|f(z)| \leq M|L_{z_1}(z)|$，$z \in \Delta$ である．したがって

$$|f(z)| \leq M\lambda, \quad z \in \Delta_0.$$

さらに，$f(z)$ は $z_1 \in \Delta_0$ 以外に $z_2 \in \Delta_0$ を零点として持つとする．このとき，関数 $G(z) = f(z)/L_{z_2}(z)$ は Δ で正則かつ $|G(z)| \leq M$ であり，零点 z_1 をもつ．よって，$|G(z)| \leq M\lambda$，$z \in \Delta_0$．故に，

$$|f(z)| \leq M\lambda|L_{z_2}(z)| \leq M\lambda^2, \quad z \in \Delta_0.$$

以下同様にして証明される． □

7. 正則関数列

正則関数列に関しては，先ず，次の二つの定理があげられる：

定理 3.4.5 (一様収束に関するワイエルシュトラスの定理) $\{f_n(z)\}_n$ は領域 D での正則関数列であって，D で関数 $f(z)$ に一様収束していると仮定する．このとき，$f(z)$ も D での正則関数になる．

[証明] 先ず，極限関数 $f(z)$ は D での連続関数になる．次に，任意の点 $z_0 \in D$ を取り，中心 z_0，半径 r の円板 Δ および円周 $C: |z - z_0| = r$（反時計回り）を D 内に描く．このとき各 $n = 1, 2, \ldots$ に対して，コーシーの第二定理から

$$f_n(z) = \frac{1}{2\pi i} \int_C \frac{f_n(\zeta)}{\zeta - z} d\zeta, \qquad z \in \Delta.$$

任意に $z \in \Delta$ を固定する．$n \to \infty$ とすれば，ζ に関して C 上で一様に $f_n(\zeta)/(\zeta - z) \to f(\zeta)/(\zeta - z)$ であるから

$$f(z) = \frac{1}{2\pi i} \int_C \frac{f(\zeta)}{\zeta - z} d\zeta, \qquad z \in \Delta.$$

右辺は z について Δ で正則な関数であるから，$f(z)$ は Δ で正則である． □

定理 3.4.6 D を有限個の区分的に滑らかな単純閉曲線 C で囲まれた領域とする．$\{f_n(z)\}_n$ は閉領域 $\overline{D}$ で連続で，D で正則な関数列とする．このとき，

もし関数列 $\{f_n(z)\}_n$ が C 上で一様収束するならば, $\{f_n(z)\}_n$ は D 内で或る正則関数に一様収束する.

[証明] 仮定から $\{f_n(z)\}_n$ は C での一様コーシー列である. すなわち, $\varepsilon > 0$ を任意に与えるとき, 或る自然数 N が対応して,

$$|f_n(z) - f_{n+p}(z)| < \varepsilon, \qquad z \in C, \quad \forall n \geq N, \forall p \geq 1.$$

系 3.4.4 から

$$|f_n(z) - f_{n+p}(z)| < \varepsilon, \qquad z \in D, \quad \forall n \geq N, \forall p \geq 1.$$

故に, $\{f_n(z)\}_n$ は D で一様コーシー列になるから D において或る関数 $f(z)$ に一様収束する. 定理 3.4.5 から $f(z)$ は D で正則である. $\qquad\square$

スチルチェス (19 世紀後半のドイツの数学者) による正則関数列の収束に関する基本定理を述べる. 領域 D で定義された関数列 $\{f_n(z)\}_n$ が D において **広義一様収束**するとは, $\{f_n(z)\}_n$ は D の各点 z で収束し, D 内の任意のコンパクト集合において一様収束することである.

定理 3.4.7 (スチルチェスの定理) $\{f_n(z)\}_n$ は領域 D での一様に有界な正則関数列であるとする. すなわち, 或る正数 $M > 0$ があって

$$|f_n(z)| \leq M, \quad z \in D, \qquad n = 1, 2, \ldots . \tag{3.13}$$

このとき, $\{f_n(z)\}_n$ の部分列 $\{f_{n_k}(z)\}_k$ で D において広義一様収束するものを選び出せる.

[証明] 3 段階に分けて証明しよう[*1)].

第一段階 任意に点 $z_0 \in D$ を固定し, D 内に中心 z_0, 半径 R の開円板 Δ を描き, その境界の定める円周 C も D に含まれているとする. さらに, $0 < r < R$

[*1)] この証明は岡先生の愛読書の一つであったジュリアの教科書[10]からの引用である. 証明が少し長くなるが, 是非, 読んで対角線論法の妙を味わって欲しい.

を満たす任意の正数 $r > 0$ に対して，中心 z_0，半径 r の円板 Δ_0 を描く．この
とき，$\{f_n(z)\}_n$ の部分列 $\{f_{n_k}(z)\}_k$ で，Δ_0 において一様収束するものを選び
出せる．

記号を簡約するために，$z_0 = 0$ とする．各 $n = 1, 2, \ldots$ に対して，$f_n(z)$ は
円板 $\Delta: |z| < r$ でべき級数に展開出来る：

$$f_n(z) = \sum_{k=0}^{\infty} a_k^{(n)} z^k, \qquad z \in \Delta.$$

コーシーの不等式 (3.4.1) を (3.13) に適用して

$$|a_k^{(n)}| \leq \frac{M}{R^k}, \qquad k = 0, 1, \ldots, \quad n = 1, 2, \ldots$$

である．先ず，$k = 0$ として複素数列 $\{a_0^{(n)}\}_n$ を考える．これは有界な数列：
$|a_0^{(n)}| \leq M$ $(n = 1, 2, \ldots)$ であるから，系 2.4.4 から，或る複素数 A_0 に収束
する部分列：

$$a_0^{(n_0')}, a_0^{(n_0'')}, a_0^{(n_0''')}, \ldots \tag{3.14}$$

を選び出せる．$|A_0| \leq M$ である．次に，$k = 1$ として数列：

$$a_1^{(n_0')}, a_1^{(n_0'')}, a_1^{(n_0''')}, \ldots$$

を考える．これは有界な数列：$|a_1^{(n)}| \leq M/R$ $(n = 1, 2, \ldots)$ の部分列である
から，或る複素数 A_1 に収束する部分列：

$$a_1^{(n_1')}, a_1^{(n_1'')}, a_1^{(n_1''')}, \ldots \tag{3.15}$$

を選び出せる．ここに $|A_1| \leq M/R$ である．以下同様の操作を続けていくと
次のダイアグラムを得る：

$$
\begin{array}{llllll}
a_0^{(n_0')}, & a_0^{(n_0'')}, & a_0^{(n_0''')}, & \ldots & \to & A_0 \\
a_1^{(n_1')}, & a_1^{(n_1'')}, & a_1^{(n_1''')}, & \ldots & \to & A_1 \\
a_2^{(n_2')}, & a_2^{(n_2'')}, & a_2^{(n_2''')}, & \ldots & \to & A_2 \\
\cdots & \cdots & \cdots & \cdots & \cdots\cdots \\
\cdots & \cdots & \cdots & \cdots & \cdots\cdots
\end{array}
$$

このダイアグラムの対角線上にある係数 $a_0^{(n_0')}$, $a_1^{(n_1'')}$, $a_2^{(n_2''')}$, ... の定める関数列 $\{f_n(z)\}_n$ の部分列：

$$f_{n_0'}(z),\ f_{n_1''}(z),\ f_{n_2'''}(z),\ \ldots$$

を考える．記号を改めて，これらを $g_1(z),\ g_2(z),\ g_3(z),\ldots$ と書き

$$g_m(z) = \sum_{k=0}^{\infty} b_k^{(m)} z^k, \qquad z \in \Delta$$

と置く．よって，$b_0^{(1)} = a_0^{(n_0')}$, $b_1^{(2)} = a_1^{(n_1'')}$, $b_2^{(3)} = a_2^{(n_2''')}$, ... である．先ず，数列 $\{b_0^{(m)}\}_{m=1,2,\ldots}$ は数列 (3.14) の部分列より $\lim_{m\to\infty} b_0^{(m)} = A_0$ である．次に，$\{b_1^{(m)}\}_{m=2,3,\ldots}$ は数列 (3.15) の部分列より $\lim_{m\to\infty} b_1^{(m)} = A_1$ である．以下同様にして，各自然数 $k\ (\geq 0)$ に対して

$$\lim_{m\to\infty} b_k^{(m)} = A_k. \tag{3.16}$$

ここでべき級数

$$g(z) = \sum_{k=0}^{\infty} A_k z^k$$

を作ると，$|A_k| \leq M/R^k\ (k=0,1,\ldots)$ であるから $g(z)$ の収束半径は R 以上となり，$g(z)$ は Δ 内での正則関数である．

我々は $\{f_n(z)\}_n$ の部分列 $\{g_m(z)\}_m$ が $g(z)$ に Δ_0 において一様収束することを示そう．

実際，$\varepsilon > 0$ を任意の正数とする．先ず，$0 < r/R < 1$ であるから，十分 N を大きく取れば $\sum_{k=N+1}^{\infty} \left(\frac{r}{R}\right)^k < \varepsilon$．そのような N を一つ固定し，$L = \sum_{k=0}^{N} r^k$ (> 0) と置く．次に，(3.16) から，N' を大きく取れば

$$|b_k^{(m)} - A_k| < \varepsilon \quad (k=0,1,\ldots,N), \qquad \forall\, m \geq N'.$$

このとき，各 $k=0,1,\ldots$ に対して $|A_k|, |b_k^{(m)}| \leq M/R^k\ (m=1,2,\ldots)$ に注意すれば，任意の $m \geq N'$ および任意の $z \in \Delta_0$ に対して

$$|g_m(z) - g(z)| = \left| \sum_{k=0}^{\infty} b_k^{(m)} z^k - \sum_{k=0}^{\infty} A_k z^k \right|$$

$$\leq \sum_{k=0}^{N} |b_k^{(m)} - A_k||z|^k + \sum_{k=N+1}^{\infty} (|b_k^{(m)}| + |A_k|)|z|^k$$
$$\leq (L + 2M)\varepsilon.$$

故に，$\{g_m(z)\}_m$ は Δ_0 において $g(z)$ に一様収束し，第一段階が示された．

　第二段階　領域 D の有理点の全体 $\{z = (x,y) \in D \mid x,y$ は有理数$\}$ を考える．これは可算集合であるから z_i $(i = 1,2,\dots)$ と番号を付けることが出来る．各点 z_i から D の境界までの距離を $d_i > 0$ と書き，中心 z_i，半径 $d_i/2$ の開円板 δ_i を描く．このとき，$\bigcup_{i=1}^{\infty} \delta_i = D$ である．

　先ず，第一段階から $\{f_n(z)\}_n$ の部分列 $\{f_{1n}(z)\}_n$ で，円板 δ_1 上で一様収束するものを選び出し，その極限関数を $f^{(1)}(z)$, $z \in \delta_1$ と書く．次に，再度第一段階を用いてこの部分列 $\{f_{1n}(z)\}_n$ の部分列 $\{f_{2n}(z)\}_n$ で，円板 δ_2 上で一様収束するものを選び出す．よって，$\{f_{2n}(z)\}_n$ は $\delta_1 \cup \delta_2$ で一様収束する．その極限関数を $f^{(2)}(z)$, $z \in \delta_1 \cup \delta_2$ と書くと $f_2(z) = f_1(z)$, $z \in \delta_1$ である．以下同様の操作を続けていくと次のダイアグラムを得る：

$$f_{11}, \quad f_{12}, \quad f_{13}, \quad \cdots \quad \rightarrow \quad f^{(1)}(z), \quad z \in \delta_1,$$
$$f_{21}, \quad f_{22}, \quad f_{23}, \quad \cdots \quad \rightarrow \quad f^{(2)}(z), \quad z \in \delta_1 \cup \delta_2,$$
$$f_{31}, \quad f_{32}, \quad f_{33}, \quad \cdots \quad \rightarrow \quad f^{(3)}(z), \quad z \in \delta_1 \cup \delta_2 \cup \delta_3,$$
$$\cdots \quad \cdots \quad \cdots \quad \cdots \cdots$$
$$\cdots \quad \cdots \quad \cdots \quad \cdots \quad \cdots \cdots$$

このダイアグラムの対角線上にある関数からなる関数列：

$$f_{11}(z), \; f_{22}(z), \; f_{33}(z), \dots$$

を考える．作り方から各 k (≥ 1) を固定するとき，$\{f_{mm}(z)\}_{m=k,k+1,\dots}$ は $\{f_{kl}(z)\}_{l=1,2,\dots}$ の部分列である．したがって，関数列 $\{f_{nn}(z)\}_n$ は δ_k で $f^{(k)}(z)$ に一様収束する．k (≥ 1) は任意であるから，$\{f_{nn}(z)\}_n$ は領域 D の各点で収束する．この収束は D 上で広義一様収束である．

　実際，K を D の任意のコンパクト集合とする．$K \subset \bigcup_{i=1}^{\infty} \delta_i$ より，ボレル-ルベーグの定理から，有限個の δ_{i_j} $(j = 1,2,\dots,N)$ が存在して $K \subset \bigcup_{j=1}^{N} \delta_{i_j}$.

故に，$\{f_{nn}(z)\}_n$ は各 δ_{ij} で一様収束するのだから K で一様収束する． $\square$

（モンテルによる正規族の定義） 複素数列 $\{a_n\}_n$ が或る数 a（ただし，$a = \infty$ でも構わない）に収束するならば，$\{a_n\}_n$ の任意の部分列も a に収束することは明らかである．逆に，複素数列 $\{a_n\}_n$ が与えられたとする．その任意の部分列 $\{a_{n_j}\}_j\ (= \{b_j\}_j)$ に対して，収束する部分列 $\{b_{j_k}\}_k$ を選び出すことが出来て，その極限値 b が部分列 $\{b_j\}_j$ によらないと仮定すれば，数列 $\{a_n\}_n$ 自身が b に収束している．この事実は関数列に対して，次のように拡張される：

命題 3.4.1 $\{f_n(z)\}_n$ は平面上の集合 K で与えられた関数列とする．その任意の部分列 $\{f_{n_j}\}_j\ (= \{g_j\}_j)$ に対して，K において一様収束する部分列 $\{g_{j_k}\}_k$ を選び出せ，その極限関数 $g(z)$ が部分列 $\{g_j(z)\}_j$ の選び方によらないと仮定すれば，関数列 $\{f_n\}_n$ 自身が K において一様収束する．

これを敷衍してモンテルによって得られた正規族の概念を述べよう[*1]．

今，$\mathcal{F} = \{f_\iota(z)\}_{\iota \in \mathcal{I}}$ を領域 D で定義された関数の或る集まりとする．$\mathcal{F}$ は領域 D において **正規族** をなすとは，「$\mathcal{F}$ の中の任意の関数列 $\{f_n(z)\}_n$ を与えるとき，$\{f_n(z)\}_n$ から D において広義一様収束する部分列 $\{f_{n_j}(z)\}_j$ を選び出すことが出来る」ことである．

定理 3.4.8（ヴィタリの定理） $\mathcal{F} = \{f_\iota(z)\}_{\iota \in \mathcal{I}}$ を領域 D での正則関数からなる正規族とする．$\{f_n(z)\}_n$ を $\mathcal{F}$ の中の関数列とする．もし D 内の無限個の点列 $\{z_k\}_k$ が D 内に集積点を持ち，各点 $z_k\ (k = 1, 2, \dots)$ において $\{f_n(z)\}_n$ が収束するならば $\{f_n(z)\}_n$ は D において広義一様収束する．

[*1] この「正規族」の概念は，一見，広義一様収束の概念があれば不必要に見えるが，正則関数を作る際に，「等角写像」，「ディリクレの原理（調和関数の作成）」と共に一変数多変数を問わず関数論におけるいわゆる「三種の神器」として呼ばれる大切な概念である（岡-西野）．例えば，（この本では触れないが）リーマンの写像定理「平面上の任意の単連結領域 D は単位円板 $|w| < 1$ 上に一対一等角に写す写像 $w = F(z)$ が存在する」が次のようなアイデアでケーベによって示された：一点 $a \in D$ を固定する．D での正則関数 $f(z)$ で，D において $|f(z)| < 1$ かつ $f(a) = 0$ を満たすすべての $f(z)$ の集まりを $\mathcal{F}$ とする．このとき，$\{|f'(a)| \mid f(z) \in \mathcal{F}\}$ を最大にする関数 $f_0(z) \in \mathcal{F}$ が存在して D は $w = f_0(z)$ によって単位円板 $|w| < 1$ の上に一対一等角に写される（証明には，定理 3.4.7 によって $\mathcal{F}$ は正規族であるということが利用される）．

3.4 コーシーの定理の応用　　　125

[証明]　$\{f_n(z)\}_n$ の任意の部分列 $\{g_j(z)\}_j$ を取ってくる．$\mathcal{F}$ は D において正規族をなすから $\{g_j(z)\}_j$ の部分列 $\{h_k(z)\}_k$ で D において広義一様収束するものが存在する．その極限関数を $h(z),\ z \in D$ とする．命題 3.4.1 より，$h(z)$ が $\{f_n(z)\}_n$ の部分列 $\{g_j(z)\}_j$ の選び方によらないことをいえばよい．それで，$\{f_n(z)\}_n$ の他の任意の部分列 $\{\widetilde{g}_j(z)\}_j$ を取り，先と同様の手順を行えば，極限関数 $\widetilde{h}(z),\ z \in D$ が得られる．ワイエルシュトラスの定理から $h(z)$，$\widetilde{h}(z)$ は D における正則関数である．さらに，定理の仮定から，$h(z_k) = \widetilde{h}(z_k)$ $(k = 1, 2, \ldots)$ であり，$\{z_k\}_k$ は D 内に集積点を持つ．よって，一致の定理から D において $h(z) = \widetilde{h}(z)$ となり，極限関数は部分列 $\{g_j(z)\}_j$ の取り方によらないから $\{f_n(z)\}_n$ 自身が $h(z)$ に D において広義一様収束する．　　□

8. 留数の定理　　次に実用的にも理論的にも広い応用を持つ留数の定理について述べよう．

定理 3.4.9 (留数の定理)　　D を有限個の区分的に滑らかな単純閉曲線 C で囲まれた領域とし，C の向きは領域 D に関して正とする．$a_i\ (i = 1, 2, \ldots, N)$ を D 内の有限個の点とする．$f(z)$ は $\overline{D} = D \cup C$ からこれらの点 a_i を除いたところで正則な関数とする．このとき

$$\int_C f(z)dz = 2\pi i \sum_{j=1}^{N} \operatorname*{Res}_{a_j} f(z).$$

[証明]　各点 $a_i\ (i = 1, 2, \ldots, N)$ を中心とし，半径 r_i の小さい円周 γ_i (向きは反時計回り) を描き，$f(z)$ は $0 < |z - a_i| < r_i$ で正則とする．コーシーの第一定理と留数の定義から $\int_C f(z)dz = \sum_{i=1}^{N} \int_{\gamma_i} f(z)dz = 2\pi i \sum_{i=1}^{N} \operatorname{Res}_{a_i} f(z)$ である．　　□

定理 3.4.10 (偏角の原理)　　D を有限個の区分的に滑らかな単純閉曲線 C で囲まれた領域とし，C の向きは領域 D に関して正とする．$f(z)$ は $\overline{D} = D \cup C$ での有理型関数で，C 上には $f(z)$ の零も極もないとする．$f(z)$ の D での零点の位数の総和を N，極の位数の総和を P とする．このとき

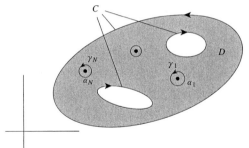

図 3.13 留数の定理

$$\frac{1}{2\pi i}\int_C \frac{f'(z)}{f(z)}dz = N - P. \tag{3.17}$$

[証明] 関数 $f'(z)/f(z)$ は D において $f(z)$ の零点および極を除いて正則である．先ず，D における $f(z)$ の零点の任意の一つを α とし，その位数を $n\ (\geq 1)$ とする．α の近傍において

$$f(z) = a_n(z-\alpha)^n + a_{n+1}(z-\alpha)^{n+1} + \cdots, \quad \text{ただし，} a_n \neq 0,$$
$$f'(z) = na_n(z-\alpha)^{n-1} + (n+1)a_{n+1}(z-\alpha)^n + \cdots.$$
$$\therefore\ \frac{f'(z)}{f(z)} = \frac{n}{z-\alpha}\cdot\frac{a_n + \frac{(n+1)a_{n+1}}{n}(z-\alpha)+\cdots}{a_n + a_{n+1}(z-\alpha)+\cdots} =: \frac{n}{z-\alpha}\cdot g(z). \tag{3.18}$$

$g(\alpha) = 1$ から $f'(z)/f(z)$ は $z = \alpha$ で留数 n を持つ．次に，D における $f(z)$ の極の任意の一つを β とし，その位数を $p\ (\geq 1)$ とする．上と同じ計算によって $f'(z)/f(z)$ は $z = \beta$ で留数 $-p$ を持つことがわかる．したがって，留数の定理から (3.17) が成立する． □

注意 3.4.5 z-平面上に図 3.14 のような自分自身と交わってもかまわない区分的に滑らかな閉曲線 C で，原点を通らないものが与えられたとする．

$$N(C) \equiv \frac{1}{2\pi i}\int_C \frac{1}{z}dz$$

と置く．図 3.14 において C 上に有限個の点 $z_0, z_1, \ldots, z_{n-1}, z_n = z_0$ を取ると，局所的には $\log z$ は $1/z$ の原始関数であるから

3.4 コーシーの定理の応用

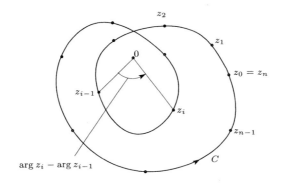

図 3.14 偏角の原理

$$N(C) = \frac{1}{2\pi i}\sum_{i=1}^{n}\int_{z_{i-1}}^{z_i} d\log z = \frac{1}{2\pi i}\sum_{i=1}^{n}[\log z]_{z_{i-1}}^{z_i}$$
$$= \frac{1}{2\pi i}\sum_{i=1}^{n}[\log |z| + i\arg z]_{z_{i-1}}^{z_i} = \frac{1}{2\pi}\sum_{i=1}^{n}(\arg z_i - \arg z_{i-1}).$$

最後の項は明らかに，閉曲線 C の原点の周りの回転数 2 を表す．同様にして，一般に有限個の区分的に滑らかな閉曲線 $C = C_1 + \cdots + C_q$ の場合は線積分 $N(C)$ は原点の周りの各回転数 $N(C_i)$ の総和である．

偏角の原理 (定理 3.4.10) において $w = f(z)$ と変数変換し，C の $f(z)$ による像曲線 $f(C)$ を $\widetilde{C}$ と書けば，$\widetilde{C}$ は原点 $w = 0$ を通らない閉曲線であり，(3.17) の左辺の線積分は

$$\frac{1}{2\pi i}\int_C \frac{f'(z)}{f(z)}dz = \frac{1}{2\pi i}\int_{\tilde{C}} \frac{1}{w}dw$$

と表せる．この右辺は w-平面上の閉曲線 $\widetilde{C}$ の原点の周りの回転数 $N(\widetilde{C})$ を表していたから，偏角の原理は「$N - P$ は回転数 $N(\widetilde{C})$ に等しい」ということである．

例 3.4.1 偏角の原理を簡単な例によって確かめてみよう．例えば，$f(z) = \frac{1}{2}(z + \frac{1}{z})$ とする．この零点は $\pm i$ であり，極は $z = 0$ である．先ず，C_1: $\{|z| = r_1\}$ ($r_1 > 1$) (反時計回り) のとき，$\widetilde{C}_1$ は原点を 1 周する反時計回り

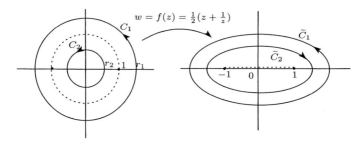

図 3.15 偏角の原理の例

の楕円を描く．したがって，$N(\widetilde{C}_1) = 1$ であり，確かに，C_1 の囲む領域では $N - P = 2 - 1 = 1$．次に，$C_2 : \{|z| = r_2\}$ $(0 < r_2 < 1)$（反時計回り）のとき，$\widetilde{C}_2$ は原点を 1 周する時計回りの楕円を描く．したがって，$N(\widetilde{C}_2) = -1$ であり，確かに，C_2 の囲む領域では $N - P = 0 - 1 = -1$．

($z = \infty$ における留数) $f(z)$ は $z = \infty$ を高々極とする孤立特異点としているとする．すなわち，$f(z)$ は或る円板の外 $|z| > R$ で正則で

極の場合： $f(z) = b_p z^p + b_{p-1} z^{p-1} + \cdots + b_1 z + a_0 + \dfrac{a_1}{z} + \dfrac{a_2}{z^2} + \cdots,$

除ける特異点の場合： $f(z) = \dfrac{a_n}{z^n} + \dfrac{a_{n+1}}{z^{n+1}} + \cdots$

と展開される．このとき，$C : |z| = R'$ $(> R)$（時計回り）に対して

$$\operatorname*{Res}_{\infty} f(z) := \frac{1}{2\pi i} \int_C f(z) dz = -a_1$$

を $f(z)$ の $z = \infty$ における留数という．

したがって，上の 2 つの場合は $\operatorname*{Res}_{\infty} f'(z)/f(z) = -p$ および $= n$ である．このことから命題：「偏角の原理は領域 D が $z = \infty$ を内点として含む場合も成立する」ことがわかる．実際，図 3.16 のような場合（$f(z)$ が $z = \alpha, \beta, \infty$ においてのみ極または零点を持つ場合）を考えよう．曲線の向き $C = \partial D$ に注意すれば

$$\frac{1}{2\pi} \int_C \frac{f'(z)}{f(z)} dz = \frac{1}{2\pi} \int_{\gamma_\alpha + \gamma_\beta + \gamma_\infty} \frac{f'(z)}{f(z)} dz$$

3.4 コーシーの定理の応用

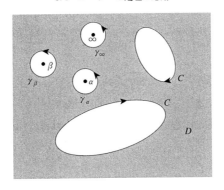

図 3.16 ∞ を含む領域での偏角の原理

となる.しかるに,右辺は定理 3.4.10 と同様の証明によって $N-P$ になるから,命題は成立する.

系 3.4.6 $R(z)$ を有理関数とする.複素球面 $\widehat{\mathbf{C}}$ における $R(z)$ の零点の位数の総和は極の位数の総和に等しい.

[証明] 拡張された平面 $\widehat{\mathbf{C}} = \mathbf{C} \cup \{\infty\}$ における $R(z)$ の零点の個数を N,極の個数を P とする.ただし,共に位数を込めて数える.$R(z)$ が零点でも極でもない点 z_0 を取る.z_0 を中心とする小さい閉円板 $\overline{\Delta}$ を描けば,$R(z)$ は $\overline{\Delta}$ でも零点も極も持たない.$\overline{\Delta}$ の境界を C (反時計回り) とすれば

$$\frac{1}{2\pi i}\int_C \frac{R'(z)}{R(z)}dz = 0 \quad \text{かつ} \quad \frac{1}{2\pi i}\int_{-C}\frac{R'(z)}{R(z)}dz = N-P.$$

したがって,$N = P$ である. □

定理 3.4.11 (偏角の原理の拡張) D を有限個の区分的に滑らかな単純閉曲線 C で囲まれた領域とし,C の向きは領域 D に関して正とする.$f(z), h(z)$ は $\overline{D} = D \cup C$ での有理型関数で,C 上には $f(z)$ の零点も極もないとする.$f(z)$ の D での零点を $\xi = 1, \ldots, \xi_N$,極を $\eta_1, \ldots, \eta_P$ とする.ただし,零点,極ともに位数の数だけ並べている.このとき

$$\frac{1}{2\pi i}\int_C h(z)\frac{f'(z)}{f(z)}dz = \sum_{i=1}^N h(\xi_i) - \sum_{j=1}^P h(\eta_j). \tag{3.19}$$

[証明] 関数 $h(z)f'(z)/f(z)$ は D において $f(z)$ の零点および極を除いて正則である. 先ず, D における $f(z)$ の零点の任意の一つを α とし, その位数を $n\ (\geq 1)$ とすると偏角の原理の証明の記号を用いれば, (3.18) から α の近傍において

$$h(z)\frac{f'(z)}{f(z)} = h(z)\frac{n}{z-\alpha}\cdot g(z).$$

ただし, $g(\alpha) = 1$ である. よって, $h(z)f'(z)/f(z)$ は $z = \alpha$ で留数 $nh(\alpha)$ を持つ. 次に, D における $f(z)$ の極の任意の一つを β とし, その位数を $p\ (\geq 1)$ とすると, $h(z)f'(z)/f(z)$ は $z = \beta$ で留数 $-ph(\beta)$ を持つ. したがって, 留数の定理から (3.19) を得る. □

特に, $f(z)$ は $\overline{D}$ で正則, $h(z) = z^k$ (ただし, $k = 0, 1, \dots$) とすると

$$\frac{1}{2\pi i}\int_C z^k\,\frac{f'(z)}{f(z)}dz = \xi_1^k + \cdots + \xi_N^k. \tag{3.20}$$

さらに, $k = 1$ とすれば, 次の事実がわかる「$f(t,z)$ が直積 $\Delta \times D$ (ただし, $\Delta = \{t \in \mathbf{C}\mid |t| < \rho\}$) での連続関数で, 各変数 t, z に関して正則とする. もし, 各 $t \in \Delta$ を固定するとき, $f(t,z) = 0$ は D 内に 1 位の零点 $\xi(t)$ を持つと仮定すれば, $\xi(t)$ は Δ での正則関数である.」実際, 上の定理から

$$\xi(t) = \frac{1}{2\pi i}\int_C z\,\frac{f'(t,z)}{f(t,z)}dz, \quad t \in \Delta$$

である. 右辺の積分は t に関して Δ で正則であるから, $\xi(t)$ もそうである.

9. ルーシェの定理

定理 3.4.12 (ルーシェの定理)　D を有限個の区分的に滑らかな単純閉曲線 C で囲まれた領域とする. $f(z)$, $g(z)$ を $\overline{D}$ での正則関数であって,

$$|f(z)| > |g(z)|, \qquad z \in C$$

と仮定する. このとき, D 内の $f(z)$ と $f(z) + g(z)$ との零点の個数は等しい.

3.4 コーシーの定理の応用

[証明] $0 \le \lambda \le 1$ なる λ に対して

$$h_\lambda(z) = f(z) + \lambda g(z), \qquad z \in \overline{D}$$

と置く. $h_\lambda(z) \neq 0$, $z \in C$ より $h_\lambda(z)$ の D 内の 0 点の個数を $n(\lambda)$ と置くと偏角の原理から

$$n(\lambda) = \frac{1}{2\pi i} \int_C \frac{f'(z) + \lambda g'(z)}{f(z) + \lambda g(z)} dz$$

と表せる. $n(\lambda)$ は整数であり, 右辺は λ について $[0,1]$ での連続関数である. よって, $n(\lambda)$ は $[0,1]$ で定数となり, $n(0) = n(1)$ である. 故に, D 内での f と $f + g$ との零点の個数は等しい. $\qquad\square$

系 3.4.7 $f(z)$ は領域 D での定数でない正則関数とする. a を D 内の任意の点とし, $b = f(a)$ と置く. $f(z) - b$ は $z = a$ を N 位の零点としているとする. このとき, 任意の $\varepsilon > 0$ に対して, a の近傍 $\Delta: |z - a| < r$ $(< \varepsilon)$ および b の近傍 $\delta: |w - b| < \rho$ が存在して, 任意の点 w $(\neq b) \in \delta$ に対して Δ 内に $f(z) = w$ を満たす相異なる N 個の点 $z_j(w)$ $(j = 1, \ldots, N)$ が存在する.

[証明] $f(z)$ は定数でないから, a のある近傍 $\overline{\Delta}: |z - a| \le r$ $(< \varepsilon)$ が存在して a 以外では, $f(z) - b \neq 0$ かつ $f'(z) \neq 0$ である. $\overline{\Delta}$ の境界を C とする. $m = \mathrm{Min}\{|f(z) - b| \mid z \in C\} > 0$ と置く. $\delta = \{w \in \mathbf{C} \mid |w - b| < m\}$ とし, 任意に $w \in \delta$ を固定する. このとき $|f(z) - b| > |w - b|$, $z \in C$ である. $f(z) - b$ は Δ 内に $z = a$ だけを零点とし, その位数は N であるから, ルーシェの定理によって $f(z) - w$ は Δ において重複度を考慮に入れて N 個の零点を持つ. 今の場合, すべて重複度は 1 であるから, Δ 内に $f(z) = w$ なる相異なる N 個の点 $z_j(w)$ が存在する. $\qquad\square$

注意 3.4.6 (i) 上の系において $V = f^{-1}(\delta) \subset \Delta$ と置くと $f(z)$ は領域 V を開円板 δ の上に写す. したがって, 領域 D で定数でない正則関数 $w = f(z)$ は z-平面の領域 D から w-平面の中への写像と見なすとき**開写像**である.

(ii) 上の系において $N = 1$ の場合を考える. このときと $f(z)$ は V を δ に

一対一に写し,その逆写像が $z_1(w)$ である.このとき,$z = z_1(w)$ は δ での正則関数である.実際,(3.20) において $k=1$ と置くと

$$z_1(w) = \frac{1}{2\pi i} \int_C z \frac{f'(z)}{f(z)-w} \, dz, \qquad w \in \delta.$$

右辺はその表示から w の関数として δ で正則であるから,$z_1(w)$ もそうである.

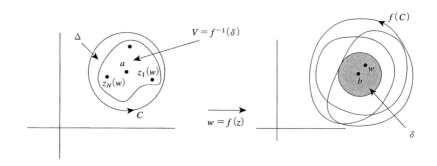

図 3.17 正則関数は開写像である

系 3.4.8 単位円板 $D = \{|z| < 1\}$ を単位円板 $G = \{|w| < 1\}$ 上に一対一に写す正則写像 $w = f(z)$ は一次変換に限る.

[証明] $f(0) = a$ と置く.一次変換 $L(w) = (w-a)/(1-\overline{a}w)$ は a を原点に写す G から自分自身への正則変換である.したがって

$$w = \frac{f(z)-a}{1-\overline{a}f(z)} \ (= g(z)), \qquad z \in D$$

は原点を原点に写す D から G の上への一対一正則写像である.シュワルツの補題から $|g(z)| \leq |z|$,$z \in D$ である.$w = g(z)$ の逆関数を $z = g^{-1}(w)$ と置くと上の注意の (ii) から,これも原点を原点に写す G から D の上への一対一正則写像である.したがって,$|g^{-1}(w)| \leq |w|$,$w \in G$ である.よって,$|g(z)| = |z|$,$z \in D$.したがって,$g(z) = cz$,$z \in D$ (ただし,c は $|c| = 1$

となる定数) である. 故に, $f(z) = (cz + a)/(1 + \bar{a}cz)$ となり, 一次変換である.　　　　　　　　　　　　　　　　　　　　　　　　□

ルーシェの定理の応用として正則関数列の零点の収束についてのフルヴィツの定理を述べよう.

定理 3.4.13 (フルヴィツの定理)　$\{f_n(z)\}_n$ は領域 D 内での正則関数の列であって, D において恒等的には 0 ではない正則関数 $f(z)$ に広義一様収束していると仮定する. $G \subset D$ を D 内の有限個の区分的に滑らかな単純閉曲線 C で囲まれた領域であって, $f(z) \neq 0$, $z \in C$ とする. このとき

(i)　或る自然数 N が存在して, 任意の $n \geq N$ に対して, G において $f_n(z)$ と $f(z)$ の零点の (重複度を考慮した) 個数は等しい.

(ii)　$f(z)$ の G での零点を $z_1, \ldots, z_q$ とし, 各点 z_k の重複度を $l_k \geq 1$ とし, $L = l_1 + \cdots + l_q$ と置く. $f_n(z)$ の G での零点を $z_1^{(n)}, \ldots, z_L^{(n)}$ とする. ただし, 重複度 $s \geq 2$ なる点については s 個同じ点を並べる. このとき, $n \to \infty$ ならば, 各 $k = 1, \ldots, q$ について, $\{z_j^{(n)}\}_{j=1,\ldots,L}$ の中の或る l_k 個の点が z_k に近づく. 故に, 集合として $\{z_j^{(n)}\}_{j=1,\ldots,L}$ は $\{z_k\}_{k=1,\ldots,q}$ に近づく.

[証明]　$\rho = \mathrm{Min}\{|f(z)| \mid z \in C\} > 0$ と置く. $\{f_n(z)\}_n$ は C で $f(z)$ に一様収束するから, 或る自然数 N が存在して $|f_n(z) - f(z)| < \rho$, $\forall z \in C$, $\forall n \geq N$. よって, ルーシェの定理から $f(z)$ と $f_n(z)$ とは G において同数の零点を持ち, (i) が示された. (ii) を示すために, $\varepsilon > 0$ を任意に与え, 各点 z_k $(k = 1, \ldots, q)$ を中心とし, 任意の半径 r $(< \varepsilon)$ の円板 δ_k $(\subset G)$ を $\delta_k \cap \delta_j = \emptyset$ $(k \neq j)$ となるように描く. (i) と同じ理由によって, 或る自然数 $N_k \geq N$ が存在して $f_n(z)$ $(n \geq N_k)$ は δ_k 内に (重複度を考慮した) l_k 個の零点を持つ. $N' = \mathrm{Max}\{N_k \mid 1 \leq k \leq q\}$ と置くと任意の $n \geq N'$ に対して $f_n(z)$ の G 内の零点 $\{z_j^{(n)}\}_{j=1,\ldots,L}$ の中の l_k 個の点が δ_k に含まれる. よって, (ii) が示された.　　　　　　　　　　　　　　　　　　　　　　□

10. 接続および落差の定理

定理 3.4.14 (パンルベの定理)　領域 D が滑らかな曲線 L で二つの領域 D_1,

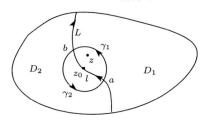

図 3.18 パンルベの定理

D_2 とに分けられているとする. $f(z)$ は D での連続関数であって, D_1, D_2 では正則と仮定する. このとき $f(z)$ は D で正則である.

[証明] z_0 を $L \cap D$ 上の任意の点とする. 図 3.18 のように, 半径が十分に小さい, 中心 z_0 の円周 γ (反時計回り) を D に含まれるように描く. 円周 γ の内部を Δ とし, $\Delta_1 = D_1 \cap \Delta$, $\Delta_2 = D_2 \cap \Delta$ と置く. γ と L との交点を a, b とし, $l = \Delta \cap L$ と置く. さらに, 円周 γ の D_1 の部分を γ_1, D_2 の部分を γ_2 とする. 任意に $z \in \Delta_1$ を固定する. コーシーの第二定理および第一定理から

$$f(z) = \frac{1}{2\pi i} \int_{\gamma_1 - l} \frac{f(\zeta)}{\zeta - z} d\zeta \quad \text{かつ} \quad \int_{l + \gamma_2} \frac{f(\zeta)}{\zeta - z} d\zeta = 0.$$

$\gamma = \gamma_1 + \gamma_2$ および $f(\zeta)$ は l 上で連続だから

$$f(z) = \frac{1}{2\pi i} \int_{\gamma} \frac{f(\zeta)}{\zeta - z} d\zeta, \quad z \in \Delta_1$$

を得る. 同様の議論によって $z \in \Delta_2$ についても同様のことがいえる. したがって

$$f(z) = \frac{1}{2\pi i} \int_{\gamma} \frac{f(\zeta)}{\zeta - z} d\zeta, \quad z \in \Delta \setminus l$$

を得る. $f(z)$ は l で連続であるからこの等式は D で成立する. 右辺の積分で定まる z の関数は Δ で正則であるから, 定理は示された. □

定理 3.4.15 (シュワルツの鏡像の原理) [*1] $f(z)$ は図 3.19 のような境界の一部に実軸の有限個の開区間 I を持つ (上半平面の) 領域 D での正則関数とし,

---

[*1] f が境界まで連続であるという条件より弱い条件 (ii) の下でのこの原理の証明は岡[19] による.

D の実軸に関して対称な領域を D^* とする．このとき
(i) D^* での関数 $f^*(z) = \overline{f(\overline{z})}$, $z \in D^*$ を考えると $f^*(z)$ は D^* での正則関数である．
(ii) もし $f(z)$ が各点 $x_0 \in I$ に対して条件

$$\lim_{z(\in D) \to x_0} \Im f(z) = 0 \tag{3.21}$$

を満たせば，$f(z)$ は I を超えて D^* まで $f^*(z)$ に解析接続される．

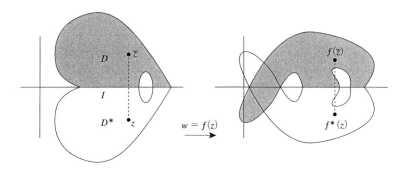

図 **3.19** 鏡像の原理

[証明] $z \in D^*$ とする．$\overline{z} \in D$ であるから $f(\overline{z})$ が定まり，$f'(\overline{z})$ が存在している．したがって，

$$\lim_{h \to 0} \frac{f^*(z+h) - f^*(z)}{h} = \lim_{\overline{h} \to 0} \overline{\left(\frac{f(\overline{z} + \overline{h}) - f(\overline{z})}{\overline{h}} \right)} = \overline{f'(\overline{z})}.$$

となり，(i) が示された．(ii) を示すために $D \cup D^*$ での関数

$$G(z) = \begin{cases} e^{if(z)}, & z \in D, \\ e^{if^*(z)}, & z \in D^* \end{cases}$$

を考える．このとき，$(f(z)$, したがって $G(z)$ は L 上で連続とは仮定していないが) 次が成立する：各点 $x_0 \in I$ に対して

$$\lim_{z(\in D\cup D^*)\to x_0}|G(z)|=1,\quad \lim_{z(\in D)\to x_0}(G(z)-G(\bar z))=0.$$

実際, 任意の $z \in D$ について $f(z) = u(z) + iv(z)$ と置くと $G(z) = e^{-v+iu}$, $G(\bar z) = e^{v+iu}$ より

$$|G(z)| = e^{-v(z)}, \quad |G(\bar z)| = e^{v(z)}, \quad |G(z) - G(\bar z)| = |e^{-v(z)} - e^{v(z)}|.$$

仮定より $\lim_{z \to x_0} v(z) = 0$ であるから上の 2 式が導かれる.

改めて, $x_0 \in I$ を固定する. 上に述べたことから x_0 の z-平面における或る近傍 V が存在して

$$D \cup D^* \text{において}\ \frac{1}{2} < |G(z)| < 2,$$
$$I \cap V \text{上で一様に}\ \lim_{\varepsilon \to 0}(G(x+i\varepsilon) - G(x-i\varepsilon)) = 0.$$

図 3.20 のように x_0 を中心として小長方形 $(C) := [ABA^*B^*]$ を描き, その境

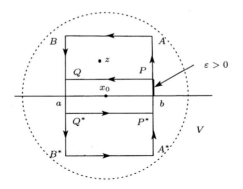

図 **3.20** $G(x+i\varepsilon) - G(x-i\varepsilon) \to 0\ (\varepsilon \to 0)$

界を C (長方形に関して正の向き) とする. $(C) \setminus [a,b]$ の上半分を $(C)^+$, 下半分を $(C)^-$ と置く. 任意の $z \in (C)$ に対して 積分

$$\widetilde{G}(z) = \frac{1}{2\pi i}\int_C \frac{G(\zeta)}{\zeta - z}d\zeta$$

を考える. $G(z)$ は C 上の点 a, b では連続ではないが有界であるから $\widetilde{G}(z)$ は

有限値に定まり，(C) 内の関数を定めるが，その表示から，$G(z)$ は (C) で正則である．さらに，任意の $z \in (C)^+ \cup (C)^-$ に対して $\widetilde{G}(z) = G(z)$ である．

実際，任意に点 $z = x + iy \in (C)^+$ を固定する．$\varepsilon > 0$ を十分小さく取り，図のように，C 上に 4 点 PQQ^*P^* を取る．それの定める細い長方形を L_ε，4 点 $PABQ$ および $A^*P^*Q^*B^*$ の定める長方形をそれぞれ C_ε^+ および C_ε^- と置く．それらの向きは囲む領域に対して正とする．このとき

$$\lim_{\varepsilon \to 0} \left| \int_{L_\varepsilon} \frac{G(\zeta)}{\zeta - z} d\zeta \right| \le \lim_{\varepsilon \to 0} \left\{ \frac{4\varepsilon}{|y| - \varepsilon} + \int_a^b \left| \frac{G(\xi + i\varepsilon)}{\xi + i\varepsilon - z} - \frac{G(\xi - i\varepsilon)}{\xi - i\varepsilon - z} \right| d\xi \right\} = 0.$$

さらに，$G(z)$ は $(C) \setminus [a, b]$ で正則だから，コーシーの第一定理および第二定理からそれぞれ次を得る：

$$\frac{1}{2\pi i} \int_{C_\varepsilon^+} \frac{G(\zeta)}{\zeta - z} d\zeta = G(z), \qquad \frac{1}{2\pi i} \int_{C_\varepsilon^-} \frac{G(\zeta)}{\zeta - z} d\zeta = 0.$$

$$\therefore \ \widetilde{G}(z) = \lim_{\varepsilon \to 0} \int_{C_\varepsilon^+ + L_\varepsilon + C_\varepsilon^-} \frac{G(\zeta)}{\zeta - z} d\zeta = G(z).$$

同様にして，$z \in (C)^-$ に対しても $\widetilde{G}(z) = G(z)$ を得る．よって，$\widetilde{G}(z)$ は $G(z)$ の解析接続である．$|G(z)| > 1/2$，$z \in (C) \setminus [a, b]$ であるから $\widetilde{G}(z)$ は 0 を取らない (C) での正則関数である．故に，$\log \widetilde{G}(z)$ の任意の分枝は長方形 (C) での正則関数であって，$z \in (C)^+$ では $if(z)$ に等しく，$z \in (C)^-$ では $if^*(z)$ に等しい．したがって，(ii) が示された．$\qquad\square$

注意 3.4.7 (i) もし条件 (3.21) よりも強く「各点 $x_0 \in I$ に対して $\lim_{z \to x_0} f(z)$ が存在して実数値である」ならば，上の定理はパンルベの定理から明らかである．

(ii) 一次変換を用いれば鏡像の原理は次のように拡張される．D を z-平面上の円 $(C_1) := \{|z - a| < R_1\}$ 内の領域でその境界の一部分が円周 $C_1 := \{|z - a| = R_1\}$ の開円弧 I をなしているとする．D の円 C_1 に関して反転して出来る領域を D^* と置くと $D \cup I \cup D^*$ は一続きの領域である．今，$f(z)$ を D での正則関数であり，さらに，w-平面上の円周 $C_2 := \{|w - b| = R_2\}$ が存在して，各点 $\zeta \in I$ に対して $z\,(\in D) \to \zeta$ ならば $|f(z) - b| \to R_2$ であると仮

定する．このとき $f(z)$ は I を超えて D^* まで解析接続で出来る．

実際，(C_1) および (C_2) をそれぞれ一次変換 $z' = L_1(z)$ および $w' = L_2(w)$ によって上半平面に写して，$w' = F(z') := L_2 \circ f \circ L_1^{-1}(z')$ に上に述べた鏡像の原理を適用すればよい．

次のクザンの落差定理が多変数関数論で如何に使われるかは，第 4 章において「岡の上空移行の原理」の最も簡単な場合を紹介することによって示す．

定理 3.4.16 (クザンの落差定理)　図 3.21 のように領域 D および実数 a, b: $a < 0 < b$ が与えられたとする．$z = x + iy$ として，次の領域

$$D_1 = \{z \in D \mid x > a\}, \quad D_2 = \{z \in D \mid x < b\}, \quad D_0 = D_1 \cap D_2$$

(D_0 は網かけ部分) を考える．$f(z)$ は $\overline{D_0}$ を含む領域 G で正則な関数とする．このとき，D_1 および D_2 での正則関数 F_1 および F_2 を

$$F_2(z) - F_1(z) = f(z), \qquad z \in D_0 \tag{3.22}$$

となるように作ることが出来る．

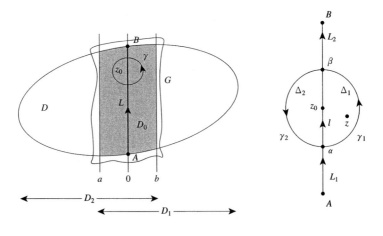

図 3.21　クザンの落差定理

3.4 コーシーの定理の応用   139

[証明]　図 3.21 のように G に含まれる (y-軸上の) 線分 $L: A \leq y \leq B$ で, D_0 を二つに分けるものを描く. ただし, $A, B \in G \setminus \overline{D}$ である. $\mathcal{W} \equiv \mathbf{C} \setminus L$ と置く. 任意の点 $z \in \mathcal{W}$ に対して線積分

$$F(z) = \frac{1}{2\pi i} \int_L \frac{f(\zeta)}{\zeta - z} d\zeta$$

を作る. このとき, $F(z)$ は z に関して $\mathcal{W}$ での正則関数である. $\mathcal{W}$ の部分領域 $D^+ = D \cap \{x > 0\}$, $D^- = D \cap \{x < 0\}$ を描き

$$F(z) = \begin{cases} F_1(z), & z \in D^+, \\ F_2(z), & z \in D^- \end{cases}$$

と置く. $L^0 = L \cap D_0$ と書き, z_0 を L^0 上の任意の点とする. 図 3.21 のように, 半径が十分に小さい, 中心 z_0 の円周 $\gamma(z_0)$ (反時計回り) を D_0 に含まれるように描く. 簡単のために $\gamma(z_0) = \gamma$ と書こう. 円周 γ の内部を Δ とし, $\Delta_1 = \Delta \cap D^+$, $\Delta_2 = \Delta \cap D^-$ と置く.

先ず, $F_1(z)$, $F_2(z)$ は共に Δ に正則に延長出来て, 延長した関数を同じ記号 $F_1(z)$, $F_2(z)$ と書くことにすれば,

$$F_2(z) - F_1(z) = f(z), \qquad z \in \Delta \tag{3.23}$$

であることを示そう. 実際, 図 3.21 の右図 (拡大図) のように γ と L との交点を α, β とする. L の始点 A から点 α までの部分を L_1, 点 α から点 β までの部分を l, 点 β から終点 B までの部分を L_2 とする. さらに, 円周 γ の右半分を γ_1, 左部分を γ_2 とする. $L' = L_1 - \gamma_2 + L_2$ および $L'' = L_1 + \gamma_1 + L_2$ と置く. 任意に $z \in \Delta_1$ を固定する. $f(\zeta)/(\zeta - z)$ は ζ の関数として Δ_2 で正則だから, コーシーの第一定理から

$$\int_l \frac{f(\zeta)}{\zeta - z} d\zeta = \int_{-\gamma_2} \frac{f(\zeta)}{\zeta - z} d\zeta. \quad \text{よって,} \quad \int_L \frac{f(\zeta)}{\zeta - z} d\zeta = \int_{L'} \frac{f(\zeta)}{\zeta - z} d\zeta.$$

上の第二等式の右辺は, z の関数として $\mathbf{C} \setminus L'$ で正則な関数である. したがって, $F_1(z)$ は l を越えて Δ_2 まで正則に延長出来て

$$F_1(z) = \frac{1}{2\pi i} \int_{L'} \frac{f(\zeta)}{\zeta - z} d\zeta, \qquad z \in \Delta.$$

同様にして $F_2(z)$ は l を越えて Δ_1 まで正則に延長できて

$$F_2(z) = \frac{1}{2\pi i}\int_{L''}\frac{f(\zeta)}{\zeta - z}d\zeta, \qquad z\in\Delta.$$

故に，任意の $z\in\Delta$ に対して，コーシーの第二定理から

$$F_2(z) - F_1(z) = \frac{1}{2\pi i}\int_{L''-L'}\frac{f(\zeta)}{\zeta - z}d\zeta = \frac{1}{2\pi i}\int_{\gamma}\frac{f(\zeta)}{\zeta - z}d\zeta = f(z).$$

よって，(3.23) が示された．

次に，$F_1(z), F_2(z)$ はそれぞれ D_1, D_2 まで正則に延長できて，(3.22) が成立することを示そう．実際，上の証明において各点 $z_0\in L^0$ に対して小円周 $\gamma(z_0)$ を描いた．その内部の円板を $(\gamma(z_0))$ と書き，$V = \bigcup_{z_0\in L^0}(\gamma(z_0))\subset D_0$ と置く．V は L^0 の近傍であり，$F_1(z)$ は，$D^+\cup V$ で解析関数の一致の定理から，一価正則な関数であって，

$$F_1(z) = -f(z) + F_2(z), \quad z\in V$$

を満たす．ところで，右辺は $D_0\cap D_2$ で正則な関数であるから，$F_1(z)$ は D_1 まで正則に延長できることがわかる．同様にして，$F_2(z)$ は D_2 まで正則に延長できる．さらに，延長した関数を同じ記号 $F_i(z), z\in D_i$ $(i=1,2)$ と書くと $F_2(z) - F_1(z) = f(z), z\in V\ (\subset D_0)$ である．正則関数の一致の定理からこの等式は D_0 で成立する．よって，クザンの落差定理は証明された． □

11. 調和関数 第 2 章の命題 2.2.1 において任意の領域での正則関数の実部は調和関数であることを述べた．単連結領域については逆もいえる．

定理 3.4.17 単連結領域 D での任意の調和関数 $u(z)$ は D での或る正則関数 $F(z)$ の実部である．

[証明] 命題 2.2.1 から $f(z) := \frac{\partial u}{\partial x} - i\frac{\partial u}{\partial y}$ は D での正則関数である．$z_0\in D$ を固定し，$z\in D$ を任意の点とする．z_0 と z を結ぶ D 内の曲線 C_z に沿っての線積分

$$F(z) := \int_{C_z}f(\zeta)d\zeta$$

3.4 コーシーの定理の応用　　　　141

を考える．コーシーの第一定理とモレラの定理の証明から，$F(z)$ は道の取り方によらず，終点 z のみで定まる D での正則関数で，$f(z)$ の原始関数であった．(3.1) から，$\zeta = x + iy$ とすると

$$\Re F(z) = \Re \int_{C_z} f(\zeta)d\zeta = \int_{C_z} \frac{\partial u}{\partial x}dx + \frac{\partial u}{\partial y}dy = u(z) - u(z_0).$$

故に，$u(z)$ は D での正則関数 $F(z) + u(z_0)$ の実部である．　　　　□

特に，領域 D が円板の場合，$f(z)$ は D でテイラー展開でき，定理 2.4.7 の 3 から $f(z)$ は原始関数を持つことがわかり，上の定理の証明にはモレラの定理は不要である．

D が単位円板 $\Delta = \{|z| < 1\}$ の場合，更に一歩進めて，境界円周 $C = \{|z| = 1\}$ 上に任意の連続関数 $h(z)$ を与えるとき，Δ 内の調和関数 $H(z)$ で境界 C では連続的に $h(z)$ になるものが存在することを示そう．

定理 3.4.18　(1) (ポアソンの積分表示)　$u(z)$ を閉単位円板 $\overline{\Delta}$: $|z| \leq 1$ で連続で，内部 Δ: $|z| < 1$ で調和な関数とする．このとき

$$u(z) = \frac{1}{2\pi} \int_0^{2\pi} u(e^{i\theta}) \frac{1 - |z|^2}{|e^{i\theta} - z|^2} d\theta, \qquad z \in \Delta.$$

(2) (円板上のディリクレの境界値問題)　$h(\zeta)$ を単位円周 C: $|\zeta| = 1$ 上の連続関数とし，任意の $z \in \Delta$ に対して

$$H(z) = \frac{1}{2\pi} \int_0^{2\pi} h(e^{i\theta}) \frac{1 - |z|^2}{|e^{i\theta} - z|^2} d\theta$$

と置く．このとき，$H(z)$ は Δ での調和な関数であって，円周 C まで連続に延長できて，$H(\zeta) = h(\zeta)$, $\zeta \in C$ である．

$P(z, e^{i\theta}) := \dfrac{1 - |z|^2}{|e^{i\theta} - z|^2}$ は単位円板での**ポアソン核**と呼ばれる．

[証明]　任意に点 $a \in \Delta$ を固定する．一次変換

$$w = L_a(z) = \frac{z - a}{1 - \bar{a}z}$$

を考える．これは円板 $\Delta\colon |z| < 1$ を円板 $\widetilde{\Delta}\colon |w| < 1$ の上に一対一に等角に写し，反時計回り円周 $C\colon |z| = 1$ を反時計回り円周 $\widetilde{C}\colon |w| = 1$ に，点 $z = a$ を原点 $w = 0$ に写す．$w = L_a(z)$ の逆変換は $z = L^{-1}(w) = \frac{w+a}{1+\bar{a}w}$ である．そこで合成関数

$$\widetilde{u}(w) = u(L_a^{-1}(w)), \qquad w \in \widetilde{\Delta}$$

を考えると，これは命題 2.2.1 から $\widetilde{\Delta}$ での調和関数である．したがって，調和関数に関する平均値の定理から

$$\widetilde{u}(0) = \frac{1}{2\pi}\int_0^{2\pi}\widetilde{u}(e^{i\varphi})d\varphi.$$

変換 $e^{i\theta} = L_a^{-1}(e^{i\varphi})$，すなわち，$e^{i\varphi} = L_a(e^{i\theta})$，によって変数変換 $\varphi \in [0, 2\pi] \to \theta \in [\alpha, \alpha + 2\pi]$（ただし，$\alpha = \arg\frac{1+a}{1+\bar{a}}$）を考える．微分の定義から

$$\frac{d\varphi}{d\theta} = |L_a'(e^{i\theta})| = \frac{1 - |a|^2}{|e^{i\theta} - a|^2} > 0.$$

$$\therefore \quad u(a) = \frac{1}{2\pi}\int_\alpha^{\alpha+2\pi} u(e^{i\theta})\frac{1 - |a|^2}{|e^{i\theta} - a|^2}d\theta.$$

右辺の積分は，積分下の関数が周期 2π を持つから $\alpha = 0$ としてよい．よって，(1) が示された．特に

$$\frac{1}{2\pi}\int_0^{2\pi}\frac{1 - |a|^2}{|e^{i\theta} - a|^2}d\theta = \frac{1}{2\pi}\int_0^{2\pi}\frac{d\varphi}{d\theta}d\theta = 1, \qquad \forall\, a \in \Delta.$$

以後，記号を簡単にして $\frac{1-|a|^2}{|e^{i\theta}-a|^2} = P(a, e^{i\theta})$，$a \in \Delta$，$0 \le \theta \le 2\pi$ と書く．

(2) を示すために，$a \to \zeta \in C$ のとき，変換 $w = L_a(z)$ による変数変換 $\varphi \to \theta$ の様子を調べよう．先ず，$\zeta = 1$ と仮定し，$a\ (0 < a < 1)$ は実数とする．正数 $\eta\ (0 < \eta < \pi/2)$ を固定する．$q = e^{i\eta}$，$\bar{q} = e^{-i\eta}$，$Q = L_a(q)$，$\overline{Q} = L_a(\bar{q})$ と置く．このとき，反時計回り円弧 $\gamma = (\bar{q}, q)$ は $w = L_a(z)$ によって反時計回り円弧 $\Gamma_a = (\overline{Q}, Q)$ に写る．$a \to 1$ のときの円弧 Γ_a の様子を見よう．実数 a を $\cos\eta < a < 1$ とする．$w = L_a(z)$ は x-軸を u-軸に；$-1, 0, a, 1, \infty$ をそれぞれ $-1, -a, 0, 1, \frac{-1}{a}$ の順に，閉区間 $[-1, 1]$ を自分自身に写す．図 3.22 のように直線 $x = a$ の円板 Δ 内の線分を $[\bar{p}, p]$ とし，$P = L_a(p)$，$\overline{P} = L_a(\bar{p})$ と書

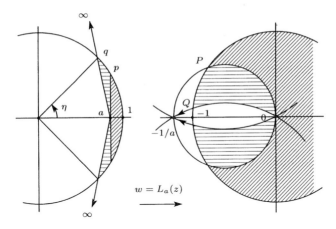

図 3.22 ポアソン核 $P(z, e^{i\theta})$ の性質

く. $w = L_a(z)$ の等角性と円円対応から線分 $[\overline{p}, p]$ は w-平面上の線分 $[\frac{-1}{a}, 0]$ を直径とする円周の $\widetilde{\Delta}$ 内の円弧 $(\overline{P}, P)$ に写る. 点 Q は円弧 $(P, -1)$ 上にある. $a \to 1$ のとき, $\frac{-1}{a} \to -1$ であるから, $P \to -1$ となる. よって, $Q \to -1$ $(a \to 1)$ である. したがって, $w = L_a(z)$ によって, 円弧 γ の像 Γ_a は, $a \to 1$ のとき, その長さは 2π に近づく. 故に, 反時計回り円弧 $(q, \overline{q}) = C \setminus \gamma$ (この長さは $2\pi - 2\eta$) は反時計回り円弧 $(Q, \overline{Q}) = \widetilde{C} \setminus \Gamma_a$ に写る. よって, その長さは

$$\int_\eta^{2\pi - \eta} P(a, e^{i\theta}) d\theta \to 0 \quad (a \to 1).$$

すなわち, 任意の $\varepsilon > 0$ に対して或る $\delta > 0$ が存在して $\int_\eta^{2\pi - \eta} P(a, e^{i\theta}) d\theta < \varepsilon$, $1 - \delta < \forall a < 1$ である. したがって, $2\pi - \varepsilon < \int_{-\eta}^{\eta} P(a, e^{i\theta}) d\theta < 2\pi$ である. この事実とポアソン核は性質「任意の $0 \leq \theta_0 < 2\pi$ に対して $P(ze^{i\theta_0}, e^{i(\theta + \theta_0)}) = P(z, e^{i\theta})$ である」こととから (仮定 $\zeta = 1$ は特別ではなくて) 次が成立する.

(∗) 正数 η $(0 < \eta < \pi/2)$ および $\varepsilon > 0$ を任意に与える. このとき, 正数 $\delta = \delta(\varepsilon, \eta) > 0$ が存在して, $1 - \delta < r' < 1$ を満たす任意の点 $a' = r'e^{i\theta'}$ $(0 \leq \forall \theta' < 2\pi) \in \Delta$ に対して

$$\int_{\theta' + \eta}^{2\pi + \theta' - \eta} P(a', e^{i\theta}) d\theta < \varepsilon \quad \text{かつ} \quad 2\pi - \varepsilon < \int_{\theta' - \eta}^{\theta' + \eta} P(a', e^{i\theta}) d\theta < 2\pi.$$

これを用いて (2) を示そう. 先ず, θ $(0 \le \theta \le 2\pi)$ を固定するとき, ポアソン核 $\frac{d\varphi}{d\theta} = P(a, e^{i\theta})$ は a に関して Δ で調和な関数である. 実際,

$$\frac{d\varphi}{d\theta} = \frac{d\arg L_a(e^{i\theta})}{d\theta} = \frac{d\arg(e^{i\theta} - a)}{d\theta} + \frac{d\arg(1 - e^{-i\theta}a)}{d\theta} = \Re\frac{e^{i\theta} + a}{e^{i\theta} - a}$$

からわかる. したがって, $P(z, e^{i\theta})$ の θ に関する積分 $H(z)$ は Δ 内での調和関数である.

次に, $H(z)$ は C 上の任意の点 $\zeta_0 = e^{i\theta_0}$ で連続なことを示そう. 任意に正数 $\varepsilon > 0$ を与える. $M = \mathrm{Max}\{|h(\zeta)| \mid \zeta \in C\}$ と置く. $h(\zeta)$ の ζ_0 での連続性から ζ_0 の適当な近傍 $A = (e^{i(\theta_0 - \alpha)}, e^{i(\theta_0 + \alpha)}) \subset C$ が存在して,

$$h(\zeta) = h(\zeta_0) + \varepsilon(\zeta), \qquad |\varepsilon(\zeta)| < \varepsilon, \ \forall \zeta \in A.$$

$0 < \eta < \mathrm{Min}\{\alpha/2, \pi/2\}$ をみたす正数 η を固定する. この $\eta > 0$, $\varepsilon > 0$ に対して $(*)$ を満たす $\delta = \delta(\varepsilon, \eta) > 0$ が定まる. そこで, Δ における ζ_0 の近傍 $V = \{z' = r'e^{i\theta'} \in \Delta \mid r' > 1 - \delta, \ \theta' - \frac{\alpha}{2} < \theta' < \theta' + \frac{\alpha}{2}\}$ を描く. このとき, 任意の $z = r'e^{i\theta'} \in V$ に対して, $(\theta' - \eta, \theta' + \eta) \subset (-\alpha, \alpha)$ に注意して

$$H(z) = \frac{1}{2\pi}\left(\int_{\theta'-\eta}^{\theta'+\eta}(h(\zeta_0) + \varepsilon(e^{i\theta}))P(z, e^{i\theta})d\theta + \int_{\theta'+\eta}^{2\pi+\theta'-\eta}h(\theta)P(z, e^{i\theta})d\theta \right)$$

$$= h(\zeta_0)\frac{1}{2\pi}\int_{\theta'-\eta}^{\theta'+\eta}P(z, e^{i\theta})d\theta + \frac{1}{2\pi}\int_{\theta'-\eta}^{\theta'+\eta}\varepsilon(e^{i\theta})P(z, e^{i\theta})d\theta$$

$$+ \frac{1}{2\pi}\int_{\theta'+\eta}^{2\pi+\theta'-\eta}h(\theta)P(z, e^{i\theta})d\theta$$

と分解する. 右辺の第1項と $h(\zeta_0)$ との差は高々 ε である. 第2項および第3項の0との差はそれぞれ高々 ε および $\frac{M\varepsilon}{2\pi}$ である. 故に, $\lim_{z \to \zeta_0} H(z) = h(\zeta_0)$ となり, (2) が示された. □

第3章の演習問題

(1) C を原点中心, 半径 R の反時計回りの円周とするとき次式を示せ.

$$\int_C z\,dz = 0, \qquad \int_C \bar{z}\,dz = 2\pi R^2.$$

第 3 章の演習問題　　　　　145

(2)　平面上の一対一正則関数は $az + b$ (ただし, $a \neq 0$) に限ることを示せ.

(3)　コーシの定理を用いて, 次の実積分を求めよ.

$$\int_{-\infty}^{\infty} \frac{1}{1 + x^4}\, dx.$$

(4) **(階段関数のフーリエ変換および逆変換)**　区間 $[-1, 1]$ の階段関数

$$f(x) = \begin{cases} 1, & -1 < x < 1, \\ 0, & x > 1,\ x < -1 \end{cases}$$

を考える. f のフーリエ変換 $\hat{f}(\omega)$ および $\hat{f}$ の逆フーリエ変換 $(\hat{f})\tilde{}(x)$ をそれぞれ次で定義する:

$$\hat{f}(\omega) = \int_{-\infty}^{\infty} f(y)e^{-i\omega y}dy, \qquad \omega \in (-\infty, \infty),$$

$$(\hat{f})\tilde{}(x) = \frac{1}{2\pi}\int_{-\infty}^{\infty} \hat{f}(\omega)e^{i\omega x}d\omega, \quad x \in (-\infty, \infty).$$

このとき 次式を示せ.

(i) $\hat{f}(\omega) = 2\frac{\sin \omega}{\omega},\ \omega \in (-\infty, \infty)$;

(ii) $(\hat{f})\tilde{}(x) = \begin{cases} f(x), & |x| \neq 1, \\ \frac{1}{2}, & |x| = 1. \end{cases}$

(5)　任意の多項式 $P(z) = z^n + a_1 z^{n-1} + \cdots + a_n$ (ただし, $n \geq 2$) を考える. 写像 $w = P(z)$ の不動点 $z: P(z) = z$ はすべて相異なると仮定する. このとき, 少なくとも一つの不動点 α において $|P'(\alpha)| > 1$ である.

(6)　$h(z) > 0$ は閉円板 $|z| \leq 1$ での連続関数で

$$\frac{1}{2\pi}\int_0^{2\pi} \log h(e^{i\theta})\, d\theta < \log h(0)$$

と仮定する. このとき, $|z| \leq 1$ での 0 を取らない正則関数 $f(z)$ を作ってきて, $\text{Max}\{|f(z)|h(z)\mid |z| = 1\} < |f(0)|h(0)$ とできることを示せ.

4

岡の上空移行の原理

　微積分学では実 1 変数関数を実多変数関数に延長するとき各々の概念を並行に拡張することによって実 1 変数関数で成立したことが実多変数関数についても同じ形で延長された．この章では複素多変数正則関数について触れる．実変数の場合と異なり，(3 章までに学んだ) 複素 1 変数正則関数と複素多変数正則関数とは現象として違いがあることを述べる．例えば，定数でない 1 変数正則関数の零点は孤立していたが，多変数正則関数では決して孤立しない．しかし，読者は多変数関数論が一変数関数論のすぐ隣にあること，あるいは，或る意味で 1 変数関数論は多変数関数論の非常に特別の場合であることに気付くであろう．この章の主目的は岡潔の「上空移行の原理」の最も primitive な場合 (1936 年の論文 [I][17]) を紹介することである．それまでは複素 n 変数空間 $\mathbf{C}^n$ における関数論の本質的な性質は直積領域についてしか示されていなかった．この論文は (関数論的に大事な) 一般的領域，すなわち，正則域，について本質的な性質が成立することを示すためのもととなった画期的なものである．岡潔の示した科学における独創とはどういうことかを垣間見るのは，理論を目指す人にとっても応用を目指す人にとっても有意義であると思う．さらに，この岡の論文の紹介は多変数関数論の入門の一つのきっかけになればと思う[*1]．

[*1]　この章を書くにあたって，西野利雄「多変数関数論」[15] およびその英訳 "Function theory in several complex variables"[16] を参照した．

4.1 2変数正則関数とべき級数

複素 2 変数 z, w の作る直積空間 $\mathbf{C}^2 = \mathbf{C}_z \times \mathbf{C}_w$ で考える. D を $\mathbf{C}^2$ の領域とする. D の z-平面および w-平面への射影をそれぞれ E, F とする. すなわち

$$E = \{z' \in \mathbf{C}_z \mid (z', w) \in D \text{ となる } w \text{ が少なくとも一つ存在する}\},$$
$$F = \{w' \in \mathbf{C}_w \mid (z, w') \in D \text{ となる } z \text{ が少なくとも一つ存在する}\}.$$

E は $\mathbf{C}_z$ での領域であり, F は $\mathbf{C}_w$ での領域である. さらに, 各 $z' \in E$ および $w' \in F$ に対して

$$D(z') = \{w \in \mathbf{C}_w \mid (z, w) \in D\}, \quad D(w') = \{z \in \mathbf{C}_z \mid (z, w') \in D\}$$

と置く. $D(z')$ および $D(w')$ はそれぞれ $\mathbf{C}_w$ および $\mathbf{C}_z$ での開集合である. $D(z')$ は D の $z = z'$ による切り口といい, $D(w')$ を D の $w = w'$ による切り口という. $\mathbf{C}^2$ の領域 D は複素助変数 $z \in E$ に関する領域 $D(z) \subset \mathbf{C}_w$ の **moving picture** 的表現と考えられる. 例えば, $D(z)$ が $z \in E$ に関して動

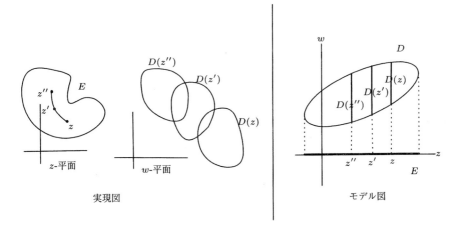

図 4.1 $\mathbf{C}^2$ の領域 D の実現図とモデル図

かないとき，領域 $D \subset \mathbf{C}^2$ は直積領域 $E \times F$ に他ならない．$\mathbf{C}^2$ において中心 (a, b)，半径 (r, s) の**二重円板** $\Delta_{r,s}(a, b)$ とは

$$\Delta_{r,s}(a, b) = \{z \in \mathbf{C}_z \mid |z - a| < r\} \times \{w \in \mathbf{C}_w \mid |w - b| < s\}$$

なる直積領域を表す．さらに，中心 (a, b)，半径 R の**球** $B_R(a, b)$ とは

$$B_R(a, b) = \{(z, w) \in \mathbf{C}^2 \mid |z - a|^2 + |w - b|^2 < R^2\}$$

なる領域を表す．球 $B_R(a, b)$ は $\mathbf{C}^2$ における集合として簡単に思えるが，図 4.2 の右図のように実際に $\mathbf{C}^2$ に描いてみると注意を要することがわかる．図

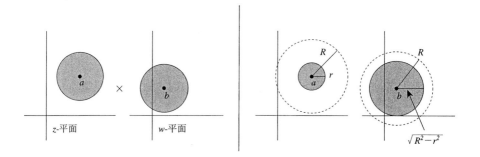

図 4.2　二重円板 $\Delta_{r,s}(a, b)$ と球 $B_R(a, b)$

4.2 の右図は，r は 0 から R まで動き，$B_R(a, b) = \bigcup_{0 < r < R}\{|z| < r\} \times \{|w| < \sqrt{R^2 - r^2}\}$ と直積の合併集合であることを意味する．

今，$f(z, w)$ は D において定義された複素数値関数とする．$f(z, w)$ が次の 2 条件をみたすとき，$f(z, w)$ は D において (複素 2 変数関数として) **正則**であるという：

1) $f(z, w)$ は D において連続な関数である．
2) $z' \in E$ を固定するとき，$f(z', w)$ は複素 1 変数 w の関数として開集合 $D(z')$ において正則であり，かつ $w' \in F$ を固定するとき，$f(z, w')$ は複素 1 変数 z の関数として開集合 $D(w')$ において正則である．

この節では中心原点 $(0, 0)$，半径 (r, s) の二重円板を $\Delta_{r,s}$ と書くことにする．

4.1 2変数正則関数とべき級数　　　*149*

複素 2 変数のべき級数

$$f(z,w) = a_{00} + a_{10}z + a_{01}w + a_{20}z^2 + a_{11}zw + a_{02}w^2 + \cdots$$

を考える. 右辺の級数を $\sum_{m,n=0}^{\infty} a_{mn}z^m w^n$ と書く. もしべき級数 $f(z,w)$ が点 (z_0, w_0) で収束するならば, 或る正数 $M > 0$ に対して

$$|a_{mn}||z_0|^m|w_0|^n \le M, \quad m, n = 0, 1, \ldots$$

である. このことから (2.13) と同じ理由によって二重円板 $\Delta_{|z_0|,|w_0|}$ の各点 (z,w) において $f(z,w)$ は絶対収束する. さらに, 任意に (r,s) (ただし, $0 < r < |z_0|$, $0 < s < |w_0|$) を与えるとき, $\Delta_{r,s}$ において級数 $f(z,w) = \sum_{m,n=0}^{\infty} a_{mn}z^m w^n$ は一様収束する (このことは, 優級数 $\sum_{m,n=0}^{\infty} M(r/|z_0|)^m(s/|w_0|)^n = M|z_0||w_0|/(|z_0| - r)(|w_0| - s)$ を持つことからわかる).

　与えられたべき級数 $\sum_{m,n=0}^{\infty} a_{mn}z^m w^n$ に対して, $\mathbf{C}^2$ 内の部分集合

$$\mathcal{D} = \{(z,w) \in \mathbf{C}^2 \mid (z,w) \text{ の或る近傍 } V \text{ で}$$
$$\sum_{m,n=0}^{\infty} a_{mn}z^m w^n \text{ は一様収束する}\}$$

を考え, これをべき級数 $\sum_{m,n=0}^{\infty} a_{mn}z^m w^n$ の**一様収束域**という. $\mathcal{D}$ は $\mathbf{C}^2$ での開集合である. 点 (ξ, η) を $\mathcal{D}$ の任意の境界点とすれば, 二重円板 $\Delta_{|\xi|,|\eta|}$ は $\mathcal{D}$ に含まれ, $|z| > \xi$, $|w| > \eta$ をみたす任意の点 (z,w) は $\mathcal{D}$ の外点である.

定理 4.1.1　べき級数 $f(z,w) = \sum_{m,n=0}^{\infty} a_{mn}z^m w^n$ はその一様収束域 $\mathcal{D}$ で正則関数である.

[証明]　点 $(z_0, w_0) \in \mathcal{D}$ を任意に固定する. 先ず, (z_0, w_0) の近傍でべき級数 $f(z,w)$ は一様収束するから点 (z_0, w_0) で連続である. 次に, $f(z_0, w)$ は w について w_0 の近傍で正則であることを示そう. 或る正数 $\rho > 1$ および $M > 0$ が存在して

$$|a_{mn}||\rho z_0|^m|\rho w_0|^n < M, \qquad m, n = 0, 1, \ldots$$

とできる. $\Delta' = \{z \in \mathbf{C}_z \mid |z| < \rho|z_0|\}$, $\Delta'' = \{w \in \mathbf{C}_w \mid |w| < \rho|w_0|\}$, $\Delta = \Delta' \times \Delta'' \subset \mathbf{C}^2$ と置く. 任意に点 $w \in \Delta''$ を固定するとき, 級数 $\sum_{m,n=0}^{\infty} a_{mn} z_0^m w^n$ は絶対収束するから第 2 章の系 2.4.5 によって

$$f(z_0, w) = \sum_{n=0}^{\infty} A_n w^n, \qquad |A_n| = \left| \sum_{m=0}^{\infty} a_{mn} z_0^m \right| \le \frac{M}{1-\rho} \frac{1}{(\rho|w_0|)^n}$$

と表せる. よって, $f(z_0, w)$ の w に関する収束半径は $\rho|w_0|$ 以上となり, 円板 Δ'' において w に関して正則関数である. 同様に $f(z, w_0)$ は円板 Δ' において正則である. (z_0, w_0) は $\mathcal{D}$ の任意の点だから定理が示された. □

$\mathcal{D}$ をべき級数 $\sum_{m,n=0}^{\infty} a_{mn} z^m w^n$ の一様収束域とする. $\mathbf{R}_+^2 = \{0 < r < \infty\} \times \{0 < s < \infty\}$ と置き, $\mathbf{R}_+^2$ の部分集合

$$\mathcal{E} = \{(r, s) \in \mathbf{R}_+^2 \mid \Delta_{r,s} \subset \mathcal{D}\}$$

を考える. このとき, 上に見たことから次のことがわかる: $\mathcal{E}$ は $\mathbf{R}_+^2$ での開集合であり, 点 (r_0, s_0) で級数 $\sum_{m,n=0}^{\infty} |a_{m,n}| r_0^m s_0^n$ が収束していれば, 任意の点 (r, s) $(0 < r < r_0,\ 0 < s < s_0)$ は $\mathcal{E}$ に含まれる. $\mathcal{E}$ の境界点 (r, s) をべき級数 $\sum_{m,n=0}^{\infty} a_{mn} z^m w^n$ の**相関収束半径**という. 1 変数のアダマールの定理 2.4.6 と同じ証明により任意の $(r, s) \in \mathcal{E}$ に対して次式が成立する:

$$\varlimsup_{m,n \to \infty} \sqrt[m+n]{|a_{mn}| r^m s^n} = 1. \tag{4.1}$$

今までの議論は複素 1 変数のべき級数に関する推論を複素 2 変数のべき級数に並行に進めたものであり, 2 変数特有の現象は現れていない. 以下に, ファブリ (1902 年) により発見された 1 変数には現れず, 2 変数で現れた現象を述べよう. 岡潔はこのファブリの相関収束半径に関する凸性の事実を複素多変数関数論の始まりであると述べている. ここで

$$\text{変換 } F \colon (r, s) \in \mathbf{R}_+^2 \to (X, Y) = (\log r, \log s) \in \mathbf{R}^2$$

を考える. べき級数 $\sum_{m,n=0}^{\infty} a_{mn} z^m w^n$ から定まる上記の $\mathcal{E}$ に対して, $\mathbf{E} = F(\mathcal{E}) \subset \mathbf{R}^2$ と置く. $\mathbf{E}$ は $\mathbf{R}^2$ での開集合である. このとき

4.1 2変数正則関数とべき級数 151

定理 4.1.2 (ファブリの定理)[3) **E** は $\mathbf{R}^2$ での凸集合である. すなわち, 2 点 P_0, P_1 が **E** に属していれば線分 $[P_0, P_1]$ も **E** に属する.

[証明] $P_j = P_j(X_j, Y_j)$, $j = 0, 1$, $X_j = \log r_j$, $Y_j = \log s_j$ と置くと $\sum_{m,n=0}^{\infty} a_{mn} r_j^m s_j^n$ が収束するから, m, n, j によらない $M > 0$ があって

$$|a_{mn} r_j^m s_j^n| \leq M.$$

$$\therefore \quad \log |a_{mn}| + m \log r_j + n \log s_j \leq \log M. \tag{4.2}$$

線分 $P_0 P_1$ 上の点 $P(X, Y)$, $X = \log r$, $Y = \log s$ を取ると

$$X = tX_0 + (1-t)X_1, \quad Y = tY_0 + (1-t)Y_1, \quad \text{ただし, } 0 \leq t \leq 1$$

であるから (4.2) から

$$\log |a_{mn}| + mX + nY \leq \log M.$$

$$\therefore \quad |a_{mn} r^m s^n| \leq M.$$

これはべき級数 $\sum_{m,n=0}^{\infty} a_{mn} z^m w^n$ が $\{|z| < r\} \times \{|w| < s\}$ において広義一様収束することを意味する. P_0, P_1 が **E** の内点であるから $[P_0, P_1]$ の各点も **E** の内点となり, **E** は凸集合であることがわかる. □

注意 4.1.1 等式 (4.1) の両辺の対数を取ることにより次がわかる[*1)]. 各 $m, n = 0, 1, 2, \ldots$ に対して (X, Y) 平面の傾きが 0 または負の直線

$$L_{m,n} : \log |a_{m,n}| + mX + nY = 0$$

を考える (ただし, $a_{mn} = 0$ の場合は除く). $(X', Y') \in \mathbf{E}$ であるための必要十分条件は (X', Y') の或る近傍 $\delta \times \tau \subset \mathbf{R}^2$ および或る自然数 $N \geq 1$ があって

$$\log |a_{mn}| + mX + nY < 0, \quad \forall (X, Y) \in \delta \times \tau, \quad \forall m, n \geq N$$

となることである. したがって, 図 4.3 において領域 **E** は, 傾きが 0 または負の直線群 $\{L_{m,n}\}$ の下からの包絡線の定める領域に等しく, **E** で $\mathbf{R}^2$ の境界は弱い意味での右下がりの連続曲線よりなる.

[*1)] 西野利雄氏による証明である.

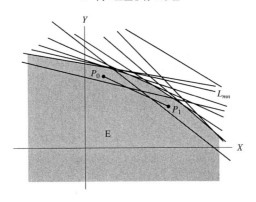

図 4.3 ファブリの定理

Δ_1, Δ_2 をそれぞれ $\mathbf{C}_z, \mathbf{C}_w$ 上の区分的に滑らかな単純閉曲線 C_1, C_2 で囲まれた領域とする．$f(z,w)$ は直積 $\Delta_1 \times \Delta_2$ の閉包 $\overline{\Delta_1} \times \overline{\Delta_2}$ の近傍での正則関数とする．このとき，一変数正則関数と同じく次の積分公式が成立する．

定理 4.1.3 (直積領域でのコーシーの積分表示) [*1)]

$$f(z,w) = \frac{-1}{4\pi^2} \iint_{C_1 \times C_2} \frac{f(\xi,\eta)}{(\xi-z)(\eta-w)} \, d\xi d\eta, \quad (z,w) \in \Delta_1 \times \Delta_2. \tag{4.3}$$

[証明] $(z_0, w_0) \in \Delta_1 \times \Delta_2$ を任意に固定する．$f(z, w_0)$ は $\overline{\Delta_1}$ の近傍での 1 変数の正則関数であるから

$$f(z_0, w_0) = \frac{1}{2\pi i} \int_{C_1} \frac{f(\xi, w_0)}{\xi - z_0} \, d\xi.$$

$\xi \in C_1$ を止めるとき，$f(\xi, w)$ は $\overline{\Delta_2}$ の近傍での 1 変数の正則関数であるから

[*1)] 右辺の積分の定義は形式的に微積分法の場合と同様である．すなわち，

$$-\frac{1}{4\pi^2} \lim_{\delta \to 0} \sum_{i,j=1}^{m,n} \frac{f(\xi'_i, \eta'_j)}{(\xi-z)(\eta_j-w)} (\xi_{i+1} - \xi_i)(\eta_{j+1} - \eta_j).$$

ただし，ξ_i $(i=1,\ldots,m)$ は C_1 の分点，η_j $(j=1,2,\ldots,n)$ は C_2 の分点，ξ'_i および η'_j はそれぞれ C_1 の部分弧 (ξ_i, ξ_{i+1}) および C_2 の部分弧 (η_j, η_{j+1}) の点であり，$\delta > 0$ は $|\xi_{i+1} - \xi_i|, |\eta_{j+1} - \eta_j|$ $(i=1,\ldots,m; j=1,\ldots,n)$ の最大値である．

$$f(\xi, w_0) = \frac{1}{2\pi i} \int_{C_2} \frac{f(\xi, \eta)}{\eta - w_0} d\eta.$$

$$\therefore \ f(z_0, w_0) = \frac{-1}{4\pi^2} \int_{C_1} \left\{ \int_{C_2} \frac{f(\xi, \eta)}{(\xi - z_0)(\eta - w_0)} d\eta \right\} d\xi.$$

この右辺の繰り返し積分は (微積分法での普通の議論によって) 定理の右辺の 2 次元の積分 (ただし, $(z, w) = (z_0, w_0)$ としたもの) に等しい. □

注意 4.1.2 (i) 定理と同じ条件の下で同じ証明を行えば, $z \notin C_1$ かつ $w \notin C_2$ であるような $\Delta_1 \times \Delta_2$ の外点 (z, w) について

$$\frac{-1}{4\pi^2} \iint_{C_1 \times C_2} \frac{f(\xi, \eta)}{(\xi - z)(\eta - w)} d\xi d\eta = 0. \tag{4.4}$$

(ii) 1 変数のコーシーの定理 $f(z) = \frac{1}{2\pi i} \int_C \frac{f(\zeta)}{\zeta - z} d\zeta$, $z \in \Delta$ においては積分路 C は領域 Δ の境界であった. 上に述べた 2 変数のコーシーの定理の中の (実 2 次元の) 積分面 $C_1 \times C_2$ は直積領域 $\Delta_1 \times \Delta_2$ の境界ではない. その境界は

$$\partial(\Delta_1 \times \Delta_2) = (C_1 \times \Delta_2) \cup (\Delta_1 \times C_2) \cup (C_1 \times C_2)$$

であるから実 3 次元である.

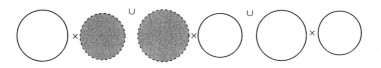

図 4.4 二重円板の境界

二重円板における正則関数は積分表示ができることがわかったから 1 変数の場合と全く同様にして $f(z, w)$ は何階でも微分可能で各点 $(z, w) \in \Delta_1 \times \Delta_2$ において

$$\frac{\partial^{m+n} f}{\partial z^m \partial w^n}(z, w) = \frac{-m! \, n!}{4\pi^2} \iint_{C_1 \times C_2} \frac{f(\xi, \eta)}{(\xi - z)^{m+1}(\eta - w)^{n+1}} d\xi d\eta \tag{4.5}$$

が成立する．さらに，1変数の証明で用いた事実「$\sum_{n=0}^{\infty} r^n$（ただし，$0 < r < 1$）は収束する」の代わりに，2変数の証明では「$\sum_{m,n=0}^{\infty} r^m s^n$（ただし，$0 < r, s < 1$）は $1/(1-r)(1-s)$ に収束する」を用いて次を得る．

系 4.1.1 (二重円板での正則関数のテイラー展開) $\Delta_1 \times \Delta_2$ を中心 (z_0, w_0)，半径 (R_1, R_2) の $\mathbf{C}^2$ での二重円板とする．$f(z, w)$ を $\Delta_1 \times \Delta_2$ での正則関数とする．このとき，$f(z, w)$ は (z_0, w_0) の周りでべき級数に展開できる：

$$f(z, w) = \sum_{m,n}^{\infty} a_{mn}(z - z_0)^m (w - w_0)^n, \qquad (z, w) \in \Delta_1 \times \Delta_2.$$

ここで次式が成立する：

$$\begin{aligned}
a_{mn} &= \frac{1}{m!\, n!} \frac{\partial^{m+n} f}{\partial z^m \partial w^n}(z_0, w_0) \\
&= \frac{-1}{4\pi^2} \iint_{C_1 \times C_2} \frac{f(\xi, \eta)}{(\xi - z_0)^{m+1}(\eta - w_0)^{n+1}} d\xi d\eta.
\end{aligned}$$

これより（または定義自身から）次の系が示される．

系 4.1.2 (合成関数の微分) $f(z, w)$ は領域 $D \subset \mathbf{C}^2$ での正則関数，$\alpha(t)$, $\beta(t)$ は共に複素変数 t に関して領域 $G \subset \mathbf{C}$ で正則な関数とする．もし任意の $t \in G$ に対して $(\alpha(t), \beta(t)) \in D$ ならば，合成関数 $f(\alpha(t), \beta(t))$ は t に関して G での正則関数であって，各点 $t \in G$ において

$$\frac{df(\alpha(t), \beta(t))}{dt} = \frac{\partial f}{\partial z}\bigg|_{(\alpha(t), \beta(t))} \alpha'(t) + \frac{\partial f}{\partial w}\bigg|_{(\alpha(t), \beta(t))} \beta'(t).$$

4.2 ワイエルシュトラスの補助定理

　直積領域での正則関数に関する定理を述べる際に，たびたび使われる（積分は有限個の和の極限であることから容易に予想できる）次の補題が成立する（証明は章末問題 (3) を参照）.

4.2 ワイエルシュトラスの補助定理   155

補題 4.2.1 D を $\mathbf{C}^2 = \mathbf{C}_z \times \mathbf{C}_w$ での領域, C を ζ-平面 $\mathbf{C}_\zeta$ での区分的に滑らかな曲線 $C\colon t \in [\alpha, \beta] \to \zeta = \zeta(t) \in \mathbf{C}_\zeta$ とする. $f(\zeta, z, w)$ を $C \times D$ 上の複素数値連続関数であって, 任意に $\zeta \in C$ を固定するとき, 複素 2 変数 (z, w) の関数として D 上で正則な関数とする. 各点 $(z, w) \in D$ を固定して線積分

$$F(z, w) \equiv \int_C f(\zeta, z, w)d\zeta$$

を考えると, これは D 上の関数を定義する. このとき, $F(z, w)$ は D での正則関数である.

次のワイエルシュトラスの補助定理は多変数正則関数の零点の集合に関する基本的なものである. 特に, この補助定理と注意 4.2.1 によって (恒等的に 0 でない複素 1 変数の正則関数 $f(z)$ の零点の集合は孤立していたが) 恒等的に 0 でない複素 2 変数の正則関数 $f(z, w)$ の零点の集合は決して孤立しないことがわかる.

定理 4.2.1 (ワイエルシュトラスの補助定理) $f(z, w)$ は原点中心の二重円板 $\Delta = \Delta_1 \times \Delta_2$ (ただし, $\Delta_1 = \{z \in \mathbf{C}_z \mid |z| < R_1\}$, $\Delta_2 = \{w \in \mathbf{C}_w \mid |w| < R_2\}$) において恒等的に 0 でない正則関数であって,

$$f(0, 0) = 0, \qquad \Delta_2 \text{ 上で } f(0, w) \not\equiv 0 \qquad (4.6)$$

と仮定する. このとき, 任意に ε $(0 < \varepsilon < R_2)$ を与えるとき

(i)   次の性質をみたす $\eta\colon 0 < \eta < \varepsilon$ および $\delta\colon 0 < \delta < R_1$ が見出せる: 任意の点 z $(|z| < \delta)$ に対して, $f(z, \xi(z)) = 0$ となる点 $\xi(z)$ $(|\xi(z)| < \eta)$ が存在する.

(ii) $U = \{z \in \mathbf{C}_z \mid |z| < \delta\}$, $V = \{z \in \mathbf{C}_w \mid |w| < \eta\}$ と置く. このとき

$$f(z, w) = P(z, w)H(z, w), \qquad (z, w) \in U \times V.$$

ここに, $H(z, w)$ は (z, w) に関して $U \times V$ での零を取らない正則な関数であり, $P(z, w)$ は最高次係数 1 の w の多項式である:

$$P(z,w) = w^N + a_1(z)w^{N-1} + \cdots + a_{N-1}(z)w + a_N(z). \tag{4.7}$$

ただし, 各 $a_k(z)$ $(k = 1, 2, \ldots, N)$ は U での正則関数で, $a_k(0) = 0$ である. したがって, (i) における $\xi(z)$ は w に関する n 次方程式 $P(z, w) = 0$ の根である.

[証明] $f(0, w)$ は Δ_2 での 1 変数 w に関する恒等的に 0 でない正則関数だからその零点は孤立している. $w = 0$ における零点の位数を $N \geq 1$ とすると, 十分小さい正数 η $(0 < \eta < \varepsilon)$ を取れば閉円板 $\overline{V} := \{w \in \mathbf{C}_w \mid |w| \leq \eta\}$ において

$$f(0, w) = w^N g(w), \qquad w \in \overline{V}$$

と表せる. ただし, $g(w)$ は $\overline{V}$ での正則関数であって, 各 $w \in \overline{V}$ に対して, $g(w) \neq 0$ である. 円周 $\gamma = \{w \in \mathbf{C}_w \mid |w| = \eta\}$ (向きは反時計回り) を考えると偏角の原理から

$$N = \frac{1}{2\pi i} \int_\gamma \frac{f_w(0, w)}{f(0, w)} dw.$$

ただし, $f_w(0, w) = \frac{\partial f(0, w)}{\partial w}$. 右辺は写像 $u = f(0, w)$ による γ の像の描く閉曲線 $\Gamma(0) = f(0, \gamma)$ の原点 $u = 0$ の周りの回転数を表していた.

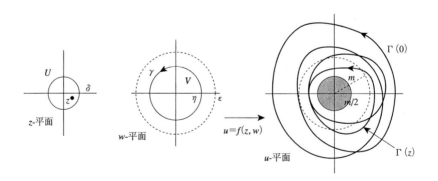

図 4.5 u-平面上の閉曲線 $\Gamma(z)$

ここで $m = \mathrm{Min}\,\{|f(0,w)| \mid w \in \gamma\}$ と置くと $m > 0$ である. $f(z,w)$ は $\{0\} \times \gamma \subset \Delta$ で連続であるから Δ_1 内に原点 $z = 0$ を中心とする十分小さい閉円板 $\overline{U} = \{z \in \mathbf{C}_z \mid |z| \le \delta\}$ が取れて

$$|f(z,w)| > \frac{m}{2}, \qquad \forall\,(z,w) \in \overline{U} \times \gamma.$$

そこで, 各 $z \in \overline{U}$ を固定するとき, 写像 $u = f(z,w)$ による円周 γ の像である閉曲線 $\Gamma(z) = f(z,\gamma)$ を u-平面に描く. これは原点 $u = 0$ を通らないから, $\Gamma(z)$ の原点 $u = 0$ の周りの回転数 $n(z) \ge 0$ が定まる. 偏角の原理から

$$n(z) = \frac{1}{2\pi i} \int_\gamma \frac{f_w(z,w)}{f(z,w)} dw$$

と表せる. ここに, $n(0) = N$ である. 任意の $(z,w) \in \overline{U} \times \gamma$ に対して, $f_w(z,w)/f(z,w)$ は連続であるから $n(z)$ は z について $\overline{U}$ で連続である. ところで, $n(z)$ は整数値であるから, $n(z)$ は $\overline{U}$ において定数でなければならない. したがって, $n(z) = N$, $z \in \overline{U}$ である. 偏角の原理より $n(z)$ は $f(z,w) = 0$ の円板 $|w| < \eta$ における零点の個数 (重複度まで込めた) を表していた. したがって, 各 $z \in \overline{U}$ に対して (重複度を込めて) N 個の複素数 $\xi_1(z), \dots, \xi_N(z)$ が存在して $f(z, \xi_k(z)) = 0$ $(k = 1, \dots, N)$ である. これで (i) が示された.

(ii) を示すために, 各 $z \in \overline{U}$ について w に関する最高次係数 1 の N 次の多項式

$$P(z,w) = (w - \xi_1(z))(w - \xi_2(z)) \cdots (w - \xi_N(z))$$

を考えよう. 右辺を w について整理して

$$P(z,w) = w^N + a_1(z)w^{N-1} + \cdots + a_{N-1}(z)w + a_N(z)$$

と置く. ただし

$$a_1(z) = -(\xi_1(z) + \cdots + \xi_N(z))$$
$$a_2(z) = \xi_1(z)\xi_2(x) + \cdots + \xi_{N-1}(z)\xi_N(z)$$
$$\cdots$$
$$a_N(z) = (-1)^N \xi_1(z) \cdots \xi_N(z).$$

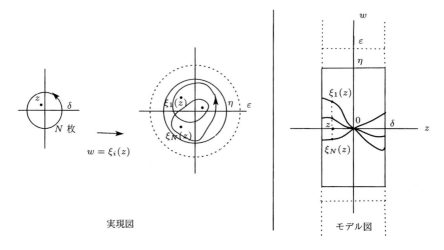

図 4.6 ワイエルシュトラスの補助定理

ところで，$k = 1, 2, \ldots$ とするとき，等式 (3.19) によって

$$\xi_1^k(z) + \cdots + \xi_N^k(z) = \frac{1}{2\pi i} \int_\gamma w^k \frac{f_w(z,w)}{f(z,w)} dw.$$

$f_w(z,w)/f(z,w)$ が $\overline{U} \times \gamma$ で連続で，$w \in \gamma$ を固定するとき，z に関して $\overline{U}$ で正則だから，この右辺の積分は補題 4.2.1 から，z に関して $\overline{U}$ での正則関数である．これを $S_k(z)$, $z \in \overline{U}$ と置く．代数学でよく知られているように，各 $a_k(z)$, $k = 1, 2, \ldots, N$ は $S_k(z)$, $k = 1, 2, \ldots, N$ の多項式で表せる (例えば，$a_1(z) = -S_1(z)$, $a_2(z) = S_2(z)^2 - 2S_1(z), \ldots$)．よって，各 $a_k(z)$ は $\overline{U}$ 上の正則関数となり，$P(z,w)$ は 2 変数 (z,w) に関して $\overline{U} \times \mathbf{C}_w$ での正則関数となる．

これを用いて $f(z,w)$ は次のように表現されることを示そう：

$$f(z,w) = P(z,w)H(z,w), \qquad (z,w) \in U \times V. \qquad (4.8)$$

ただし，$H(z,w)$ は決して零を取らない $U \times V$ での正則関数である．

実際，簡単のために，

$$\Sigma = \{(z,w) \in \overline{U} \times \mathbf{C}_w \mid P(z,w) = 0\}, \quad \mathcal{D} = (\overline{U} \times \overline{V}) \setminus \Sigma$$

と置く．したがって

$$h(z,w) := \frac{f(z,w)}{P(z,w)}$$

は (z,w) に関して $\mathcal{D}$ での正則関数である．

先ず，(i) から容易に次のことがわかる．任意に $z \in \overline{U}$ を固定する．$P(z,w)$ の作り方から，w 平面上の閉円板 $\overline{V}$ での正則関数 $f(z,w)$ と $P(z,w)$ との零点は重複度まで込めて一致していた．したがって，$h(z,w)$ は点 $\xi_k(z)$, $k = 1,\ldots,N$ に正則に延長できて，しかも任意の $w \in \overline{V}$ に対して $h(z,w) \neq 0$, すなわち，$h(z,w)$ は $(z,w) \in \overline{U} \times \overline{V}$ で定義された零を取らない関数であって，$z \in \overline{U}$ を任意に固定するとき，1 変数 w に関して閉円板 $\overline{V}$ で正則な関数である．よって，コーシーの定理から

$$h(z,w) = \frac{1}{2\pi i} \int_\gamma \frac{h(z,\xi)}{\xi - w} d\xi, \qquad w \in V. \tag{4.9}$$

次に，$\mathcal{D} \supset \overline{U} \times \gamma$ であるから，$h(z,w)$ は (z,w) について $\overline{U} \times \gamma$ の近傍で正則である．したがって，w 平面上の円周 γ の十分細い円環近傍 $\mathcal{R}$:
$\{w \in \mathbf{C}_w \mid \eta' \leq |w| \leq \eta''\}$ (ただし，$0 < \eta' < \eta < \eta'' < R_2$) において $h(z,w)$ は正則である．

円板 U の境界を $\tau = \{|z| = \delta\}$ (反時計回り) とする．このとき $\tau \times \gamma$ の近傍で $h(z,w)$ は正則 (したがって，連続) な関数である．そこで，各点 $(z,w) \in U \times V$ に対して，二重積分

$$H(z,w) = \frac{-1}{4\pi^2} \int\int_{\tau \times \gamma} \frac{h(\zeta,\xi)}{(\zeta - z)(\xi - w)} d\zeta d\xi$$

を作ると，$H(z,w)$ は 2 変数 (z,w) に対して $U \times V$ での正則関数となる．繰り返し積分を使うと (4.9) から

$$H(z,w) = \frac{1}{2\pi i} \int_\tau \frac{h(\zeta,w)}{\zeta - z} d\zeta, \qquad (z,w) \in U \times V.$$

一方，先に見たように，$h(z,w)$ は $\overline{U} \times \mathcal{R}$ で 2 変数の関数として正則であった．よって，任意に $w \in \mathcal{R}$ を固定するとき，$h(z,w)$ は z の関数として $\overline{U}$ で正則であるから

$$h(z,w) = \frac{1}{2\pi i}\int_\tau \frac{h(\zeta,w)}{\zeta - z}d\xi, \qquad z \in U.$$
$$\therefore \ h(z,w) = H(z,w), \qquad (z,w) \in U \times (V \cap \mathcal{R}).$$

ところで，$z \in U$ を止めるとき，$h(z,w)$，$H(z,w)$ は共に w に関して V において正則な関数であるから，一致の定理によって $h(z,w) = H(z,w)$，$\forall w \in V$ である．故に，$H(z,w) \neq 0$，$(z,w) \in U \times V$ であり，$U \times V$ において $f(z,w) = P(z,w)H(z,w)$ である．よって，(4.8) が示された． $\square$

定理の条件 (4.6) を強くして，$f(0,0) = 0$ かつ $\frac{\partial f}{\partial w}(0,0) \neq 0$ とすれば，定理の証明から $f(z,w) = 0$ は $U \times V$ 内に唯一つの解 $w = \xi(z)$ を持ち，$\xi(z)$ は U での正則関数であることがわかる．これは微積分法における陰関数の定理に他ならない．したがって，ワイエルシュトラスの定理は複素多変数論における陰関数の定理と見なされる．

注意 4.2.1 $f(z,w)$ は条件 (4.6) の中の $f(0,0) = 0$ をみたすが Δ_2 で $f(0,w) \not\equiv 0$ をみたさない，すなわち，$f(0,w) \equiv 0$ の場合を考えよう．このとき，$f(z,w)$ を (w をとめて) z について原点の周りでテイラー展開すると

$$f(z,w) = \sum_{n=0}^{\infty} a_n(w)z^n, \quad \text{ただし，} \ a_n(w) = \frac{1}{n!}\frac{\partial^n f}{\partial z^n}(0,w).$$

最初の係数 $a_0(w) \equiv 0$ であり，$f(z,w) \not\equiv 0$ から $a_0(w) = a_1(w) = \cdots = a_{\nu-1}(w) \equiv 0$ かつ $a_\nu(w) \not\equiv 0$ となる $\nu \ (\geq 1)$ が存在する．したがって，

$$f(z,w) = z^\nu \sum_{n=\nu}^{\infty} a_n(w)z^{n-\nu} \equiv z^\nu f_1(z,w)$$

となる．二つの場合が考えられる．$f_1(0,0) \neq 0$ の場合：$f(z,w)$ は原点 $(0,0)$ の近傍で z^ν と 0 を取らない正則関数の積である．$f_1(0,0) = 0$ の場合：$f_1(0,w) = a_\nu(w) \not\equiv 0$ であるから $f_1(z,w)$ は条件 (4.6) をみたすから $f_1(z,w)$ にはワイエルシュトラスの補助定理が適用できる．結局

$$f(z,w) = z^\nu P(z,w)H(z,w), \qquad (z,w) \in U \times V.$$

ただし，$U \times V$ は原点 $(0,0)$ の或る近傍であって，そこにおいて $P(z,w)$，$H(z,w)$ は補助定理に述べた条件をみたす正則関数である．

4.3 自然存在域とハルトックスの定理

$f(z)$ は複素 1 変数 z-平面上の領域 D で正則な関数とする．もし $f(z)$ が D のいかなる境界点にも解析接続できないとき，D は $f(z)$ の**自然存在域**と呼ぶ．また，領域 G を与えるとき，もし G が或る正則関数の自然存在域になっているならば，G は**正則域**と呼ばれる．複素 1 変数の場合は任意の領域は常に正則域である．このことは任意の点 a を与えるとき，その点のみで零になる正則関数 $z-a$ が存在すること，または，その点のみで極を有する正則関数 $1/(z-a)$ が存在することからそれほど難しくなく証明できるがここでは割愛する．多変数正則関数についても一致の定理は成立することは 1 変数の場合から容易にわかる．すなわち，$f(z,w)$, $g(z,w)$ を $\mathbf{C}^2$ の領域 D での二つの正則関数とする．もし D に含まれる或る領域 δ $(\neq \emptyset)$ が存在して $f(z,w) = g(z,w)$, $(z,w) \in \delta$ ならば $f(z,w)$ と $g(z,w)$ とは D において恒等的に等しい．したがって，多変数正則関数についても正則域の概念はある．多変数関数論では，1 変数の場合と異なり，任意の領域が正則域になるとは限らない．ここでは，正則域でない $\mathbf{C}^2$ の領域の例として特殊ハルトックス領域を示そう．

定理 4.3.1 (ハルトックスの定理)[8]　2 変数の空間 $\mathbf{C}^2 = \mathbf{C}_z \times \mathbf{C}_w$ で考える．r_i, R_i $(i=1,2)$ を $0 < r_i < R_i$ なる正数とし，二つの直積領域

$$\Delta_1 = \{|z| < R_1\} \times \{r_2 < |w| < R_2\}, \quad \Delta_2 = \{|z| < r_1\} \times \{|w| < R_2\}$$

を作り，$D = \Delta_1 \cup \Delta_2$ と置く（このような領域 D を**特殊ハルトックス領域**と呼ぶ[*1]）．このとき，D での任意の正則関数は常に二重円板 $\Delta = \{|z| < R_1\} \times \{|w| < R_2\}$ まで正則に延長される．したがって，D は正則域ではない．

[証明]　$f(z,w)$ を D での任意の正則関数とする．r_i', R_i' $(i=1,2)$ を条件 $0 < r_1' < r_1 < R_1' < R_1$, $0 < r_2 < r_2' < R_2' < R_2$ をみたす任意の正数とし，

[*1]　領域 $D \subset \mathbf{C}_z$ および D での正数値関数 $\varphi(z)$ が与えられたとき，$\mathcal{D} = \{(z,w) \in \mathbf{C}^2 \mid |w| < \varphi(z), z \in D\}$ の形の $\mathbf{C}^2$ の領域を**ハルトックス領域**という．

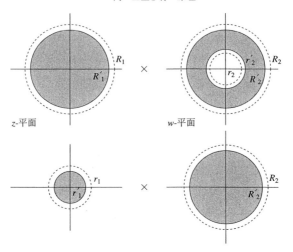

図 4.7 特殊ハルトックス型領域

$$\Delta'_1 = \{|z| < R'_1\} \times \{r'_2 < |w| < R'_2\}, \quad \Delta'_2 = \{|z| < r'_1\} \times \{|w| < R'_2\},$$

$D' = \Delta'_1 \cup \Delta'_2$ および $\Delta' = \{|z| < R'_1\} \times \{|w| < R'_2\}$ と置く. さらに, $\gamma = \{|w| = r'_2\}$, $\Gamma = \{|w| = R'_2\}$ (共に反時計回り) と置く. $f(z, w)$ は Δ_1 で正則だから, 任意の z ($|z| \leq R'_1$) を固定するとき, $f(z, w)$ は w について円環 $\{r'_2 \leq |w| \leq R'_2\}$ で正則である. したがって, コーシーの第二定理から

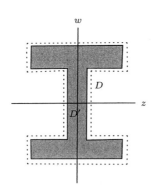

図 4.8 特殊ハルトックス型領域のモデル

$$f(z,w) = \frac{1}{2\pi i} \int_\Gamma \frac{f(z,\eta)}{\eta - w} d\eta - \frac{1}{2\pi i} \int_\gamma \frac{f(z,\eta)}{\eta - w} d\eta, \qquad (z,w) \in \Delta_1'$$

と表せる. 一方, $f(z,w)$ は Δ_2 で正則である. したがって, z $(|z| \leq r_1')$ を固定するとき, $f(z,w)$ は w に関して円板 $|w| \leq R_2'$ で正則だから, 右辺の第 2 項の積分下の関数 $\frac{f(z,\eta)}{\eta - w}$ は ($|w| > r_2'$ に注意すれば) η の関数として円周 γ の囲む円板 $\{|w| \leq r_2'\}$ で正則である. よって, コーシーの第一定理から第 2 項の積分は 0 である. 故に

$$f(z,w) = \frac{1}{2\pi i} \int_\Gamma \frac{f(z,\eta)}{\eta - w} d\eta, \quad (z,w) \in \{|z| < r_1'\} \times \{r_2' < |w| < R_2'\}.$$

ところで, $f(z,\eta)/(\eta - w)$ は (η, z, w) に関して $\Gamma \times \{|z| < R_1'\} \times \{|w| < R_2'\}$ で連続であり, $\zeta \in \Gamma$ を止めると, (z,w) については $\{|z| < R_1'\} \times \{|w| < R_2'\}$ で正則である. したがって, 補題 4.2.1 から右辺の積分の定める関数は (z,w) に関して, 二重円板 Δ' で正則である. すなわち, $f(z,w)$ は Δ' まで正則に延長された. r_i', R_i' $(i = 1, 2)$ は先の条件をみたす任意の正数だから, 結局, $f(z,w)$ は Δ まで正則に延長されることがわかる. $\qquad\square$

系 4.3.1 2 変数正則関数は孤立特異点を持たない. すなわち, $f(z,w)$ は $V \setminus \{(z_0, w_0)\}$ (ただし, V は点 (z_0, w_0) の $\mathbf{C}^2$ での或る近傍) での正則関数とすれば, $f(z,w)$ は (z_0, w_0) まで正則に延長できる.

4.4 2 変数有理型関数とクザンの第一問題

第 3 章において, 孤立特異点の概念およびローラン展開を用いて, 複素 1 変数関数の極や有理型関数を定義した. 複素 2 変数正則関数の場合には, 特異点は孤立しないから, 以下に述べるように, 有理型関数および極を定義する. D を $\mathbf{C}^2$ での領域とする. 先ず, D 内の閉集合 Σ が複素 1 次元の**解析集合**とは Σ の各点に対して, 或る近傍 V および V での正則関数 $\varphi(z,w)$ が存在して $\Sigma \cap V = \{(z,w) \in V \mid \varphi(z,w) = 0\}$ となるときをいう. 次に, 関数 $F(z,w)$ が D で**有理型関数**であるとは, D 内の或る複素 1 次元の解析集合 Σ が存在して, $F(z,w)$ は $D \setminus \Sigma$ で正則な関数であり, Σ 上の任意の点に対しては, 次

の条件をみたす或る近傍 V および V での二つの正則関数 $f(z,w)$, $g(z,w)$ が存在するときをいう：$\Sigma \cap V = \{f(z,w) = 0\}$ であって，V での $f(z,w)$ と $g(z,w)$ との共通零点は孤立していて

$$F(z,w) = g(z,w)/f(z,w), \qquad (z,w) \in V \setminus \Sigma$$

と表せる．$F(z,w)$ は点 $(z_0, w_0) \in \Sigma$ において**極**を持つという．ときには，Σ 自身を $F(z,w)$ の極という．補助定理から，Σ の各点の近傍で，Σ は w についての（z についての正則関数を係数とする）多項式

$$w^n + a_1(z)w^{n-1} + \cdots + a_n(z) = 0$$

の根または $z = 0$ (w は自由) と表せた．極 $(z,w) \in \Sigma$ では，一般には $F(z,w)$ は定義されない．もしその点 (z,w) において $g(z,w) \neq 0$ ならば $F(z,w) = \infty$ と一意に定まるが，$g(z,w) = 0$ ならば $F(z,w)$ の値は一意に定まらない（これは 1 変数の場合には現れないことである）．後者の場合，(z,w) は $F(z,w)$ の**不定点**と呼ばれる．例えば，$f(z,w) = w$, $g(z,w) = z$ とすると $F(z,w) = z/w$ となるが，点 $(z,0)$ $(z \neq 0)$, は前者の場合にあたり，$(z,w) = (0,0)$ は後者の場合にあたる．

[**クザン I 分布の定義**]　D を $\mathbf{C}^2$ の領域とする．$\mathcal{C} \equiv \{(f_j(z,w), \delta_j)\}_j$ を次のような有限個または無限個の集まりとする：

(i)　各 δ_j は D の開集合であり，$\bigcup_j \delta_j = D$.

(ii)　各 $f_j(z,w)$ は δ_j での有理型関数であり，$\delta_i \cap \delta_j \neq \emptyset$ $(i \neq j)$ をみたす任意の δ_i, δ_j に対して $f_i(z,w) - f_j(z,w)$ は $\delta_i \cap \delta_j$ での正則関数である（正確には，$f_i(z,w) - f_j(z,w)$ が $\delta_i \cap \delta_j$ に正則に延長できる）．

このとき，$\mathcal{C}$ を D における**クザン I 分布**という．これは D における極の主要部の分布を与えたことを意味する．

　D にクザン I 分布 $\mathcal{C} = \{f_j(z,w), \delta_j\}_j$ が与えられたとする．もし D での有理型関数 $F(z,w)$ が存在して，各 δ_j 上で差 $F(z,w) - f_j(z,w)$ が δ_j での正則関数となるようにできる（すなわち，F と f_j との落差が δ_j において正則である）ならば，クザン I 分布 $\mathcal{C}$ は**解** $F(z,w)$ を持つまたは分布 $\mathcal{C}$ に関して**クザン**

の第一問題は解けるという．さらに，D に与えられたすべてのクザン I 分布が解を持つならば，領域 D でクザンの第一問題は解けるという．

D での有理型関数 $F(z,w)$ が D でのクザン I 分布 $\mathcal{C}$ に対する解とすれば，D での任意の正則関数 $P(z,w)$ を加えて得られる D での有理型関数 $F(z,w)+P(z,w)$ も分布 $\mathcal{C}$ に対する D での解である．

領域 D に二つのクザン I 分布 $\mathcal{C}=\{(f_j,\delta_j)\}_j$, $\widetilde{\mathcal{C}}=\{(\widetilde{f}_k,\widetilde{\delta}_k)\}_k$ が与えられたとする．もし $\delta_j\cap\widetilde{\delta}_k\neq\emptyset$ なる任意の δ_j, $\widetilde{\delta}_k$ に対して $f_j-\widetilde{f}_k$ が $\delta_j\cap\widetilde{\delta}_k$ において正則ならば，二つのクザン I 分布 $\mathcal{C}$ と $\widetilde{\mathcal{C}}$ とは**同値**と呼ばれる．このとき，もし $F(z,w)$ が分布 $\mathcal{C}$ に対する領域 D での解ならば，$F(z,w)$ は $\widetilde{\mathcal{C}}$ に対する D での解である．逆も正しい．

例 4.4.1 任意の特殊ハルトックス領域ではクザンの第一問題は一般には解けないことを示そう．そのためには以下に示す特別の特殊ハルトックス領域において，クザンの第一問題が解けないクザン I 分布の例を一つ作れば十分である．

二つの直積領域を $\Delta_1=\{|z|<2\}\times\{1/2<|w|<1\}$, $\Delta_2=\{|z|<1/10\}\times\{|w|<1\}$ として，特殊ハルトックス領域 $D=\Delta_1\cup\Delta_2$ を作る．D での次のクザン I 分布 $\mathcal{C}=\{(f_j(z,w),\Delta_j)\}_{j=1,2}$ を考える：

Δ_1 において $f_1(z,w)=1/(w-z)$;　　　Δ_2 において $f_2(z,w)=0$.

故に，$\Delta_1\cap\Delta_2=\{|z|<1/10\}\times\{1/2<|w|<1\}$ であり，$f_1-f_2=1/(w-z)$ はそこで正則である．したがって，分布 $\mathcal{C}$ は確かに D でのクザン I 分布である．この分布 $\mathcal{C}$ に関して，D では解は存在しない．

[証明] 矛盾によって示すために，D での有理型関数 $F(z,w)$ で $F(z,w)-$

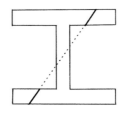

図 4.9 クザン第一問題が解けない例

$f_j(z, w)$ $(\equiv \varphi_j(z, w))$ は Δ_j $(j = 1, 2)$ で正則となるものが存在したと仮定する. このとき $H(z, w) \equiv (w - z)F(z, w)$ と置くと $H(z, w)$ は δ_1 では $H(z, w) = 1 + (w - z)\varphi_1(z, w)$ となり, 正則である. δ_2 では正則で $H(z, w) = (w - z)\varphi_2(z, w)$ である. したがって, $H(z, w)$ は D での正則関数となるからハルトックスの定理によって直積 $\Delta \equiv \{|z| < 2\} \times \{|w| < 1\}$ まで正則に延長できる. そこで集合 $\Sigma \equiv \{(z, z) \in \mathbf{C}^2 \mid |z| < 1\} \subset \Delta$ を考え, $H(z, w)$ の Σ への制限 $h(z) \equiv H(z, z)$ を考えると, これは $|z| < 1$ での正則関数であって, $1/2 < |z| < 1$ では恒等的に $h(z) = 1$ であり, $|z| < 1/10$ では恒等的に $h(z) = 0$ である. これは 1 変数の一致の定理に矛盾する. $\qquad\square$

第 3 章のクザンの落差定理 3.4.16 おいて $f(z)$ の代わりに直積領域で正則な関数 $f(z, w)$ を考えれば, 定理の証明をそのままたどることによって次の補題を得る. しかし, ここでもその重要性を考えて証明を付ける.

補題 4.4.1 (クザンの落差定理) l を z $(= x + iy)$-平面の直線 $x = a$ 上の有限個の閉線分 l_j $(j = 1, 2, \ldots, \nu)$ の集まりとする. z-平面を直線 $x = a$ によって二つに分け

$$D_1 = \{z \in \mathbf{C}_z \mid x > a\}, \qquad D_2 = \{z \in \mathbf{C}_z \mid x < a\}$$

と置く. G を w-平面上の領域とする. $f(z, w)$ を直積領域 $U \times G$ (ただし, U は l の近傍) での 2 変数の正則関数とする. このとき, 領域 $(D_1 \cup V) \times G$ (ただし, V は l の或る近傍 $V: l \subset V \subset U$ である) での正則関数 $F_1(z, w)$ および領域 $(D_2 \cup V) \times G$ での正則関数 $F_2(z, w)$ で次の条件をみたすものがある:

$$F_2(z, w) - F_1(z, w) = f(z, w), \qquad (z, w) \in V \times G.$$

[証明] 簡単のために, $\nu = 2$ として証明する. U に含まれ l_j $(j = 1, 2)$ を内部に含む開長方形 δ_j を描く (図 4.10 を参照). $L_j = \{z \in \mathbf{C}_z \mid x = a\} \cap (\delta_j \cup \partial \delta_j)$ と置くと L_j は l_j を含む閉線分である. L_j の向きは上向きとして, 積分

$$F(z, w) \equiv \frac{1}{2\pi i} \int_{L_1 + L_2} \frac{f(\zeta, w)}{\zeta - z} \, d\zeta, \qquad (z, w) \in (\mathbf{C}_z \setminus (L_1 \cup L_2)) \times G$$

4.4 2変数有理型関数とクザンの第一問題 167

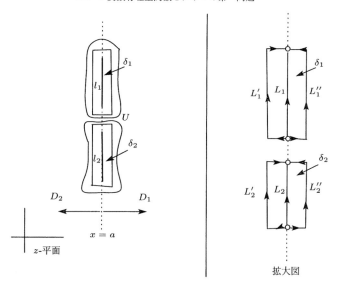

図 4.10 直積領域でのクザンの落差定理

を考える*1). $f(z,w)$ が w について G で正則だから補題 4.2.1 から,$F(z,w)$ は直積 $(\mathbf{C}_z \setminus (L_1 \cup L_2)) \times G$ での2変数の正則関数である.そこで

$$F(z,w) = \begin{cases} F_1(z,w), & (z,w) \in D_1 \times G, \\ F_2(z,w), & (z,w) \in D_2 \times G \end{cases}$$

と置く.L'_j $(j=1,2)$ および L''_j を L_j の端点を結ぶ $\partial \delta_j$ の図 4.10 の拡大図の部分とする.ζ に関してのコーシーの第一定理から

$$F_1(z,w) = \frac{1}{2\pi i} \int_{L'_1 + L'_2} \frac{f(\zeta,w)}{\zeta - z} d\zeta, \quad (z,w) \in D_1 \times G,$$

$$F_2(z,w) = \frac{1}{2\pi i} \int_{L''_1 + L''_2} \frac{f(\zeta,w)}{\zeta - z} d\zeta, \quad (z,w) \in D_2 \times G.$$

ところで,右辺の二つの積分で定まる (z,w) の関数はそれぞれ $(D_1 \cup \delta_1 \cup \delta_2) \times G$ および $(D_2 \cup \delta_1 \cup \delta_2) \times G$ で正則である.すなわち,F_1, F_2 は L_j $(j=1,2)$

---

*1) 線積分 $\frac{1}{2\pi i} \int_C \frac{f(\zeta,w)}{\zeta-z} d\zeta$ は積分路 C が閉曲線の場合にコーシー積分といわれ,C がここに述べた $L_1 + L_2$ のように開曲線の場合にクザン積分といわれる.

を越えて共に $\delta_1 \cup \delta_2$ まで正則に延長できる．さらに，$f(z,w)$ は $\overline{\delta_1} \cup \overline{\delta_2}$ で，z の関数として正則より，任意の点 $(z,w) \in \delta_1 \times G$ に対して

$$F_2(z,w) - F_1(z,w) = \frac{1}{2\pi i}\int_{L_1''-L_1'}\frac{f(\zeta,w)}{\zeta-z}d\zeta + \frac{1}{2\pi i}\int_{L_2''-L_2'}\frac{f(\zeta,w)}{\zeta-z}d\zeta$$
$$= f(z,w) + 0 = f(z,w)$$

を得る．$(z,w) \in \delta_2 \times G$ についても同様である．故に，$V \equiv \delta_1 \cup \delta_2$ は l の近傍であるから補題は示された． □

系 4.4.1 Δ を z-平面の有限個の区分的に滑らかな単純閉曲線で囲まれた領域，G は w-平面上の領域，a は実数とする．$\Delta_1 = \{z \in \Delta \mid x > a\}$, $\Delta_2 = \{z \in \Delta \mid x < a\}$, $l = \{z \in \overline{\Delta} \mid x = a\}$ と置く．l は有限個の線分よりなると仮定する．$g_1(z,w)$ は $\overline{\Delta_1} \times G$ の近傍 $U_1 \times G$ での有理型関数であり，$g_2(z,w)$ は $\overline{\Delta_2} \times G$ の近傍 $U_2 \times G$ での有理型関数であって，差 $g_2(z,w) - g_1(z,w)$ は直積 $(U_1 \cap U_2) \times G$ において正則であると仮定する．このとき，$\overline{\Delta} \times G$ の或る近傍での有理型関数 $G(z,w)$ を作ってきて，各 $j=1,2$ について $G(z,w) - g_j(z,w)$ は $\overline{\Delta_j} \times G$ の近傍で正則であるようにできる．

[証明] $U_1 \cap U_2$ は l の近傍だから，上の補題より $\overline{\Delta_1} \times G$ の或る近傍での正則関数 $f_1(z,w)$ および $\overline{\Delta_2} \times G$ の或る近傍での正則関数 $f_2(z,w)$ で

$$f_2(z,w) - f_1(z,w) = g_2(z,w) - g_1(z,w), \quad (z,w) \in V \times G$$

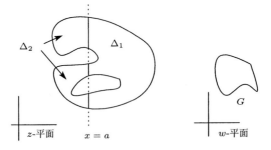

図 4.11 クザン積分

(ただし, V は l の或る近傍である) となるものが存在する. 故に

$$G(z,w) = \begin{cases} g_1(z,w) - f_1(z,w), & (z,w) \in (\overline{\Delta_1} \cup V) \times G, \\ g_2(z,w) - f_2(z,w), & (z,w) \in (\overline{\Delta_2} \cup V) \times G \end{cases}$$

は $(\overline{\Delta} \cup V) \times G$ での有理型関数となり, これが求めるものである. □

クザン (1895 年) はこの系を用いて次を示した.

定理 4.4.1 (クザンの第一定理)[2] $\mathbf{C}^2$ での任意の二重開円板においてクザン第一問題は常に解ける.

詳しく述べると $D = \{|z| < R_1\} \times \{|w| < R_2\}$ を任意の二重開円板とする. $\mathcal{C} = \{(f_l, \delta_l)\}_{l=1,2,\dots}$ を D での任意のクザン I 分布とする. すなわち, D が開集合 δ_l, $l = 1, 2, \dots$ で被覆されていて, 各 δ_l 上に有理型関数 $h_l(z,w)$ が次の条件をみたすように与えられている: $\delta_{i,j} = \delta_i \cap \delta_j$, $i \neq j$ と置くとき, $\delta_{i,j} \neq \emptyset$ なる任意の δ_i, δ_j に対して

$$h_i(z,w) - h_j(z,w) \text{ は } \delta_{i,j} \text{ での正則関数である.} \tag{4.10}$$

このとき, D での有理型関数 $\mathbf{K}(z,w)$ で

$$\text{各 } \delta_l \text{ 上で } \mathbf{K}(z,w) - h_l(z,w) \text{ は正則関数である} \tag{4.11}$$

ものを作ることができる.

[証明] 二重円板 D に定理の条件 (4.10) をみたすような δ_l, $h_l(z,w)$, $l = 1, 2, \dots$ が与えられているとする. $\nu = 1, 2, \dots$ に対して, D に含まれる二重円板

$$D_\nu = \left\{ z \in \mathbf{C}_z \mid |z| < \frac{\nu}{\nu+1} R_1 \right\} \times \left\{ w \in \mathbf{C}_w \mid |w| < \frac{\nu}{\nu+1} R_2 \right\}$$

を考える. 定理を次の二段階に分けて証明する. 第一段階において, 各 D_ν ($\nu = 1, 2, \dots$) においてクザン分布 $\mathcal{C}$ に対する解である有理型関数 $\mathbf{H}_\nu(z,w)$ を作る. 第二段階において, $\mathbf{H}_\nu$ ($\nu = 1, 2, \dots$) を使って D においてクザン分

布 C に対する解である有理型関数 $\mathbf{H}(z,w)$ を作る.

<u>第一段階</u>　D_ν を固定する. $\overline{D_\nu} \subset \bigcup_{l=1}^\infty \delta_l$ であるからハイネ-ボレルの定理から $\overline{D_\nu}$ は有限個の δ_l, $l = 1, 2, \ldots, m(\nu)$ で覆われている. このことから D_ν での有理関数 $\mathbf{H}_\nu(z,w)$ で各 $l = 1, 2, \ldots, m(\nu)$ について

$$\mathbf{H}_\nu(z,w) - h_l(z,w) \text{ は } \delta_l \cap D_\nu \text{ で正則関数である} \qquad (4.12)$$

ものを作ろう.

z- および w-平面をそれぞれ実軸と虚軸に平行な直線で十分に小さい閉長方形に分ければ, それらの中の有限個 $\{\sigma_i\}_{i=1}^p$ $(\subset \mathbf{C}_z)$, $\{\tau_k\}_{k=1}^q$ $(\subset \mathbf{C}_w)$ を次の条件をみたすように選ぶことができる:

(i) $\sigma_i \times \tau_k$, $i = 1, 2, \ldots, p$; $k = 1, 2, \ldots, q$ の集まりは $\overline{D_\nu}$ を被覆している. すなわち, $\mathbf{S} = \bigcup_{i=1}^p \sigma_i$, $\mathbf{T} = \bigcup_{k=1}^q \tau_k$ と置くと, $\mathbf{S} \times \mathbf{T} \supset \overline{D_\nu}$ である.

(ii) 各 $\sigma_i \times \tau_k$ はどれかの δ_l, $l = 1, 2, \ldots, m(\nu)$ に含まれている.

ここで, (ii) の定める δ_l での有理型関数 $h_l(z,w)$ を $\sigma_i \times \tau_k$ での有理関数として対応させ, それを $h_i^k(z,w)$ と書く. したがって, $h_i^k(z,w)$ は $\sigma_i \times \tau_k$ の或る直積近傍 δ_i^k $(= S_i \times T_k \subset \delta_l)$ での有理型関数であり, $\delta_i^k \cap \delta_j^m \neq \emptyset$ をみたす任意の二つの δ_i^k, δ_j^m での有理型関数 $h_i^k(z,w)$, $h_j^m(z,w)$ に関して, それらの $\delta_i^k \cap \delta_j^m$ での落差 $h_i^k(z,w) - h_j^m(z,w)$ は正則関数である. 明らかに, D_ν での二つのクザン I 分布 $\{(f_l, \delta_l \cap D_\nu)\}_{l=1,\ldots,m(\nu)}$ と $\{(f_i^k, \delta_i^k)\}_{i=1,\ldots,p; k=1,\ldots,q}$ とは同値な分布である.

このような情勢において, 辺を共有する二つの δ_i^k に系 4.4.1 を順次続けていけば, (4.12) をみたす $\mathbf{H}_\nu$ を作ることができる.

<u>第二段階</u>　第一段階から各 D_ν, $\nu = 1, 2, \ldots$ での有理型関数 $\mathbf{H}_\nu(z,w)$ で条件 (4.12) をみたすものが存在する. $\mathbf{H}_2(z,w) - \mathbf{H}_3(z,w)$ は開二重円板 D_2 での正則関数になる. 開二重円板 D_2 での正則関数はテイラー展開ができる:

$$\mathbf{H}_2(z,w) - \mathbf{H}_3(z,w) = \sum_{m,n=0}^\infty a_{mn} z^m w^n, \qquad (z,w) \in D_2$$

$\overline{D_1}$ $(\subset D_2)$ ではこの収束は一様であるから多項式 $P_3(z,w)$ を見つけてきて

$$|(\mathbf{H}_2(z,w) - \mathbf{H}_3(z,w)) - P_3(z,w)| < \frac{1}{2^2}, \qquad (z,w) \in D_1$$

4.4 2変数有理型関数とクザンの第一問題　　　171

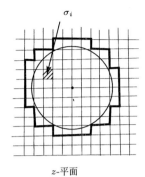
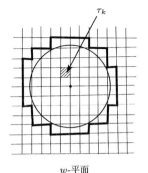

z-平面　　　　　　　　　　　w-平面

図 **4.12** $\overline{D_\nu}$ の直積領域への細分

とできる．そこで

$$K_3(z,w) = \mathbf{H}_3(z,w) + P_3(z,w), \qquad (z,w) \in D_3$$

と置くと，これは ($\mathbf{H}_3(z,w)$ と同様に) D_3 での有理型関数で (4.12) をみたし，$K_3(z,w) - \mathbf{H}_2(z,w)$ は D_2 で正則であって

$$|K_3(z,w) - \mathbf{H}_2(z,w)| < \frac{1}{2^2}, \qquad (z,w) \in D_1$$

である (すなわち，$K_3(z,w)$ は，$\mathbf{H}_3(z,w)$ を D_3 においてはクザン分布 $\mathcal{C}$ の解であることを保ちつつ，D_1 においては一つ手前の $\mathbf{H}_2(z,w)$ に近く (差が $1/2^2$ 以下に) なるように作りかえたものである)．$\mathbf{H}_2(z,w)$, $\mathbf{H}_3(z,w)$, D_1, $1/2^2$ を用いて D_3 での有理型関数 $K_3(z,w)$ を得たのと全く同様にして $K_3(z,w)$, $\mathbf{H}_4(z,w)$, D_2, $1/2^3$ を用いて D_4 での有理型関数 $K_4(z,w)$ で条件 (4.12) をみたし，$K_4(z,w) - K_3(z,w)$ は D_3 で正則であって

$$|K_4(z,w) - K_3(z,w)| < \frac{1}{2^3}, \qquad (z,w) \in D_2$$

となるものを作れる．以下同様の操作を順次 $j = 5, 6, \ldots$ について行って D_j での有理型関数で (4.12) をみたし，$K_j(z,w) - K_{j-1}(z,w)$ は D_{j-1} での正則関数であって

$$|K_j(z,w) - K_{j-1}(z,w)| < \frac{1}{2^{j-1}}, \qquad (z,w) \in D_{j-2}$$

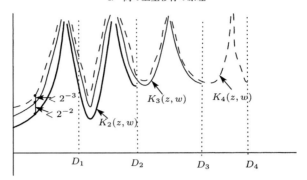

図 4.13 極限関数 $\mathbf{K}(z,w) = \lim_{j \to \infty} K_j(z,w)$ の作成のモデル

をみたすように作れる．記号を簡単にするために $\mathbf{H}_2(z,w) = K_2(z,w)$ と置く．
このとき極限関数

$$\mathbf{K}(z,w) = \lim_{j \to \infty} K_j(z,w), \qquad (z,w) \in D \qquad (4.13)$$

の存在を示し（これは有理型関数の極限関数であるから正則関数の極限の場合と異なり以下のような説明が必要になる），それが条件 (4.11) をみたすことを示そう．そのために，任意に $\nu \geq 3$ を固定する．このとき各 $j \geq \nu$ に対して

$$K_j(z,w) = K_\nu(z,w) + \sum_{i=\nu}^{j-1}(K_{i+1}(z,w) - K_i(z,w)), \qquad (z,w) \in D_\nu$$

である．各 $i \geq \nu$ に対して，差 $K_{i+1}(z,w) - K_i(z,w)$ は D_i で正則であって

$$|K_{i+1}(z,w) - K_i(z,w)| < 2^{-i}, \quad (z,w) \in D_{\nu-1}.$$

したがって，ワイエルシュトラスの優級数定理によって，級数 $\sum_{i=\nu}^{\infty}(K_{i+1}(z,w) - K_i(z,w))$ は $D_{\nu-1}$ において或る正則関数 $U_\nu(z,w)$ に一様収束する：

$$U_\nu(z,w) = \sum_{i=\nu}^{\infty}(K_{i+1}(z,w) - K_i(z,w)), \quad (z,w) \in D_{\nu-1}.$$

そこで

$$\mathbf{K}^\nu(z,w) = K_\nu(z,w) + U_\nu(z,w), \qquad (z,w) \in D_{\nu-1}$$

と置く．これは $D_{\nu-1}$ での有理型関数であって，$D_{\nu-1}$ に含まれる δ_l について (4.11) をみたす．ところで，$\mu > \nu$ とすれば，同様に $D_{\mu-1}$ での有理関数

$$\mathbf{K}^{\mu}(z, w) = K_{\mu}(z, w) + U_{\mu}(z, w), \qquad (z, w) \in D_{\mu-1}$$

が得られ，$\mathbf{K}^{\mu}(z, w) = \mathbf{K}^{\nu}(z, w),\ (z, w) \in D_{\nu-1}$ である．したがって，ν によらないから $\nu \to \infty$ として D での有理型関数 $\mathbf{K}(z, w)$ で各 $D_{\nu-1}$ では $\mathbf{K}^{\nu}(z, w)$ に等しいものが定まる（これが (4.13) で述べた有理型関数の極限関数の意味である）．したがって，$\mathbf{K}(z, w)$ は (4.11) をみたす． $\square$

4.5　クザンの第二問題

　表題の「クザンの第二問題」は正則関数の零点に関することである．この章の主目的である「岡の上空移行の原理」はクザンの第一問題には深く関係しているが，クザンの第二問題には直接には関係がない．しかし，複素関数においては極と零点とは深く結びついているので，この節でクザンの第二問題について簡単に触れようと思う．

　2 変数正則関数の零点の集合は決して孤立しないから，或る集合 Σ を与え，その集合上で零になる正則関数 $f(z, w)$ を作るという問題を考えるとき，与える集合 Σ 自体の定義を正確にしなければならない．そのために

[**クザン II 分布の定義**] D を $\mathbf{C}^2$ の領域とする．$\mathcal{C} \equiv \{(f_j(z, w), \delta_j)\}_j$ を次のような有限個または無限個の集まりとする：

(i)　各 δ_j は D の開集合であり，$\bigcup_j \delta_j = D$．

(ii)　各 $f_j(z, w)$ は δ_j での正則関数であり，$\delta_i \cap \delta_j \neq \emptyset\ (i \neq j)$ をみたす任意の $\delta_i,\ \delta_j$ に対して $f_i(z, w)/f_j(z, w)$ は $\delta_i \cap \delta_j$ で零を取らない正則関数である（正確には，$f_i(z, w)/f_j(z, w)$ が $\delta_i \cap \delta_j$ に正則に延長できる）．

このとき $\mathcal{C}$ を D における**クザン II 分布**という．

　条件 (ii) から共通部分 $\delta_i \cap \delta_j$ では f_i と f_j の零点は完全に一致している．したがって，領域 D にクザン II 分布 $\mathcal{C}$ が与えられたということは**零点の分布**が与えられたと見なすことができる．

　D にクザン II 分布 $\mathcal{C} = \{(f_j(z, w), \delta_j)\}_j$ が与えられたとする．もし D での

正則関数 $F(z,w)$ が存在して，各 δ_j 上で $F(z,w)/f_j(z,w)$ が δ_j で零でない正則関数とできるならば，クザン II 分布 $\mathcal{C}$ は**解** $F(z,w)$ **を持つ**または分布 $\mathcal{C}$ に関して**クザンの第二問題は解ける**という．したがって，D での正則関数 $F(z,w)$ の零点の集合は分布 $\mathcal{C}$ の定める零の分布に完全に一致している．さらに，D に与えられたすべてのクザン II 分布が解を持つならば，領域 D では**クザンの第二問題は解ける**という．

例 4.5.1 特殊ハルトックス領域ではクザンの第二問題は一般には解けないことを示そう．例 4.4.1 と同じ記号を用いて，D での次のクザン II 分布 $\mathcal{C} = \{(f_j(z,w), \Delta_j)\}_{j=1,2}$ を考える：

$$\Delta_1 \text{ において } f_1(z,w) = w - z; \qquad \Delta_2 \text{ において } f_2(z,w) = 1.$$

このとき $\Delta_1 \cap \Delta_2 = \{|z| < 1/10\} \times \{1/2 < |w| < 1\}$ であり，$f_1/f_2 = w - z$ はそこで零を取らない正則関数である．したがって，この分布 $\mathcal{C}$ は確かに D でのクザン II 分布である．しかし，D では解を持たない．

[証明] 矛盾によって示すために，D において分布 $\mathcal{C}$ に関してクザン第二問題が解けたとして，その解を $F(z,w)$ とする．ハルトックスの定理によって，$F(z,w)$ は直積 $\{|z| < 2\} \times \{|w| < 1\}$ まで正則に延長できる．$h(z) \equiv F(z,z)$ は $\{|z| < 1\}$ での（1 変数の）正則関数である．$F(z,w)$ が分布 $\mathcal{C}$ の解であるから，$\{1/2 < |z| < 1\}$ では恒等的に $h(z) = 0$ であり，$\{|z| < 1/10\}$ では $h(z) \neq 0$ である．これは正則関数の一致の定理に矛盾する．　　　　□

定理 4.5.1 (クザンの第二定理) $\mathbf{C}^2$ での任意の二重開円板においてクザンの第二問題は常に解ける．

[証明] クザンの第一定理の第一，第二段階の証明を振り返れば，次のことがいえれば十分であることがわかる：図 4.14 のように z-平面上の y-軸に平行な一辺 ℓ を共有する二つの二重閉長方形 $\sigma_j \times \tau$, $j = 1,2$ を考える．これらの直積近傍 $S_j \times T$ における正則な関数 $f_j(z,w)$ が，$\frac{f_1(z,w)}{f_2(z,w)}$ は共通部分 $(S_1 \cap S_2) \times T$ で 0 を取らない正則関数であるように与えられているとする．このとき，$(\sigma_1 \cup \sigma_2) \times \tau$

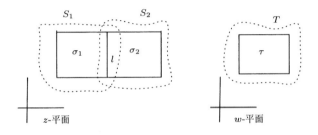

図 4.14 隣接直積領域

の或る直積近傍 $(S_1' \cup S_2') \times T$ $(\subset (S_1 \cup S_2) \times T)$ での正則な関数 $F(z,w)$ を各 $S_j' \times T$, $j = 1, 2$ 上で $\frac{F(z,w)}{f_j(z,w)}$ は 0 を取らない正則関数となる (4.14)

ように作ることができる.

これを示すために, $f_{1,2}(z,w) = \frac{f_1(z,w)}{f_2(z,w)}$, $(z,w) \in (S_1 \cap S_2) \times T$ と置く. S_1, S_2, T を縮めることによって, それらはすべて実軸および虚軸に平行な辺で囲まれた開長方形と仮定してよい. 共通部分 $(S_1 \cap S_2) \times T$ は単連結であって $f_{1,2}(z,w)$ は 0 を取らない正則関数であるから, (第 2 章の複素 1 変数における一価性の定理 2.6.1 は複素 2 変数についても全く同様に成立するから) $\log f_{1,2}(z,w)$ の各分枝は共通部分での一価正則な関数である. その中の一つを取ってきて, 同じ記号 $\log f_{1,2}(z,w)$ で表そう. クザンの落差の定理によって, 閉長方形 $\sigma_j \times \tau$, $j = 1, 2$ のある直積近傍 $S_j' \times T$ $(\subset S_j \times T)$ での正則関数 $g_j(z,w)$ を

$$g_1(z,w) - g_2(z,w) = \log f_{1,2}(z,w), \quad (z,w) \in (S_1' \cap S_2') \times T$$

をみたすように作れる. 故に

$$\frac{e^{g_1(z,w)}}{e^{g_2(z,w)}} = \frac{f_1(z,w)}{f_2(z,w)}, \quad (z,w) \in (S_1' \cap S_2') \times T$$

であるから

$$F(z,w) = \begin{cases} f_1(z,w)e^{-g_1(z,w)}, & (z,w) \in S_1' \times T, \\ f_2(z,w)e^{-g_2(z,w)}, & (z,w) \in S_2' \times T \end{cases}$$

と置くと $F(z,w)$ は $(\sigma_1 \cup \sigma_2) \times \tau$ の直積近傍 $(S_1' \cup S_2') \times T$ での一価な正則関数であり，条件 (4.14) をみたす． □

例 4.5.2 z-平面上の長方形 $S = \{z = x + iy \mid 0 < x < 1, -\pi < y < \pi\}$ および w-平面上の長方形 $T = \{w = u + iv \mid -3 < u < 0, -3 < v < 3\}$ を描き，$\mathbf{C}^2$ での直積領域 $D = S \times T$ を考える．$\mathbf{C}^2$ 内のグラフ $\Sigma \equiv \{(z,w) \in \mathbf{C}^2 \mid w = e^z, z \in S\}$ を描くと，$D \cap \Sigma$ は図 4.15 のように二つの連結な部分 Σ^+, Σ^- からなる．このとき D での正則関数であって，Σ^+ のみで零になるものが存在する．

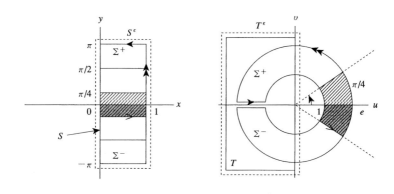

図 4.15　クザン II 分布の例

実際, $0 < \varepsilon < e^{-\varepsilon}/\sqrt{2}$ をみたす $\varepsilon > 0$ を一つ固定する．長方形 S の各辺を幅 ε だけ大きくした z-平面上の長方形 S^ε を描く．同様に，w-平面上の長方形 T^ε を描く．z-平面上に二つの長方形 $S_1 = \{z \in S^\varepsilon \mid y > -\frac{\pi}{4}\}$, $S_2 = \{z \in S^\varepsilon \mid y < \frac{\pi}{4}\}$ を描くと $S_1 \cup S_2 = S^\varepsilon$, $S_1 \cap S_2 = \{z \in S^\varepsilon \mid -\frac{\pi}{4} < y < \frac{\pi}{4}\}$ である．そこで，$\delta_j = S_j \times T^\varepsilon$, $j = 1, 2$ と置くと，$\delta_1 \cup \delta_2 \supset \overline{D}$, $\delta_1 \cap \delta_2 = (S_1 \cap S_2) \times T^\varepsilon$ である．さらに，各 δ_j, $j = 1, 2$ 上で次のように正則関数を対応させよう：

δ_1 において $f_1(z,w) = w - e^z;\quad \delta_2$ において $f_2(z,w) = 1.$

このとき，z-平面から w-平面への写像 $w = e^z$ を考えると，$(\varepsilon > 0$ は先の不等式をみたすから) この写像は $S_1 \cap S_2$ を T^ε の外に写す．よって，$\delta_1 \cap \delta_2$ では

$f_1(z,w)/f_2(z,w) = w - e^z$ は 0 を取らないから, $\{(f_j, \delta_j)\}_{j=1,2}$ は D でのク ザン II 分布である. クザンの第二定理 (この例の D は二重円板ではないが同 じ証明でこの直積領域 D でも第二定理は成立する. この場合にはクザンの落差 定理を一度使えば十分である) によって, 領域 D での正則関数 $F(z,w)$ で Σ^+ でのみ 0 を取るものが存在する.

注意 4.5.1　今までは, 複素 2 変数の正則関数に関することを述べてきた. こ れらのことをすべて複素 n 変数の正則関数に関することに並行に移行すること は容易である. 例えば, 複素 n 変数のワイエルシュトラスの補助定理を述べる と「$f(z_1,\ldots,z_n)$ は n 重円板 $\Delta = \Delta_1 \times \Delta_2$ (ただし, $\Delta_1 = \{(z_1,\ldots,z_{n-1}) \in \mathbf{C}^{n-1} \mid |z_i| < R_i, \ i = 1,\ldots,n-1\}$, $\Delta_2 = \{z_n \in \mathbf{C} \mid |z_n| < R_n\}$) において 恒等的に 0 でない正則関数であって条件: $f(0,0,\ldots,0) = 0$ かつ Δ_2 では $f(0,\ldots,0,z_n) \not\equiv 0$ をみたすと仮定する. このとき, 2 変数の場合のワイエル シュトラスの定理 4.2.1 における z および w をそれぞれ $(z_1,\ldots,z_{n-1})$ およ び z_n に置き換えたものが成立する.」

また, 2 変数でのクザンの落差定理 (補題 4.4.1) において, z および w をそ れぞれ z_1 および $(z_2,\ldots,z_n)$ に換えることによって n 変数でのクザンの落差 定理が並行に成立する. 系 4.4.1 についても同様である.

注意 4.5.2　先のクザンの第一, 第二定理の証明を振り返れば, $\mathbf{C}^n$ の n 重 円板についても常にクザンの両問題は解けることがわかる. さらに, 第一問題 に関して, $\mathbf{C}^n$ の任意の直積領域 $D_1 \times \cdots \times D_n$ (ただし, 各 D_i, $i = 1,\ldots,n$ のは有限個の区分的に滑らかな単純閉曲線で囲まれた領域である) の閉包の近 傍で与えられた任意のクザン I 分布 $\mathcal{C}$ に関してクザンの第一問題の解は存在す ることが証明できる.

さらに, 第二問題に関しては, $\mathbf{C}^n$ の任意の直積領域 $D_1 \times \cdots \times D_n$ (ただ し, D_i, $i = 1,\ldots,n$ の内の $n-1$ 個は唯一つの区分的に滑らかな単純閉曲線 で囲まれた領域であり, 残りの 1 個は有限個の区分的に滑らかな単純閉曲線で 囲まれた領域である) の閉包の近傍で与えられた任意のクザン II 分布 $\mathcal{C}$ に関 してクザンの第二問題の解は存在することが証明できる. しかし, 岡潔は論文

$(1939)^{18)}$ において $\mathbf{C}^2$ の二つの円環の直積領域 $D = D_1 \times D_2$ においてはクザンの第二問題は解けないことを D に簡単なクザン II 分布を与えることによって示した.

4.6 岡の上空移行の原理

クザン積分を用いたクザンの第一,第二定理の証明は直積領域以外では無力である.この節では,「岡の上空移行の原理」をその最も primitive な形で 1936 年に発表された岡の論文$^{17)}$ に沿って紹介する.それは多変数関数論の一時代を画したばかりでなく,現代数学へ多大な影響を与えたものである.

次の形の領域 $D \subset \mathbf{C}^2$ を**多項式多面体**という:

$$D: \quad |z| < R_1, \quad |w| < R_2, \quad |P_j(z,w)| < 1 \ (j = 1, 2, \ldots, \nu).$$

$$(4.15)$$

ただし,各 $P_j(z,w)\ (j = 1, 2, \ldots, \nu)$ は $\mathbf{C}^2$ の多項式である.すなわち,$\Delta_1 \times \Delta_2$ を中心原点,半径 (R_1, R_2) の $\mathbf{C}^2$ における開二重円板とするとき

$$D = \bigcap_{j=1}^{\nu} \{(z,w) \in \Delta_1 \times \Delta_2 \mid |P_j(z,w)| < 1\}.^{*1)}$$

新しく ν 個の複素変数 $u_1, u_2, \ldots, u_\nu$ を導入し,複素 $\nu + 2$ 次元の空間 $\mathbf{C}^{\nu+2} = \mathbf{C}^2 \times \mathbf{C}_u^\nu$ (ただし,$\mathbf{C}_u^\nu = \mathbf{C}_{u_1} \times \cdots \times \mathbf{C}_{u_\nu}$) およびそこでの原点中心,半径 $(R_1, R_2, 1, \ldots, 1)$ の多重円板

$$\Delta \equiv \Delta_1 \times \Delta_2 \times \Delta^{(1)} \times \cdots \times \Delta^{(\nu)}$$

を考える.ただし,$\Delta^{(j)} = \{u_j \in \mathbf{C}_{u_j} \mid |u_j| < 1\}\ (j = 1, 2, \ldots, \nu)$ である.

そこで,Δ 内に複素 2 次元のグラフ

$$\Sigma: u_j = P_j(z,w), \quad (z,w) \in D, \quad j = 1, 2, \ldots, \nu$$

$^{*1)}$ (4.15) によって $\mathbf{C}^2$ の開集合が定まり,それは有限個の領域 $D_j\ (j = 1, 2, \ldots, m)$ の集まりである.正確にいえば,多項式多面体 D とはこれら $D_j\ (j = 1, 2, \ldots, m)$ の何個かの集まりをいう.以後において,表現が煩雑になるので (4.15) と書いて,このことを意味するものとする.

を描く．すなわち

$$\Sigma = \{(z, w, u_1, \ldots, u_\nu) \in \mathbf{C}^{\nu+2} \mid u_j = P_j(z, w),$$
$$j = 1, 2, \ldots, \nu, \ (z, w) \in D\}.$$

さらに

対応 $T : (z, w) \in D \to M = (z, w, P_1(z, w), \ldots, P_\nu(z, w)) \in \Sigma$

を考える．T は D から Σ の上への一対一対応である．$\overline{D}$ を D の $\mathbf{C}^2$ での閉包，$\overline{\Sigma}$ を Σ の $\mathbf{C}^{\nu+2}$ での閉包とする．$\partial\Sigma \equiv \overline{\Sigma} \setminus \Sigma$ と書き，これを Σ の境界[*1)]という．境界 $\partial\Sigma$ は Δ の $\mathbf{C}^{\nu+2}$ での境界

$$\partial\Delta = (\partial\Delta_1 \times \overline{\Delta_2} \times \overline{\Delta^{(1)}} \times \cdots \times \overline{\Delta^{(\nu)}}) \cup \cdots$$
$$\cup (\overline{\Delta_1} \times \overline{\Delta_2} \times \overline{\Delta^{(1)}} \times \cdots \times \partial\Delta^{(\nu)})$$

に含まれる．T は $\overline{D} \to \overline{\Sigma}$ に連続に拡張され，$T(\partial D) = \partial\Sigma \subset \partial\overline{\Delta}$ である．

多項式多面体 D の閉包 $\overline{D}$ の近傍 U が与えられたとき，$\overline{D} \subset D' \subset\subset U$ となる多項式多面体 D' が取れることに注意する．実際，$\varepsilon > 0$ を十分小さく取って，

$$D' : |z| < R_1 + \varepsilon, \ |w| < R_2 + \varepsilon, \ |P_j(z, w)| < 1 + \varepsilon, \ j = 1, \ldots, \nu$$
$$(4.16)$$

とすればよい．このような状勢の下で次の定理が成立する．

定理 4.6.1 (岡の上空移行の原理) $f(z, w)$ を $\overline{D}$ の近傍での任意の正則関数とする．このとき $\overline{\Delta}$ の或る近傍での正則関数 $F(z, w, u_1, \ldots, u_\nu)$ であって

$$F(z, w, P_1(z, w), \ldots, P_\nu(z, w)) = f(z, w), \qquad (z, w) \in D \quad (4.17)$$

をみたすものを作ることができる．簡潔に，このことを $F(z, w, u)$ のグラフ Σ への制限は $f(z, w)$ であるという．

[*1)] Σ を $\mathbf{C}^{\nu+2}$ の中の集合と考えるとき，Σ の境界は Σ 自身とその集積点の集まりである．ここでの境界 $\partial\Sigma$ はその意味ではない．

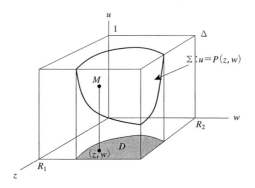

図 4.16 $\nu = 1$ の場合の多項式多面体 D のモデル

[証明] ここでは $\nu = 1$ の場合を示す．記号を簡単にして，

$$u_1 = u, \quad P_1(z,w) = P(z,w), \quad \Delta_3 = \{u \in \mathbf{C}_u \mid |u| < 1\}$$

と書く．$f(z,w)$ は $\overline{D}$ の近傍 U で正則であるとする．(4.16) に見たように, $\varepsilon > 0$ を十分小さく取って，次の多項式多面体近傍 D_ε を $U \cap (\Delta_1 \times \Delta_2) \supset D_\varepsilon \ni D$ となるように取る：

$$D_\varepsilon : \quad |z| < R_1, \quad |w| < R_2, \quad |P(z,w)| < 1 + \varepsilon.$$

そこで $\mathbf{C}^3$ の開三重円板 $\widetilde{\Delta} = \Delta_1 \times \Delta_2 \times \Delta_3$ に次の分布を与える：

$$\begin{aligned} g_1(z,w) &= \tfrac{f(z,w)}{u - P(z,w)}, & (z,w) &\in \delta_1 = D_\varepsilon \times \Delta_3, \\ g_2(z,w) &= 0, & (z,w) &\in \delta_2 = [(\Delta_1 \times \Delta_2) \setminus \overline{D}] \times \Delta_3. \end{aligned}$$

このとき $\delta_1 \cup \delta_2 = \widetilde{\Delta}$, $\delta_1 \cap \delta_2 = (D_\varepsilon \setminus \overline{D}) \times \Delta_3$ である．$D_\varepsilon \setminus \overline{D}$ では $|P(z,w)| > 1$ であり，Δ_3 では $|u| < 1$ であるから $g_1(z,w) - g_2(z,w) = \tfrac{f(z,w)}{u - P(z,w)}$ は $\delta_1 \cap \delta_2$ で正則な関数である．故に，$\{(g_j, \delta_j)\}_{j=1,2}$ は三重円板 $\widetilde{\Delta}$ でのクザン I 分布である．クザンの第一定理から $\widetilde{\Delta}$ での有理型関数 $G(z,w,u)$ が存在して，δ_1 では

$$\varphi(z,w,u) \equiv G(z,w,u) - \frac{f(z,w)}{u - P(z,w)}$$

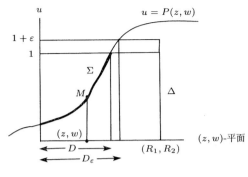

図 4.17 クザン I 分布の配布

は正則であり，δ_2 では $G(z,w,u)$ 自身が正則である．そこで，分母を掛けて

$$F(z,w,u) \equiv G(z,w,u)(u - P(z,w)), \quad (z,w,u) \in \widetilde{\Delta}$$

を考える．$P(z,w)$ は多項式より，$F(z,w,u)$ は $\widetilde{\Delta}$ での正則関数になり

$$F(z,w,u) = \varphi(z,w,u)(u - P(z,w)) + f(z,w), \quad (z,w,u) \in \delta_1.$$

したがって

$$F(z,w,P(z,w)) = f(z,w), \quad (z,w) \in D.$$

よって，定理は証明された． □

注意 4.6.1 上の定理の証明を振り返れば，次のことがわかる：
(i) $\Delta_1 \subset \mathbf{C}_z$, $\Delta_2 \subset \mathbf{C}_w$ を区分的に滑らかな閉曲線で囲まれた任意の領域と仮定しても，直積領域 $\Delta_1 \times \Delta_2 \times \Delta_3$ でクザンの第一問題は常に解けるから，上空移行の原理は成立する．
(ii) $\mathbf{C}^{n+1}$ の直積領域 $\Delta_1 \times \cdots \times \Delta_n \times \Delta'$ で常にクザンの第一問題は解けるから，n 次元の $\nu = 1$ の場合の多項式多面体

$$D: \ z = (z_1, \ldots, z_n) \in \Delta_1 \times \cdots \times \Delta_n, \ |P_1(z)| < 1 \tag{4.18}$$

（ただし，$P_1(z)$ は $\mathbf{C}^n$ での多項式）で上空移行の原理は成立する．

今，区分的滑らかな単純閉曲線で囲まれた領域 $\Delta_1 \subset \mathbf{C}_z$ および $\Delta_2 \subset \mathbf{C}_w$ が与えられたとする．$P(z,w)$ を $\mathbf{C}^2 = \mathbf{C}_z \times \mathbf{C}_w$ での多項式として，$\mathbf{C}^2$ の多項式多面体

$$D: z \in \Delta_1, \quad w \in \Delta_2, \quad |P(z,w)| < 1 \qquad (4.19)$$

を考える[*1]．a_i $(i=1,2,3)$ は $a_1 < a_2 < a_3$ をみたす三つの実数とする．$z = x + iy$ $(x, y$ は実数) とするとき，簡便な記号 $\{x > a_1\} = \{(z,w) \in \mathbf{C}^2 \mid x > a_1\}$ を用いて，次の D の部分領域を作る：

$$D_1 = D \cap \{x > a_1\}, \quad D_2 = D \cap \{x < a_3\}, \quad D_0 = D \cap \{a_1 < x < a_3\}.$$

したがって，D_1, D_2, D_0 はすべて (4.19) の形の $\mathbf{C}^2$ での多項式多面体であり

$$D = D_1 \cup D_2, \quad D_0 = D_1 \cap D_2$$

である (図 4.18 において，z-平面上の Δ_1 内の斜線部分は領域 D の z 平面への射影集合を表し，w-平面上の Δ_2 内の斜線部分 $D(z_i)$, $i = 0, 1, 2$ は $z = z_i$ による D の切り口を表す (1 章の章末問題 (5) において，c を w に換えて考えると，これは閉多項式多面体 $\overline{D}: |z| \leq 1, |w| \leq 2, |z^2 + w| \leq 1$ の $w = c$ で

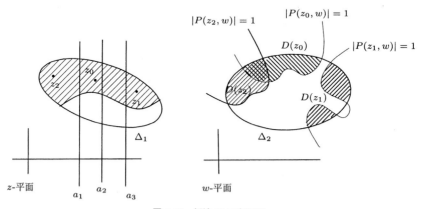

図 4.18　領域 D の実現図

[*1] Δ_i $(i=1,2)$ は円板でなくても，上空移行の原理は成立するから，このような形の領域も $\nu = 1$ の場合の多項式多面体という．

の切り口 $\overline{D}(c)$ の moving picture を描いたものである). このような状勢の下で次の補題が成立する.

補題 4.6.1 $f(z,w)$ を $\overline{D_0}$ の近傍での正則関数とする. このとき $\overline{D_i}$, $i = 1, 2$ の或る近傍での正則関数 $f_i(z, w)$ を作ってきて

$$f(z,w) = f_1(z,w) - f_2(z,w), \quad (z,w) \in (\overline{D_0} \text{ の或る近傍}) \quad (4.20)$$

とできる.

[証明] $f(z,w)$ は $\overline{D_0}$ の近傍 U で正則とする. 次のように z-平面上に区分的に滑らかな閉曲線で囲まれた領域 $\Delta^{(1)}$, $\mathbf{C}_w$ 上に区分的に滑らかな閉曲線で囲まれた領域 $\Delta^{(2)}$ および正数 $\varepsilon > 0$ を取ることができる:

$$\Delta^{(1)} \ni \Delta_1, \quad \Delta^{(2)} \ni \Delta_2, \quad \delta^{(1)} = \Delta^{(1)} \cap \{a_1 - \varepsilon < x < a_3 + \varepsilon\}$$

および

$$D^{(0)} : z \in \delta^{(1)}, \quad w \in \Delta^{(2)}, \quad |P(z,w)| < 1 + \varepsilon$$

を作れば $U \ni D^{(0)} \ni D_0$ である. このとき $D^{(0)}$ はやはり (4.19) の形の多項式多面体であり, $f(z,w)$ は $\overline{D^{(0)}}$ の或る近傍で正則である.

先ず, 3 次元空間 $\mathbf{C}^3 = \mathbf{C}_z \times \mathbf{C}_w \times \mathbf{C}_w$ での直積領域

$$\widehat{\Delta} \equiv \delta^{(1)} \times \Delta^{(2)} \times \Delta^{(3)} \ (\text{ただし}, \Delta^{(3)} = \{u \in \mathbf{C}_u \mid |u| < 1 + \varepsilon\})$$

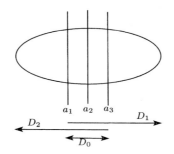

図 4.19 領域 D_0, D_1, D_2 の関係をみたすモデル

を作り,対応

$$T: (z,w) \in D^{(0)} \to M = (z,w,P(z,w)) \in \widehat{\Delta}$$

による $D^{(0)}$ の像 $\Sigma = T(D^{(0)})$ を考える. T は $D^{(0)}$ から Σ の上への一対一対応であって, $\partial \Sigma \subset \partial \widehat{\Delta}$ である. 岡の上空移行の原理によって $\widehat{\Delta}$ 上の正則関数 $F(z,w,u)$ を作ってきて, F の Σ への制限が f と出来る. すなわち

$$F(z,w,P(z,w)) = f(z,w), \qquad (z,w) \in (\overline{D^{(0)}} \text{ の或る近傍}). \quad (4.21)$$

$\mathbf{C}^3$ での次の二つの直積領域を考える:

$$\widetilde{\mathbf{D}}_1 : z \in \Delta^{(1)} \cap \{x > a_1 - \varepsilon\}, \quad (w,u) \in \Delta^{(2)} \times \Delta^{(3)},$$
$$\widetilde{\mathbf{D}}_2 : z \in \Delta^{(1)} \cap \{x < a_3 + \varepsilon\}, \quad (w,u) \in \Delta^{(2)} \times \Delta^{(3)}.$$

したがって $\widetilde{\mathbf{D}}_1 \cap \widetilde{\mathbf{D}}_2 = \widehat{\Delta}$ である. 直積領域ではクザンの落差定理は常に成立

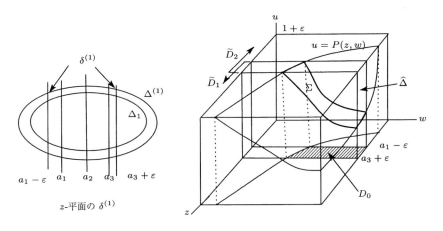

図 4.20 $D^{(0)}$ と Σ との関係

するから, $\widetilde{\mathbf{D}}_1$ での正則関数 $\Psi_1(z,w,u)$ および $\widetilde{\mathbf{D}}_2$ での正則関数 $\Psi_2(z,w,u)$ を作ってきて

$$\Psi_1(z,w,u) - \Psi(z,w,u) = F(z,w,u), \quad (z,w,u) \in \widehat{\Delta} \quad (4.22)$$

4.6 岡の上空移行の原理 185

とできる. そこで $\mathbf{C}_z \times \mathbf{C}_w$ での二つの多項式多面体

$$\widetilde{D}_1 : z \in \Delta^{(1)} \cap \{x > a_1 - \varepsilon\}, \quad w \in \Delta^{(2)}, \quad |P(z,w)| < 1 + \varepsilon,$$

$$\widetilde{D}_2 : z \in \Delta^{(1)} \cap \{x < a_3 + \varepsilon\}, \quad w \in \Delta^{(2)}, \quad |P(z,w)| < 1 + \varepsilon$$

を考える. このとき関数

$$f_1(z,w) \equiv \Psi_1(z,w,P(z,w)), \quad (z,w) \in \widetilde{D}_1,$$

$$f_2(z,w) \equiv \Psi_2(z,w,P(z,w)), \quad (z,w) \in \widetilde{D}_2$$

を定義することができて, $f_i(z,w)$, $i = 1,2$ は $\widetilde{D}_i$ で正則な関数である. しかも, (4.22) によって

$$f_1(z,w) - f_2(z,w) = F(z,w,P(z,w)), \quad (z,w) \in \widetilde{D}_1 \cap \widetilde{D}_2$$

をみたす. $\widetilde{D}_i \supset \overline{D_i}$, $i = 1,2$, $\widetilde{D}_1 \cap \widetilde{D}_2 \supset \overline{D_0}$ であるから, (4.21) を用いて, これら $f_1(z,w)$, $f_2(z,w)$ によって補題が証明された. $\qquad\square$

系 4.6.1 補題 4.6.1 と同じ状勢の下で, $g_i(z,w)$ $(i = 1,2)$ を $\overline{D_i}$ の近傍での有理型関数であって, 差 $g_1(z,w) - g_2(z,w)$ は $\overline{D_1 \cap D_2}$ の近傍で正則な関数と仮定する. このとき, $\overline{D_1 \cup D_2}$ の或る近傍での有理型関数 $G(z,w)$ を作ってきて, 各 $i = 1,2$ に対して $G(z,w) - g_i(z,w)$ は $\overline{D_i}$ の或る近傍で正則であるようにできる.

この証明は, 上の補題が成立するから, 系 4.4.1 と全く同様なので省略する.

上の補題や系は (証明に少しの変更もなく), $\mathbf{C}^n$ における $\nu = 1$ の場合の多項式多面体についても成立するのがわかる. このことが確立されたから, 定理 4.4.1 と同じ証明を行うことによって, $\nu = 1$ の場合の多項式多面体に対して, クザンの第一問題は解ける. すなわち

定理 4.6.2 (クザン第一問題の可解性) $\mathbf{C}^n$ の多重円板 $\Delta_1 \times \cdots \times \Delta_n$ (ただし, $\Delta_i = \{z \in \mathbf{C}_{z_i} \mid |z_i| < R_i\}$, $i = 1,\ldots,n$) と $\mathbf{C}^n$ の多項式 $P(z_1,\ldots,z_n)$

を与え，多項式多面体

$$D: z_i \in \Delta_i,\ i = 1, \ldots, n, \quad |P(z_1, \ldots, z_n)| < 1$$

を考える．このとき D でクザンの第一問題は解ける．

$\nu = 1$ の場合の多項式多面体に関しては，上空移行の原理およびクザンの第一定理が成立することを見た．この二つのことを用いて，次にのべる $\nu = 2$ の場合の上空移行の原理が成立する（ここではその証明を割愛するが，図 4.21 を参照して証明を試みてほしい）．

[$\nu = 2$ の多項式多面体に関する上空移行の原理] 次の形の $\mathbf{C}^n$ での多項式多面体

$$D: |z_i| < R_i,\ i = 1, \ldots, n, \quad |P_1(\mathbf{z})| < 1, \quad |P_2(\mathbf{z})| < 1$$

（ただし，$\mathbf{z} = (z_1, \ldots, z_n)$ と略記し，$P_1(\mathbf{z})$, $P_2(\mathbf{z})$ は $\mathbf{C}^n$ での多項式である）を考える．$n + 2$ 個の円板 $\Delta_i = \{z_i \in \mathbf{C}_{z_i} \mid |z_i| < R_i\}$, $i = 1, \ldots, n$, $\Delta^{(j)} = \{u_j \in \mathbf{C}_{u_j} \mid |u_j| < 1\}$, $j = 1, 2$ およびそれらの直積からなる $n + 2$ 重円板

$$\Delta = \Delta_1 \times \cdots \times \Delta_n \times \Delta^{(1)} \times \Delta^{(2)}$$

を描く．対応

$$T:\ \mathbf{z} \in D \to M = (\mathbf{z}, P_1(\mathbf{z}), P_2(\mathbf{z})) \in \Delta$$

を考え，$\Sigma = T(D)$ と置くと，T は D から Σ の上への一対一対応であり，$\partial\Sigma \subset \partial\Delta$ である．このとき，任意に与えられた $\overline{D}$ の近傍での n 変数の正則関数 $f(\mathbf{z})$ に対して $\overline{\Delta}$ の或る近傍での $n + 2$ 変数の正則関数 $F(\mathbf{z}, u_1, u_2)$ であって

$$F(\mathbf{z}, P_1(\mathbf{z}), P_2(\mathbf{z})) = f(\mathbf{z}), \quad \mathbf{z} \in D$$

となるものを作ることができる．

この $\nu = 2$ の場合の多項式多面体についての上空移行の原理と直積領域でのクザンの第一問題の可解性から（定理 4.6.2 と全く同じ方法によって）$\nu = 2$ の

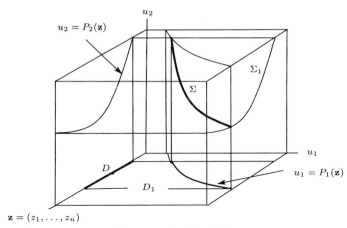

図 4.21　D と Σ との関係

場合の多項式多面体についてのクザンの第一問題の可解性が証明される．以下順次行っていくと，上空移行の原理とクザンの第一問題の可解性を ν に関する**二重帰納法**によって，$\mathbf{C}^n$ の任意の $\nu \geq 1$ の場合の多項式多面体に関しての上空移行の原理およびクザンの第一問題の可解性が同時に証明される．

第 4 章の演習問題

(1)　二重円板 $\Delta_1 \times \Delta_2 = \{1 < |z| < 2\} \times \{|w| < 1\}$ の境界 $\partial(\Delta_1 \times \Delta_2)$ 上の任意の 2 点は境界上の曲線で結ぶことができることを示せ．

(2)　複素 2 変数 $z = x + iy$, $w = u + iv$ の空間 $\mathbf{C}^2$ 内の 2 点 $(0,0)$ および $(1,0)$ を含む実 2 次元の平面 $ax + by + cu + dv = e$ (ただし，$a, b, c, d, e \in \mathbf{R}$) は無限に存在するが，その中で複素 1 次元の直線 $\alpha z + \beta w = \gamma$ (ただし，$\alpha, \beta, \gamma \in \mathbf{C}$) は唯一つであることを示せ．

(3)　補題 4.2.1 を証明せよ．

(4)　超球 $(Q): |z|^2 + |w|^2 < 1$ および $(B): |z-1|^2 + |w|^2 < \rho$ (ただし，$0 < \rho < 1$) を考える．$f(z, w)$ を $(B) \setminus \overline{(Q)}$ での正則関数とする．このとき，点 $(1, 0)$ の ($f(z, w)$ によらない) 近傍 V が存在して，$f(z, w)$ は V まで正則に延長できることを示せ．

188   4. 岡の上空移行の原理

(5) $f_n(z,w)$ $(n=1,2,\dots)$ を閉二重円板 $\overline{\Delta_1} \times \overline{\Delta_2} = \{|z| \le 1\} \times \{|w| \le 1\}$ の近傍 G での正則関数の列で, G において関数 $f(z,w)$ に一様収束しているとする. さらに, $f(z,w) \ne 0$, $(z,w) \in \Delta_1 \times \partial\Delta_2$ とする. このとき, 二重円板 $\Delta_1 \times \Delta_2$ での $f_n(z,w)$ および $f(z,w)$ の零点の集まりをそれぞれ S_n および S とすれば, 集合として $\lim_{n\to\infty} S_n = S$ であることを示せ.

(6) (ポアンカレの問題)[*1] $f(z,w)$ を二重円板 $\Delta = \Delta_1 \times \Delta_2 \subset \mathbf{C}^2$ での有理型関数とし, Σ を $f(z,w)$ の極とする. このとき, Δ での二つの正則関数 $h(z,w)$, $k(z,w)$ を見つけてきて, $f(z,w) = h(z,w)/k(z,w)$, $(z,w) \in D \setminus \Sigma$ とできることを示せ.

[*1]   このポアンカレの問題を解くために, クザンは今日, クザン第一, 第二問題と呼ばれるものを見出し, クザン積分を発見して解決した.

5

静電磁場のポテンシャル論

関数論的手法を用いて古典静電磁場のポテンシャル論を解説する．1 変数関数論での正則関数の諸性質はコーシーの定理：$f(z) = \frac{1}{2\pi i} \int_C \frac{f(\zeta)}{\zeta - z} d\zeta$ から導かれた．右辺の積分は和 $\sum_{i=1}^{n} f(\zeta_i)(\zeta_i - \zeta_{i-1}) \frac{1}{\zeta_i - z}$ の極限であることを考えれば，そのもとは平面上の任意の 1 点 a を与えるとき，その点のみで極を持ち，平面上の他の点では正則な関数 $\frac{1}{z-a}$ の存在にあると見れる．この章では実 3 次元空間 $\mathbf{R}^3$ における静電磁場の諸性質を述べるが，それらはすべてポアソンの方程式から導かれる．そのもとは空間内の任意の 1 点 $\mathbf{a}$ を与えるとき，その点のみで極を持ち，空間内の他の点では調和な関数 $\frac{1}{\|\mathbf{x}-\mathbf{a}\|}$ の存在に帰することを見る．

5.1　ガウスおよびストークスの定理

(**2 次元平面での関数について**)　(x, y)-平面上に図 5.1 のような区分的に滑らかな閉曲線 C で囲まれた領域 D とその上の連続な実数値関数 $f(x, y)$ が与えられているとする．$z = f(x, y)$, $(x, y) \in D$ は実 3 変数 x, y, z の作る空間 $\mathbf{R}^3$ での曲面 Σ を表す．$\mathcal{H} = C \times (|z| < \infty)$ と置くと，これは z-軸に平行な筒曲面を表す．(微積分法で面積を定義したときと同じようにして) 曲面 Σ と側面 $\mathcal{H}$ と (x, y)-平面とで囲まれた 3 次元領域 (ドーム) V の体積を定義しよう．先ず，(x, y)-平面上に y-軸，x-軸に関して平行な辺を持つ，領域 D を含む大きな長方形 K を描く．y-軸，x-軸に平行な直線 $x = x_0, x_1, \ldots, x_n$, $y = y_0, y_1, \ldots, y_m$ で K を小さい長方形に細分し，D に属する長方形のみを集

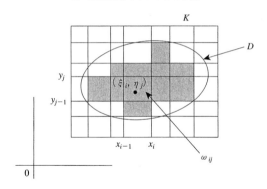

図 5.1 領域 D の小長方形への分割 Δ

めてきて $\omega_{ij} = [x_{i-1}, x_i] \times [y_{j-1}, y_j]$, $(i,j) \in J$ とする. 図 5.1 では J は斜線の長方形の全体で, 11 個よりなる. これを D の**分割** Δ と呼ぶ. 次に, ω_{ij} 内の任意の点 (ξ_i, η_j) を取り, 部分和

$$S_\Delta = \sum_{(i,j) \in J} f(\xi_i, \eta_j)(x_i - x_{i-1})(y_j - y_{j-1})$$

を作る. これは図 5.2 の細長い直方体 T_{ij} の符合付き体積の総和を表している. 分割の幅の最大値 $\delta_\Delta = \text{Max}_{(i,j) \in J} \{x_i - x_{i-1}, y_j - y_{j-1}\}$ を考える. 微積分法における議論と同様にして, $\delta_\Delta \to 0$ のとき S_Δ は或る実数に収束する. その実数を

$$\iint_D f(x,y) dx dy$$

と書き, 関数 $f(x,y)$ の D における**面積積分**という. これが上に述べたドームの符合付きの体積を表している.

図 5.3 で考えよう. x' を固定するとき, 3 次元空間において, 平面 $P(x')$: $x = x'$ ((y,z)-平面に平行な平面) による 3 次元ドーム V の切り口を考える. それは $P(x')$ 内の 2 次元領域 $\Sigma(x')$ である. (x,y)-平面において, 直線 $x = x'$ による領域 D の**切り口**は y-軸に平行な線分 $I(x') = [\alpha(x'), \beta(x')]$ である. したがって, $\Sigma(x')$ は平面 $P(x')$ 上で, z-軸に平行な 2 直線 $y = \alpha(x')$, $y = \beta(x')$, 線分 $I(x')$ および曲線 $z = f(x', y)$ で囲まれた領域である. その符合付き面積 $S(x')$ は微積分法によって $S(x') = \int_{\alpha(x')}^{\beta(x')} f(x', y) dy$ で与えられる. 図 5.3 の

5.1 ガウスおよびストークスの定理

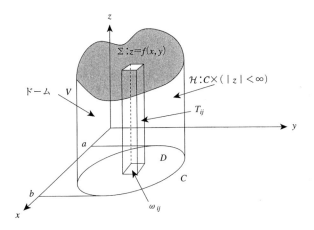

図 5.2 符合付き体積

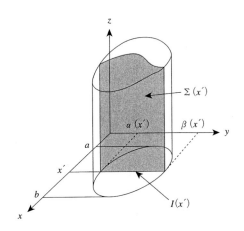

図 5.3 切り口の面積を積分する

192   5. 静電磁場のポテンシャル論

ように端点 $x = a, b$ を定める. このとき, 容易に想像できるように (正確には証明がいるが), ドーム V の符合付き体積は $S(x')$ を x' について a から b まで積分したもの： $\int_a^b S(x)dx$ に等しい. すなわち

$$\iint_D f(x, y)dxdy = \int_a^b \left\{ \int_{\alpha(x)}^{\beta(x)} f(x, y)dy \right\} dx.$$

変数 x と y との役割を換えて得られる同様の等式も成立する. これらの等式を**繰り返し積分**と呼ぶことにする. これは簡単な式であるが, 非常に有用である.

注意 5.1.1 (y, z)-平面に平行な平面 $x = x'$ でドーム V をスライスする代わりに, 平面 $x = ay$ に平行な平面 $x = ay + c'$ で V をスライスして切り面 $S(c')$ を作り, その面積を c' に沿って積分した値 $I(a)$ は (x-軸と直線 $x = ay + c'$ とは直交しないから) V の体積にはならない. その場合は V の体積は $I(a) \times \frac{1}{\sqrt{1+a^2}}$ である.

  (線積分)   先ず, 曲線に沿っての x- および y-方向への線積分を定義しよう. (x, y)-平面上に連続な区分的に滑らかな (方向のついた) 曲線 C とその上の連続な実数値関数 $f(x, y)$ が与えられているとする. C の始点および終点をそれぞれ A, B とする. 点 A から点 B に向かって C 上に有限個の分点 $A = P_0, P_1, \ldots, P_n = B$ を取る. これを C の**分割** Δ と呼ぶ. そこで, $P_i = (x_i, y_i)$ と置き, C の部分弧 $P_{i-1}P_i$ 上に任意に点 $Q_i = (\xi_i, \eta_i)$ を取り, 有限和

$$S_\Delta = \sum_{i=1}^n f(\xi_i, \eta_i)(x_i - x_{i-1})$$

を作る. 分点間の最大幅

$$\delta_\Delta = \underset{i=1,2,\ldots,n}{\text{Max}} \left\{ \sqrt{(x_i - x_{i-1})^2 + (y_i - y_{i-1})^2} \right\}$$

を考える. このとき, 微積分法と同じ議論によって, $\delta_\Delta \to 0$ のとき S_Δ は或る実数に近づく. その実数を

$$\int_C f(x, y)\, dx$$

5.1 ガウスおよびストークスの定理

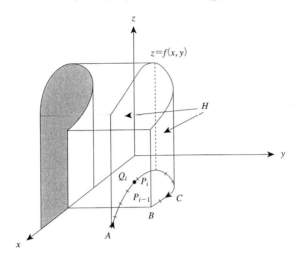

図 5.4 線積分

と書き，関数 $f(x,y)$ の曲線 C に沿っての x 方向への**線積分**という．この幾何学的意味は図 5.4 において側面 $\mathcal{H}$ を (z,x)-平面に射影してできる図形の符合付き面積である．例えば，図 5.4 では斜線部分の負の面積になる．曲線 C の方向を逆にした曲線を $-C$ と書く．このとき $\int_{-C} f(x,y)dx = -\int_C f(x,y)dx$ となる．同様にして，$f(x,y)$ の C に沿っての y 方向への線積分 $\int_C f(x,y)\,dy$ を定義する．

曲線 C は連続な区分的に滑らかな曲線と仮定していた．すなわち，C は次のように助変数表示される：

$$x = \varphi(t), \quad y = \psi(t), \quad \alpha \le t \le \beta. \tag{5.1}$$

ここで，$x = \varphi(t)$, $y = \psi(t)$ は t について $[\alpha, \beta]$ で連続な関数で有限個の点 $\alpha = \tau_0 < \tau_1 < \cdots < \tau_{m-1} < \tau_m = \beta$ を除いて C^1-級であって，$(\varphi'(t), \psi'(t)) \ne (0,0)$ である．このとき，線積分の定義と微分に関する平均値の定理から

$$\int_C f(x,y)dx = \sum_{k=1}^{m} \int_{\tau_{k-1}}^{\tau_k} f(\varphi(t), \psi(t))\varphi'(t)dt$$

である．y-方向への線積分についても対応する等式が成立する．

次に，曲線に沿っての線素に関する線積分を次で定義する：

$$\int_C f(x,y)ds = \lim_{\delta_\Delta \to 0} \sum_{i=1}^n f(\xi_i, \eta_i)\sqrt{(x_i-x_{i-1})^2+(y_i-y_{i-1})^2}.$$

曲線 C が (5.1) と表せているとき先の議論と同様にして

$$\int_C f(x,y)ds = \sum_{k=1}^m \int_{\tau_{k-1}}^{\tau_k} f(\varphi(t),\psi(t))\sqrt{\varphi'(t)^2+\psi'(t)^2}dt.$$

繰り返し積分と偏微分との結合によって，次の定理 5.1.1 が得られる．これは微積分法の基本定理 $\int_a^b f'(x)dx = f(b)-f(a)$ の 2 次元版と考えられる．

定理 5.1.1 (平面におけるガウスの定理) D を (x,y)-平面での有限個の区分的に滑らかな単純閉曲線 C で囲まれた領域とする．$f(x,y)$ を $\overline{D}$ での C^1-級の関数とする．すなわち，$f(x,y)$ は $\overline{D}$ の或る近傍において C^1-級である．C の向きを D に関して正とする．このとき

$$\iint_D \frac{\partial f}{\partial x}\,dxdy = \int_C f(x,y)dy, \quad \iint_D \frac{\partial f}{\partial y}\,dxdy = -\int_C f(x,y)dx.$$

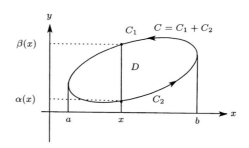

図 5.5　$\frac{\partial f(x,y)}{\partial y}$ の区間 $[\alpha(x),\beta(x)]$ での積分

[証明]　前半も同じであるから，後半の等式を証明しよう．先ず，領域 D が，図 5.5 のように，(x,y)-平面上の凸領域の場合に正しいことを見れば十分であることに注意しよう．実際，一般の領域の場合には，D を有限個の凸な領域 δ_i

$(i = 1, \ldots, q)$ に分割する．その境界を (向きを δ_i に関して正に取り) $\partial \delta_i$ とする．もし凸領域の場合に正しいことが示せたとすれば

$$\iint_{\delta_i} \frac{\partial f}{\partial y} dxdy = -\int_{\partial \delta_i} f(x,y)dx, \qquad i = 1, 2, \ldots, q.$$

両辺をすべての i について加えると，$D = \cup_{i=1}^{q} \delta_i$，$C = \sum_{i=1}^{q} \partial \delta_i$ (向きを込めて) であるから，D についての後半の等式を得る．したがって，D は図5.5のように凸であると仮定して証明する．

C の上半分を C_1，下半分を C_2 とすると $C = C_1 + C_2$ である．繰り返し積分によって

$$\iint_D \frac{\partial f}{\partial y} dxdy = \int_a^b \left\{ \int_{\alpha(x)}^{\beta(x)} \frac{\partial f}{\partial y} dy \right\} dx$$

$$= -\int_a^b f(x, \alpha(x))dx + \int_a^b f(x, \beta(x))dx = \int_{-C} f(x,y)dx. \qquad \square$$

次の系5.1.1は，微積分法の部分積分法

$$f(b)g(b) - f(a)g(a) = \int_a^b f'(x)g(x)dx + \int_a^b f(x)g'(x)dx$$

の2次元版と考えられる．

系 5.1.1 (ガウス-グリーンの定理) 定理5.1.1と同じ条件の下で，u, v を $\overline{D}$ での C^2-クラスの関数とする．このとき

$$\int_C u \left(-\frac{\partial v}{\partial y} dx + \frac{\partial v}{\partial x} dy \right) = \iint_D \left(\frac{\partial u}{\partial x} \frac{\partial v}{\partial x} + \frac{\partial u}{\partial y} \frac{\partial v}{\partial y} \right) dxdy$$
$$+ \iint_D u \Delta v \, dxdy.$$

[証明] 定理5.1.1において，$f = -u \frac{\partial v}{\partial y}$ および $f = u \frac{\partial v}{\partial x}$ と置くと

$$\int_C u \left(-\frac{\partial v}{\partial y} dx + \frac{\partial v}{\partial x} dy \right) = \iint_D \left\{ \frac{\partial}{\partial x} \left(u \frac{\partial v}{\partial x} \right) + \frac{\partial}{\partial y} \left(u \frac{\partial v}{\partial y} \right) \right\} dxdy$$
$$= \iint_D \left(\frac{\partial u}{\partial x} \frac{\partial v}{\partial x} + \frac{\partial u}{\partial y} \frac{\partial v}{\partial y} + u \Delta v \right) dxdy. \qquad \square$$

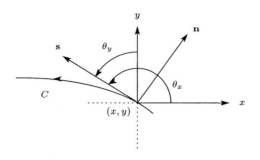

図 5.6 法線微分

定理の中の等式の左辺に現れた $-\frac{\partial v}{\partial y}dx + \frac{\partial v}{\partial x}dy$ の幾何学的意味を調べよう. 図 5.6 において, (x,y) を曲線 C 上の任意の点とする. (x,y) における単位接ベクトルおよび単位法ベクトルをそれぞれ $\mathbf{s}, \mathbf{n}$ とする. x-軸と $\mathbf{s}$ とのなす角および正の y-軸とのなす角をそれぞれ θ_x, θ_y とすると, 方向まで込めて $dx = \cos\theta_x\,ds$, $dy = \cos\theta_y\,ds$ であった. ところで, x-軸と $\mathbf{n}$ とのなす角の正弦 $\cos$ を $(\mathbf{n}, x)$ (すなわち, $\mathbf{n}$ の y-軸に平行に落とした x-軸への射影), y-軸と $\mathbf{n}$ とのなす角の正弦を $(\mathbf{n}, y)$ とすれば $(\mathbf{n}, x) = \cos\theta_y$, $(\mathbf{n}, y) = \cos(\pi - \theta_x) = -\cos\theta_x$ である. 関数 v の点 (x, y) における法線微分を計算すると

$$\frac{\partial v}{\partial \mathbf{n}}(x,y) = \lim_{h\to 0}\frac{v(x+(\mathbf{n},x)h, y+(\mathbf{n},y)h) - v(x,y)}{h}$$
$$= \frac{\partial v}{\partial x}(x,y)\,(\mathbf{n},x) + \frac{\partial v}{\partial y}(x,y)\,(\mathbf{n},y).$$
$$\therefore \quad -\frac{\partial v}{\partial y}dx + \frac{\partial v}{\partial x}dy = \frac{\partial v}{\partial \mathbf{n}}ds. \tag{5.2}$$

右辺の直感的意味は次の通りである. 曲線 C の近くで関数 $z = v(x,y)$ は高低のある曲面 Σ を表している. 今, Σ 上に一様に水が流れていたとする. C において傾き $\frac{\partial v}{\partial \mathbf{n}}$ が正で大きければ D 内に流れ込む量は大きいであろうし, もしそれが負の値であれば D から出て行くであろう. よって, 線積分

$$\int_C \frac{\partial v}{\partial \mathbf{n}}ds$$

は C に沿って曲面 Σ に沿って D 内に流れ込む水量と出ていく水量の総和を表

5.1 ガウスおよびストークスの定理   197

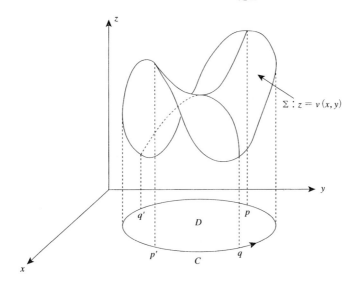

図 5.7 $(-v_y dx + v_x dy) = \frac{\partial v}{\partial \mathbf{n}} ds$ の幾何学的意味

している．例えば，図 5.7 において C 上の点 p, p' の近くでは $\frac{\partial v}{\partial \mathbf{n}} > 0$ であり，q, q' の近くでは < 0 である．

系 5.1.1 において $u(x, y) \equiv 1$ とすると

$$\int_C \frac{\partial v}{\partial \mathbf{n}} ds = \iint_D \Delta v(x, y)\, dx dy \tag{5.3}$$

を得る．したがって，$\Sigma: z = v(x, y)$ から定まる曲線 C に沿っての D 内に出入する水量は右辺の Δv の面積積分で与えられる．さらに，v が $\overline{D}$ の或る近傍において調和関数とすれば

$$\int_C \frac{\partial v}{\partial \mathbf{n}} ds = 0. \tag{5.4}$$

等式 (5.3) より，領域 D で定義された C^2-級関数 $u(x, y)$ が D で調和であるための必要十分条件は D 内の任意の小さい閉曲線 γ に対して $\int_\gamma \frac{\partial u}{\partial \mathbf{n}} ds = 0$ となることである．

(3 元空間での関数およびベクトル場について) (x, y)-平面上の関数 $f(x, y)$, $u(x, y), v(x, y)$ に関しての定理 5.1.1, 系 5.1.1 における等式および (5.3) を

(x, y, z)-空間 $\mathbf{R}^3$ の関数 $f(x, y, z)$, $u(x, y, z)$, $v(x, y, z)$ に延長しよう. その
ために, $\mathbf{R}^3$ での区分的に滑らかな有限個の閉曲面 Σ で囲まれた領域 D での連
続な実数値関数 $f(x, y, z)$ に関しての体積積分を定義しよう.

先ず, 各辺が (x, y)-平面, (y, z)-平面, (z, x)-平面に平行な面で囲まれた立
方体 K で領域 D を囲む. 次に, 3 平面に平行な面によって K を小さい直方体
に分割し (この分割を Δ と名付ける), それらのうち D に属するものの全体を
$\omega_{ijk} = [x_{i-1}, x_i] \times [y_{j-1}, y_j] \times [z_{k-1}, z_k]$, $(i, j, k) \in J$ とする. そこで部分和

$$V_\Delta = \sum_{(i,j,k) \in J} f(\xi_i, \eta_j, \zeta_k)(x_i - x_{i-1})(y_j - y_{j-1})(z_k - z_{k-1})$$

を作る. ただし, 点 $(\xi_i, \eta_j, \zeta_k) \in \omega_{ijk}$ である. 微積分法と同様にして, 分割
Δ の最大幅 δ_Δ が 0 に近づくとき, V_Δ は一定の極限値に近づくことを証明で
きる. その極限値を

$$\iiint_D f(x, y, z)\, dxdydz$$

と書き, $f(x, y, z)$ の D での**体積積分**と呼ぶ.

C を $\mathbf{R}^3$ 内の区分的に滑らかな曲線, $f(x, y, z)$ を C 上の連続な関数とする.
f の C に沿っての線積分を定義しよう. C の始点を A, 終点を B とする. C
を分割 $\Delta : A = P_0, P_1, \ldots, P_n = B$ を考え, 部分和

$$I_\Delta = \sum_{i=1}^{n} f(\xi_i, \eta_i, \zeta_i)(x_i - x_{i-1})$$

を考える. ただし, $P_i = (x_i, y_i, z_i)$ かつ点 (ξ_i, η_j, ζ_k) は C の部分弧 $P_{i-1}P_i$
上の点である. このとき, 分割 Δ の最大幅 δ_Δ が 0 に近づくとき, I_Δ は一定
の極限値に近づくことを証明できる. その極限値を

$$\int_C f(x, y, z)\, dx$$

と書き, f の C に沿っての x-方向への**線積分**と呼ぶ. 同様に y-, z-方向につい
ての線積分 $\int_C f(x, y, z)\, dy$, $\int_C f(x, y, z)\, dz$ を定義する.

$\mathbf{R}^3$ 内に滑らかな曲面 Σ を考える. f を Σ 上の連続な関数とする. Σ を十分
に小さい (三角形に近い) 面片 σ_i, $i \in \mathcal{J}$ に分ける. この分割を Δ と名付け

る. σ_i の中心を q_i, 点 q_i での Σ の法ベクトルを $\mathbf{n}_i$, 接平面を π_i とする. σ_i を $\mathbf{n}_i$ に平行に π_i に射影してできる図形の面積を $s_i > 0$ と書く. 各 σ_i 上に点 (ξ_i, η_i, ζ_i) を取り, 部分和

$$S_\Delta = \sum_{i \in \mathcal{J}} f(\xi_i, \eta_i, \zeta_i)\, s_i$$

を考える. このとき, Δ の定める面片の最大面積が 0 に近づくとき, 部分和 S_Δ は一定の極限値に近づく (この証明はここでは行わない). その極限値を

$$\iint_\Sigma f(x, y, z)\, dS$$

と書き, 関数 f の Σ での**面積積分**と呼ぶ.

(方向微分) f を領域 $D \subset \mathbf{R}^3$ での C^1-級関数とする. $\mathbf{r}$ を任意の単位ベクトルとする. 一般に $\mathbf{r}$ と正の x-, y-, z-軸とのなす角の余弦 (cos) を $(\mathbf{r}, x)$, $(\mathbf{r}, y)$, $(\mathbf{r}, z)$ と書く. したがって

$$(\mathbf{r}, x)^2 + (\mathbf{r}, y)^2 + (\mathbf{r}, z)^2 = 1 \quad (\text{ピタゴラスの定理}).$$

このとき, 関数 f の点 $\mathbf{x} \in D$ における $\mathbf{r}$-方向微分 $\frac{\partial f}{\partial \mathbf{r}}(\mathbf{x})$ は

$$\frac{\partial f}{\partial \mathbf{r}}(\mathbf{x}) = \lim_{h \to 0} \frac{f(\mathbf{x} + h\mathbf{r}) - f(\mathbf{x})}{h}$$

によって定義される. 次式が成立する (章末問題 (1) を参照):

$$\frac{\partial f}{\partial \mathbf{r}}(\mathbf{x}) = \frac{\partial f}{\partial x}(\mathbf{x})(\mathbf{r}, x) + \frac{\partial f}{\partial y}(\mathbf{x})(\mathbf{r}, y) + \frac{\partial f}{\partial z}(\mathbf{x})(\mathbf{r}, z). \qquad (5.5)$$

今, $\mathbf{r}_j$ $(j = 1, 2, 3)$ を任意の三つのお互いに直交する単位ベクトルとする. このとき, 順序 $(\mathbf{r}_1, \mathbf{r}_2, \mathbf{r}_3)$ に正, 負を次のように定義する. この**順序が正**であるとは, 各 $\mathbf{r}_j$ を原点中心の単位球面上の点と見なすとき, 原点中心の回転によって 3 点 $\mathbf{r}_1, \mathbf{r}_2, \mathbf{r}_3$ がそれぞれ $(1, 0, 0)$, $(0, 1, 0)$, $(0, 0, 1)$ に移せるときをいう. そうでないとき, すなわち, $(1, 0, 0)$, $(0, 1, 0)$, $(0, 0, -1)$ に写されるとき, 上の**順序は負**という. いい換えると, ねじを $\mathbf{r}_1$ から $\mathbf{r}_2$ に向かって $\mathbf{r}_3$ に垂直に回すとねじが $\mathbf{r}_3$ の方向に進むならば, 上の順序は正であり, $\mathbf{r}_3$ と反対の向き

に進むならば,負である.もし順序 $(\mathbf{r}_1, \mathbf{r}_2, \mathbf{r}_3)$ が正ならば上の計算において,(x, y, z) と $\mathbf{r}$ との役割を $(\mathbf{r}_1, \mathbf{r}_2, \mathbf{r}_3)$ と $(1, 0, 0)$ との役割に換えて考えれば,次式が成立する:

$$\frac{\partial f}{\partial x}(\mathbf{x}) = \frac{\partial f}{\partial \mathbf{r}_1}(\mathbf{x})(\mathbf{r}_1, x) + \frac{\partial f}{\partial \mathbf{r}_2}(\mathbf{x})(\mathbf{r}_2, x) + \frac{\partial f}{\partial \mathbf{r}_3}(\mathbf{x})(\mathbf{r}_3, x).$$

(**向き付け可能な曲面**) 曲面 Σ は滑らかとする.Σ の一点 P での単位法線ベクトルの (二つある中で) 一つの方向 $\mathbf{n}_P$ を定めておく (図 5.8 を参照).今,Q を Σ 上の任意の点とする.P と Q とを Σ 上の連続曲線 l で結ぶとき,Σ は滑らかだから,$\mathbf{n}_P$ から出発して l 上の各点 Z での単位法線ベクトルの方向 $\mathbf{n}_Z$ が連続的に動き,終点 Q での単位法線ベクトル $\mathbf{n}_Q$ が定まる.P と Q を Σ 上の他の曲線 l' で結んで同じことを行うと,終点 Q での法線ベクトル $\mathbf{n}'_Q$ が定まる.出発点での法線ベクトル $\mathbf{n}_P$ は同じであるが,一般には $\mathbf{n}_Q$ と $\mathbf{n}'_Q$ とは等しいとは限らない.等しくない例は有名なメービスの帯 (図 5.8 の右図) である.そこで,すべての点 $Q \in \Sigma$ に対して P, Q を結ぶ任意の二つの曲線 l,l' について $\mathbf{n}_Q = \mathbf{n}'_Q$ となるとき,曲面 Σ は**向き付け可能な曲面**という.さらに,このとき,曲面 Σ は $\mathbf{n}_Q$ に関して正に方向付けられたという.或いは,$\mathbf{n}_Q$ に関して Σ は**表の面**という.

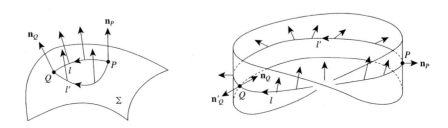

図 5.8 向き付け可能曲面とメービスの帯

例えば,滑らかな閉曲面 Σ が $\mathbf{R}^3$ の領域 D の境界となっているならば,Σ は向き付け可能である.何故ならば,$\mathbf{n}_Q, Q \in \Sigma$ として,D に関して単位外法線ベクトルを取ればよい.Σ のこの方向を領域 D に関して**正の方向**と呼び,$\Sigma = \partial D$ と書く.

(**カップ積**) Σ を滑らかな向き付け可能な曲面で，単位法線ベクトル $\mathbf{n}_Q$ に関して正に向き付けられているとする．点 Q の周りの Σ の (上のように方向付けられた) 小面片を σ_Q と記し，その面積を $dS_Q > 0$ とする．ここで次の記号 (いわゆる，**カップ積** $dy \wedge dz$, $dz \wedge dx$, $dx \wedge dy$) を定義する．

$$dy \wedge dz = (\mathbf{n}_Q, x)dS_Q, \quad dz \wedge dx = (\mathbf{n}_Q, y)dS_Q, \quad dx \wedge dy = (\mathbf{n}_Q, z)\, dS_Q.$$

したがって，$dy \wedge dz$ の値の絶対値は小面片 σ_Q の x-軸に平行に落とした (y,z)-平面への射影の面積 $dydz > 0$ を表す．何故ならば，σ_Q が三角形の場合には，

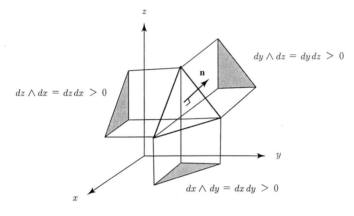

図 **5.9** カップ積の意味 (例 1)

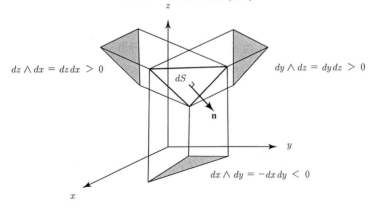

図 **5.10** カップ積の意味 (例 2)

三つの上式が成立することは初等幾何を用いて容易にわかる．よって，一般の場合には，Σ を細かく分割し，三角形の和で近似させることによって正しいであろうことが直感的にわかる．しかし，正確な証明には，σ の面積の厳密な定義が必要になる．長くなるので，ここでは省略する．繰り返して述べると，ここで定義したカップ積 $dy \wedge dz$ は向き付けられた曲面が与えられて始めて定義される量であり，それは与えられた曲面の (y, z)-平面への射影の正または負の面積を表すに過ぎない．同様に，$dx \wedge dy$ の絶対値は σ_Q の (x, y)-平面への射影の面積 $dxdy > 0$ を表す．したがって，面積分

$$I = \iint_\Sigma dx \wedge dy = \iint_\Sigma (\mathbf{n}_Q, z) dS_Q$$

は $\mathbf{n}_Q$ に関して方向付けられた曲面 Σ の z-軸に平行に落とした (x, y)-平面への射影の符合付き面積の総和を表す．詳しく述べると，z-軸の $+\infty$ から Σ に向けて z-軸に平行に光を当てるとき，もしその光線が方向付けられた Σ の表から突き刺さるならば，その近くでの面片の (x, y)-平面への射影の面積は正であり，逆に光線が Σ の裏の面から突き刺さるならば，その近くでの面片の (x, y)-平面への射影の面積は負である．

例えば，図 5.11 のように一つの閉曲線 C を境界とする曲面 Σ を考える．Σ の境界の定める閉曲線 C の (x, y)-平面への射影によって定まる閉曲線を C_z とすれば，面積分 I は C_z で囲まれる (x, y)-平面の領域 D'' の面積のマイナスに等しいことがわかる．なぜならば，図の D の (x, y)-平面への射影 D' の境界の一部である曲線 l に対応する Σ 上の曲線を L とすれば，L 上の各点 Q での法線ベクトルの方向 $\mathbf{n}_Q$ は (x, y)-平面に平行である．したがって，D' の部分は二重に射影されていてお互いが打ち消しあうからである．

任意の向き付け可能な閉曲面 Σ については $\iint_\Sigma dx \wedge dy = 0$ である．なぜならば，閉曲面 Σ 上に 1 本の円周 γ を描き，Σ を γ の内と外とに二つ Σ', Σ'' に分けると，それらの (x, y)-平面への射影の符号付き面積は符号のみ異なるからである．同様に $\iint_\Sigma dy \wedge dz = \iint_\Sigma dz \wedge dx = 0$ である．

$\mathbf{R}^3$ に向き付け可能な任意の曲面 Σ を考える．$\mathbf{n}_Q$, $Q \in \Sigma$ をその向きを定める単位法線ベクトルとする．Σ 上の連続な関数 $f(Q)$ に対して，面積分

5.1 ガウスおよびストークスの定理

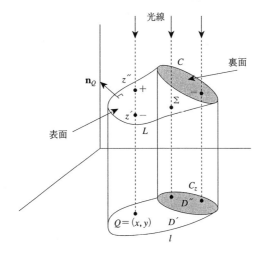

図 5.11 射影の (符合付き) 面積

$$\iint_\Sigma f(\mathbf{x})dx \wedge dy := \iint_\Sigma f(Q)(\mathbf{n}_Q, z)dS_z$$

を定義する．$dy \wedge dz$, $dz \wedge dx$ に関しても同様に $f(Q)$ の面積分を定義する．

例えば，図 5.11 において，D' 上の点 $Q = (x, y)$ には Σ 上の 2 点 $z' = \alpha(x, y)$, $z'' = \beta(x, y)$ が対応している．z' では $(\mathbf{n}, z) < 0$ であり，z'' では $(\mathbf{n}, z) > 0$ である．しかも，$\alpha(x, y)$ は D'' 上で連続である．したがって，空間における面積分は

$$\iint_\Sigma f(x, y, z)\, dx \wedge dy = \iint_{D'} (f(x, y, \beta(x, y)) - f(x, y, \alpha(x, y)))dxdy$$
$$- \iint_{D''} f(x, y, \alpha(x, y))dxdy$$

となり，(x, y)-平面上の面積積分に帰着される．定義から次の不等式が成立する：Σ の面積を S と置く．Σ 上で $|f(\mathbf{x})| \leq M$ となる定数 $M > 0$ があれば

$$\left|\iint_\Sigma f(\mathbf{x})dx \wedge dy\right| \leq MS.$$

$dy \wedge dz$, $dz \wedge dx$ 積分についても同様の不等式が成立する．

(傾き (grad)) 点 $Q \in \mathbf{R}^3$ の近傍 V で定義された C^1-級関数 $\psi(\mathbf{x})$ に対

して，ベクトル

$$\operatorname{grad}\psi(Q) = \left(\frac{\partial\psi}{\partial x}(Q), \frac{\partial\psi}{\partial y}(Q), \frac{\partial\psi}{\partial z}(Q)\right)$$

を $\psi(\mathbf{x})$ の点 Q における**傾き**という．$\operatorname{grad}\psi(Q) \neq \mathbf{0}$ のときの $\operatorname{grad}\psi(Q)$ の幾何学的意味を調べよう．$\psi(Q) = c$ と置き，面 $\Sigma = \{\mathbf{x} \in V \mid \psi(\mathbf{x}) = c\}$ を考える．Q の周りの小球 $V_0 \subset V$ を描けば，V_0 は Σ によって二つの領域 $V_0^+ = \{\psi(\mathbf{x}) > 0\}$，$V_0^- = \{\psi(\mathbf{x}) < 0\}$ に分けられる．Σ の点 Q において，領域 V^- の単位外法線ベクトル $\mathbf{n}_Q$ を描く．このとき

補題 5.1.1

$$\mathbf{n}_Q = ((\mathbf{n}_Q, x), (\mathbf{n}_Q, y), (\mathbf{n}_Q, z)) = \frac{\operatorname{grad}\psi(Q)}{\|\operatorname{grad}\psi(Q)\|}, \tag{5.6}$$

$$\frac{\partial\psi}{\partial\mathbf{n}_Q} = \operatorname{Max}\left\{\frac{\partial\psi}{\partial\mathbf{r}}(Q) \;\middle|\; \mathbf{r} \text{ は任意の単位ベクトルである}\right\}.$$

したがって，$\operatorname{grad}\psi(Q)$ はユークリッドの座標系の取り方によらない．すなわち，直交する任意のその順序が正の三つの単位ベクトル $(\mathbf{s}, \mathbf{t}, \mathbf{n})$ に対して $\operatorname{grad}\psi(Q) = \frac{\partial\psi}{\partial\mathbf{t}}(Q)\mathbf{s} + \frac{\partial\psi}{\partial\mathbf{s}}(Q)\mathbf{t} + \frac{\partial\psi}{\partial\mathbf{n}}(Q)\mathbf{n}$ である．

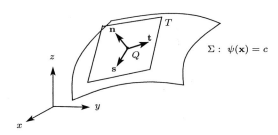

図 5.12 曲面 $\Sigma: \psi(\mathbf{x}) = c$ 上の $\frac{\partial\psi}{\partial\mathbf{n}}(Q)$ の意味

[証明] 簡単に $\mathbf{n}_Q = \mathbf{n}$ と書く．点 Q における Σ の接平面を T とする．Q を始点とする二つの直交する単位接ベクトル $\mathbf{s}, \mathbf{t}$ を，三つのベクトルの順序 $(\mathbf{s}, \mathbf{t}, \mathbf{n})$ が正となるように取る．$\Sigma \cap V$ 上で $\psi(\mathbf{x}) \equiv 0$ から

$$\frac{\partial \psi}{\partial \mathbf{s}}(Q) = \frac{\partial \psi}{\partial \mathbf{t}}(Q) = 0, \quad \frac{\partial \psi}{\partial \mathbf{n}}(Q) > 0.$$

$$\therefore \frac{\partial \psi}{\partial x}(Q) = \frac{\partial \psi}{\partial \mathbf{s}}(Q)(x,\mathbf{s}) + \frac{\partial \psi}{\partial \mathbf{t}}(Q)(x,\mathbf{t}) + \frac{\partial \psi}{\partial \mathbf{n}}(Q)(x,\mathbf{n}) = \frac{\partial \psi}{\partial \mathbf{n}}(Q)(x,\mathbf{n}).$$

$\frac{\partial \psi}{\partial y}(Q)$, $\frac{\partial \psi}{\partial z}(Q)$ についても対応する等式が成立するから, (5.6) を得る. 任意の方向 $\mathbf{r}$ に対しても同様にして, $\frac{\partial \psi}{\partial \mathbf{r}}(Q) = \frac{\partial \psi}{\partial \mathbf{n}}(Q)(\mathbf{r},\mathbf{n})$. ただし, $(\mathbf{r},\mathbf{n})$ は $\mathbf{r}$ と $\mathbf{n}$ とのなす角の余弦を表す. したがって, 後半の式も成立する. □

D を $\mathbf{R}^3$ での区分的に滑らかな有限個の閉曲面 Σ で囲まれた凸領域, f を $\overline{D}$ での連続な関数とする. このとき, 2次元の場合の図5.3と同じく, 3次元でも次の繰り返し積分が成立する.

$$\iiint_D f(x,y,z)dxdydz = \iint_{D_x} \left\{ \int_{\alpha(y,z)}^{\beta(y,z)} f(x,y,z)dx \right\} dydz.$$

ここに D_x は 3 次元領域 D の (y,z)-平面への射影された 2 次元の領域であり, $\beta(y,z)$, $\alpha(y,z)$ は点 $(y,z) \in D_x$ から x-軸に平行な直線と曲面 Σ との交点である. ただし, $\beta(y,z) \geq \alpha(y,z)$ とする (図5.13を参照). 同様に, 変数の順序 (x,y,z) を (y,z,x), (z,x,y) に換えても対応する等式が成立する.

定理 5.1.2 (ガウスの定理) $D \subset \mathbf{R}^3$ を有限個の区分的に滑らかな閉曲面 Σ で囲まれた領域とする. f, g, h は $\overline{D}$ での任意の C^1-級の関数とする. 曲面 Σ

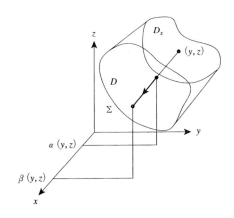

図 5.13 D の x-軸に沿っての (y,z)-平面への射影 D_x

の向きは領域 D に関して正とする. このとき

$$\iiint_D \left(\frac{\partial f}{\partial x} + \frac{\partial g}{\partial y} + \frac{\partial h}{\partial z}\right) dv_x$$
$$= \iint_\Sigma f(\mathbf{x})\, dy \wedge dz + g(\mathbf{x}) dz \wedge dx + h(\mathbf{x}) dx \wedge dy.^{*1)} \qquad (5.7)$$

[証明] 領域 D を有限個の凸領域 D_i $(i = 1, 2, \ldots, q)$ に分割して, 各 D_i について等式 (5.7) を示しておけば, その等式を $i = 1, 2, \ldots, q$ について加えると D に関する等式 (5.7) を得る. したがって, D は凸領域と仮定して証明すれば十分である. さらに, 他の場合も同じなので, $\overline{D}$ 上で恒等的に $g = h = 0$ の場合を示そう. 繰り返し積分によって (図 5.14 を参照)

$$\iiint_D \frac{\partial f}{\partial y} dx dy dz = \iint_{D_y} \left\{ \int_{\gamma(x,z)}^{\delta(x,z)} \frac{\partial f}{\partial y} dy \right\} dz dx$$
$$= \iint_{D_y} (f(x, \delta(x, z), z) - f(x, \gamma(x, z), z)) dz dx.$$

曲面 Σ 上の点 $(x, \gamma(x, z), z)$ では $(\mathbf{n}, y) < 0$ より $dz \wedge dx = -dzdx < 0$ であり, 点 $(x, \delta(x, z), z)$ では $(\mathbf{n}, y) > 0$ より $dz \wedge dx = dzdx > 0$ である. したがって, 右辺は面積分 $\iint_\Sigma f(x, y, z) dz \wedge dx$ に等しい. □

この定理から 2 次元のガウスの定理 5.1.1 の証明と同様にして, 次のガウスの定理の 3 次元版を得る. ただし, 2 次元の場合の等式 (5.2) は 3 次元では

$$\frac{\partial v}{\partial x} dy \wedge dz + \frac{\partial v}{\partial y} dz \wedge dx + \frac{\partial v}{\partial z} dz \wedge dy = \frac{\partial v}{\partial \mathbf{n}_x} dS_x$$

となることに注意する.

系 5.1.2 (ガウス-グリーンの定理) 定理 5.1.2 と同じ条件の下で, u, v を $\overline{D}$ での C^2-級の関数とする. このとき

(i) $\displaystyle \iint_\Sigma u \frac{\partial v}{\partial \mathbf{n}_y} dS_y$

---

*1) 右辺の式は正確には $\iint_\Sigma f(\mathbf{x})\, dy \wedge dz + \iint_\Sigma g(\mathbf{x}) dz \wedge dx + \iint_\Sigma h(\mathbf{x}) dx \wedge dy$ と書くべきだが, 通常は上のように簡潔に書く.

5.1 ガウスおよびストークスの定理

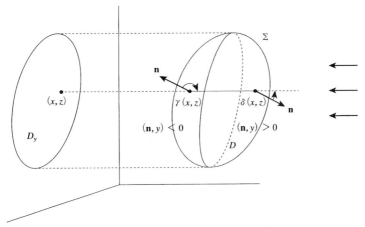

図 5.14 3 次元でのガウス-グリーンの定理

$$= \iiint_D \left(\frac{\partial u}{\partial x}\frac{\partial v}{\partial x} + \frac{\partial u}{\partial y}\frac{\partial v}{\partial y} + \frac{\partial u}{\partial z}\frac{\partial v}{\partial z} \right) dxdydz + \iiint_D u\Delta v\, dxdydz.$$

(ii) $\displaystyle\iint_\Sigma \left(u\frac{\partial v}{\partial \mathbf{n}_y} - v\frac{\partial u}{\partial \mathbf{n}_y} \right) dS_y = \iiint_D (u\Delta v - v\Delta u)\, dxdydz.$

(iii) もし u, v が $\overline{D}$ で調和関数ならば

$$\iint_\Sigma u\frac{\partial v}{\partial \mathbf{n}_y} dS_y = \iint_\Sigma v\frac{\partial u}{\partial \mathbf{n}_y} dS_y, \quad \iint_\Sigma \frac{\partial u}{\partial \mathbf{n}_y} dS_y = 0. \tag{5.8}$$

この章でよく使われる空間での曲面の面積分をその曲面の境界の定める閉曲線に沿っての線積分で表す等式，いわゆる，ストークスの定理，を示す．そのために，曲面の向きと境界曲線の向きとの整合性について述べる必要がある．今，Σ は向き付け可能な曲面で有限個の曲線 C で囲まれているとする．Σ は単位法ベクトル $\mathbf{n}_Q$, $Q \in \Sigma$ で正に向き付けられているとする．Q を C 上の一点とする．Q を通り C に直交する平面と Σ との交わりは Q を始点とする曲線 l である．したがって，l の始点における単位接ベクトル $\mathbf{r}$ が定まる．そこで，曲線 C に次のように向きを付ける：点 Q における C の単位接ベクトルを $\mathbf{t}$ とすれば，順序 $(\mathbf{t}, \mathbf{r}, \mathbf{n}_Q)$ は正である．このとき，曲面 Σ の向きと境界曲線 C との向きは**整合している**，或いは閉曲線 C の向きは曲面 Σ の向きに関して正と

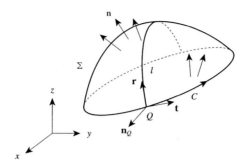

図 5.15 曲面の向きと境界曲線の向きとの整合性

いい，$C = \partial \Sigma$ と書く．

定理 5.1.3 (ストークスの定理) 曲面 Σ は向き付け可能な曲面で有限個の曲線 C で囲まれていて，Σ と C の向きは整合しているとする．f を $\Sigma \cup C$ を含む 3 次元の開集合 G での C^1-級の関数とする．このとき

$$\int_C f(x,y,z)dx = \iint_\Sigma -\frac{\partial f}{\partial y}dx \wedge dy + \frac{\partial f}{\partial z}dz \wedge dx.$$

変数の順序 (x,y,z) を (y,z,x), (z,x,y) に換えても対応する等式が成立する．

[証明] 曲面 Σ と曲線 C とが図 5.16 ように整合性をもって与えられている場合を示そう．このような場合を証明しておけば，一般の場合には面積分も線積分も加法性があるから有限個の図のような場合に分割できるから正しいことがわかる．Σ の (x,y)-平面への射影を Σ_z, (z,x)-平面への射影を Σ_y と書く．したがって，Σ は二つの表現

$$z = z(x,y), \quad (x,y) \in \Sigma_z \quad \text{および} \quad y = y(x,z), \quad (x,z) \in \Sigma_y$$

を持つ．図 5.16 において $x: a \leq x \leq b$ を固定する．3 次元空間で x-座標が x である (y,z)-平面に平行な平面 π_x を描く．π_x と Σ との交わりは曲線となる．それを l_x と書く．この l_x の (x,y)-平面への射影 l'_x は y-軸に平行な閉区間 $[\alpha(x), \beta(x)]$ となる．同様に l_x の (x,z)-平面への射影 l''_x は z-軸に平行な閉

区間 $[\xi(x), \eta(x)]$ である．曲線 l_x の各点 Q を仲介にして l'_x と l''_x とは一対一の対応：$Q' \leftrightarrow Q''$ をなす．この対応は上の Σ の表現を用いて

$$y \in [\alpha(x), \beta(x)] \to z = z(x,y) \in [\eta(x), \xi(x)],$$
$$z \in [\eta(x), \xi(x)] \to y = y(x,z) \in [\alpha(x), \beta(x)]. \quad (5.9)$$

と表せる．したがって，$Q = (x, y, z(x,y)) = (x, y(x,z), z)$ かつ $y(x, z(x,y)) = y$, $z(x, y(x,z)) = z$ である．図では，$P_x = (x, \alpha(x), \eta(x))$, $Q_x = (x, \beta(x), \xi(x))$ であり，$z = z(x,y)$ は y に関して減少関数となり，端点 $\alpha(x), \beta(x)$ はそれぞれ $\eta(x), \xi(x)$ に対応する．図の曲面 Σ の場合，各点 Q において $(\mathbf{n}_Q, z) > 0$

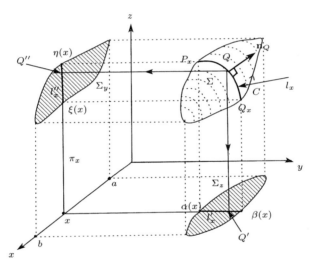

図 **5.16** ストークスの定理の証明

から $dx \wedge dy = dxdy > 0$ である．よって

$$\iint_\Sigma \frac{\partial f}{\partial y} dx \wedge dy = \iint_{\Sigma_z} \frac{\partial f}{\partial y}(x, y, z(x,y)) dx dy$$
$$= \int_a^b \left\{ \int_{\alpha(x)}^{\beta(x)} \frac{\partial f}{\partial y}(x, y, z(x,y)) dy \right\} dx.$$

同様に，$\quad \iint_\Sigma \frac{\partial f}{\partial z} dz \wedge dx = \int_a^b \left\{ \int_{\xi(x)}^{\eta(x)} \frac{\partial f}{\partial z}(x, y(x,z), z) dz \right\} dx.$

任意に $x \in [a,b]$ を固定して，(5.9) を用いて，変数 z を変数 $y = z(x,y)$ に換える．その際，各 y に対して $y(x, z(x,y)) = y$ に注意して

$$
\int_{\xi(x)}^{\eta(x)} \frac{\partial f}{\partial z}(x, y(x,z), z) dz = \int_{\beta(x)}^{\alpha(x)} \frac{\partial f}{\partial z}(x, y(x, z(x,y)), z(x,y)) \frac{\partial z(x,y)}{\partial y} dy
$$
$$
= -\int_{\alpha(x)}^{\beta(x)} \frac{\partial f}{\partial z}(x, y, z(x,y)) \frac{\partial z(x,y)}{\partial y} dy.
$$

$$
\therefore \quad \iint_{\Sigma} -\frac{\partial f}{\partial y} dx \wedge dy + \frac{\partial f}{\partial z} dz \wedge dx
$$
$$
= -\int_a^b \left\{ \int_{\alpha(x)}^{\beta(x)} \left(\frac{\partial f}{\partial y}(x, y, z(x,y)) + \frac{\partial f}{\partial z}(x, y, z(x,y)) \frac{\partial z(x,y)}{\partial y} \right) dy \right\} dx
$$
$$
= -\int_a^b \left\{ \int_{\alpha(x)}^{\beta(x)} \frac{\partial f(x, y, z(x,y))}{\partial y} dy \right\} dx \quad (\text{合成関数の連鎖の公式より})
$$
$$
= -\int_a^b \left\{ f(x, \beta(x), z(x, \beta(x))) - f(x, \alpha(x), z(x, \alpha(x))) \right\} dx
$$
$$
= -\int_a^b \left\{ f(x, \beta(x), \xi(x)) - f(x, \alpha(x), \eta(x)) \right\} dx.
$$

最後の式は線積分の定義より，線積分 $\int_C f(x,y,z) dx$ に等しい． $\square$

（発散 (div) と回転 (rot)） $\mathbf{R}^3$ の領域 D に C^1-級ベクトル場 $\mathbf{f}(\mathbf{x}) = (f_1, f_2, f_3)$ が与えられたとする． $\mathbf{x} = (x, y, z) \in D$ に対して

$$
\operatorname{div} \mathbf{f}(\mathbf{x}) = \frac{\partial f_1}{\partial x} + \frac{\partial f_2}{\partial y} + \frac{\partial f_3}{\partial z},
$$
$$
\operatorname{rot} \mathbf{f}(\mathbf{x}) = \left(\frac{\partial f_3}{\partial y} - \frac{\partial f_2}{\partial z}, \frac{\partial f_1}{\partial z} - \frac{\partial f_3}{\partial x}, \frac{\partial f_2}{\partial x} - \frac{\partial f_1}{\partial y} \right)
$$

と置く．スカラー $\operatorname{div} \mathbf{f}(\mathbf{x})$ を $\mathbf{f}$ の点 $\mathbf{x}$ における**発散**，ベクトル $\operatorname{rot} \mathbf{f}$ を $\mathbf{f}$ の点 $\mathbf{x}$ における**回転**という．これらの幾何学的意味を見るために，点 $\mathbf{a} \in D$ を固定する．中心 $\mathbf{a}$，半径 $r > 0$ の球面 Q_r およびその内部 (Q_r) を描くと，ガウス-グリーンの定理から

$$
\iint_{Q_r} \mathbf{f}(\mathbf{x}) \bullet \mathbf{n}_x \, dS_x = \iint_{Q_r} f_1 \, dy \wedge dz + f_2 \, dz \wedge dx + f_3 \, dx \wedge dy
$$

$$= \iiint_{(Q_r)} \operatorname{div} \mathbf{f}(\mathbf{x})\, dxdydz.$$

左辺の積分は球面 Q_r から $\mathbf{f}$ が出入する量 $\mathbf{D}_r$ を表す.右辺の第二の体積積分を球面 Q_r の体積で割って $r \to 0$ とすれば, $\operatorname{div} \mathbf{f}(\mathbf{a})$ に近づくから

$$\operatorname{div} \mathbf{f}(\mathbf{a}) = \lim_{r \to 0} \frac{\mathbf{D}_r}{4\pi r^3/3}.$$

故に, $\operatorname{div} \mathbf{f}(\mathbf{a})$ は小球の体積に対しての $\mathbf{f}$ の小球からの**発散率**を表している.よって, $\operatorname{div} \mathbf{f}(\mathbf{a})$ はユークリッドの座標系の取り方によらない.

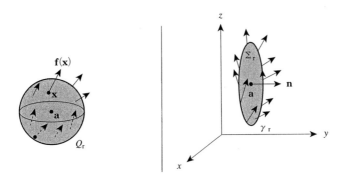

図 5.17 $\operatorname{div} \mathbf{f}(\mathbf{a})$ および $(\frac{\partial f_3}{\partial y} - \frac{\partial f_2}{\partial z})(\mathbf{a})$ の幾何学的意味

他の成分も同じであるから,ここでは $\operatorname{rot} \mathbf{f}(\mathbf{a})$ の第二成分の意味を見よう. $\mathbf{a}$ を通り, (z,x)-平面に平行な平面 Π 上に中心 $\mathbf{a}$,半径 $r > 0$ の円周 γ_r (反時計回り) およびその内部の円板 Σ_r を描く.このとき,正の y-軸の方向を平面 Σ_r の正の向き $\mathbf{n}$ とすると Σ_r と γ_r とは整合性をもち, Σ_r で $dz \wedge dx = dzdx > 0$ である.また, Σ_r 上では $dx \wedge dy = dy \wedge dz = 0$ である.したがって,ストークスの定理から

$$\int_{\gamma_r} f_1 dx + f_2 dy + f_3 dz = \iint_{\Sigma_r} \left(\frac{\partial f_1}{\partial z} - \frac{\partial f_3}{\partial x} \right) dzdx.$$

積分因子 $f_1 dx + f_2 dy + f_3 dz = \mathbf{f}(\mathbf{x}) \bullet (dx, dy, dz)$ は点 $\mathbf{x} \in \gamma_r$ におけるベクトル $\mathbf{f}(\mathbf{x})$ と円周 γ のその点における接ベクトル (dx, dy, dz) との内積である

から，左辺の線積分は円周 γ_r に沿っての $\mathbf{f}(\mathbf{x})$ の回転量 $\mathbf{R}_r$ を表す．ところで，右辺の面積積分を Σ_r の面積で割って $r \to 0$ とすれば，$(\frac{\partial f_1}{\partial z} - \frac{\partial f_3}{\partial x})(\mathbf{a})$ に近づくから

$$\left(\frac{\partial f_1}{\partial z} - \frac{\partial f_3}{\partial x} \right)(\mathbf{a}) = \lim_{r \to 0} \frac{\mathbf{R}_r}{\pi r^2}.$$

故に，rot $\mathbf{f}(\mathbf{a})$ の第二成分は小円の面積に対しての $\mathbf{f}$ の小円周に沿っての**回転率**を表している．

rot を用いれば，ストークスの定理 5.1.3 で述べた三つの等式は次の一つの形にまとめられる．ストークスの定理における記号と同じ記号を用いることにして，$\mathbf{f} = (f_1, f_2, f_3)$ を $\Sigma \cup C$ を含む領域で C^2-級のベクトル場とする．このとき

$$\int_C \mathbf{f} \bullet d\mathbf{x} = \iint_\Sigma \mathrm{rot}\, \mathbf{f} \bullet d\mathbf{x}^*. \tag{5.10}$$

ただし，形式的に $d\mathbf{x} = (dx, dy, dz)$, $d\mathbf{x}^* = (dy \wedge dz, dz \wedge dx, dx \wedge dy)$ と書き，● は**形式的内積**を表す．例えば

$$\mathbf{f} \bullet d\mathbf{x} = f_1 dx + f_2 dy + f_3 dz,$$
$$\mathbf{f} \bullet d\mathbf{x}^* = f_1 dy \wedge dz + f_2 dz \wedge dx + f_3 dx \wedge dy.$$

これを用いれば，rot $\mathbf{f}(\mathbf{a})$ の別の見方ができる．そのために，$\mathbf{Q}$ を単位ベクトルのすべての集まりとする．各ベクトル $\mathbf{n} \in \mathbf{Q}$ に対して，点 $\mathbf{a}$ を通る $\mathbf{n}$ に垂直な面 π を描き，その向きは $\mathbf{n}$ に関して正とする．π 上に中心 $\mathbf{a}$, 半径 r の小円周 γ_r を描き，その向きは $\mathbf{n}$ に関して正とする（すなわち，γ_r の方向にねじを回すとき，$\mathbf{n}$ がねじの進む方向である）．(γ_r) を γ_r で囲まれる π 上の円板とすれば，整合性から

$$\mathbf{f} \bullet d\mathbf{x}^* = (\mathbf{f} \bullet \mathbf{n}) dS_x, \qquad \mathbf{x} \in (\gamma_r)$$

である．今，実数

$$R(\mathbf{n}) = \lim_{r \to 0} \frac{\int_{\gamma_r} \mathbf{f} \bullet d\mathbf{x}}{\pi r^2} \quad \text{および} \quad R_0 = \mathrm{Max}\,\{R(\mathbf{n}) \mid \mathbf{n} \in \mathbf{Q}\}$$

を考える．このとき，もし $R_0 \neq 0$（したがって，$R_0 > 0$）ならば，R_0 を取る

$\mathbf{n}_0 \in \mathbf{Q}$ が唯一つ存在して $\operatorname{rot} \mathbf{f}(\mathbf{a}) \cdot \mathbf{n}_0 = R_0$ である. すなわち, 最大値 R_0 は $\|\operatorname{rot} \mathbf{f}(\mathbf{a})\|$ に等しく, それを取る方向は $\operatorname{rot} \mathbf{f}(\mathbf{a})$ の方向である.

実際, 任意の $\mathbf{n} \in \mathbf{Q}$ に対して, ストークスの定理から

$$R(\mathbf{n}) = \lim_{r \to 0} \frac{\iint_{(\gamma_r)} (\operatorname{rot} \mathbf{f} \bullet \mathbf{n}) dS_x}{\pi r^2} = \operatorname{rot} \mathbf{f}(\mathbf{a}) \bullet \mathbf{n} \leq \|\operatorname{rot} \mathbf{f}(\mathbf{a})\|$$

であるから, $\mathbf{n}_0$ として $\operatorname{rot} \mathbf{f}(\mathbf{a})$ と同じ方向を取れば, 上式が導かれる.

よって, $\operatorname{rot} \mathbf{f}(\mathbf{x})$ も座標系の取り方によらない.

これらのことから, 領域 D において $\operatorname{div} \mathbf{f}(\mathbf{x}) \equiv 0$ のとき, $\mathbf{f}$ は**湧きだし口なし**のベクトル場といい, $\operatorname{rot} \mathbf{f}(\mathbf{x}) \equiv \mathbf{0}$ のとき, **渦なし**のベクトル場という. 湧き出し口も渦も共にないベクトル場 $\mathbf{f}$, すなわち, D において恒等的に $\operatorname{div} \mathbf{f} = \operatorname{rot} \mathbf{f} = \mathbf{0}$ のとき, $\mathbf{f}$ は**調和なベクトル場**と呼ばれる.

5.2 調和関数とポアソンの方程式

空間 $\mathbf{R}^3$ の領域 D で定義された C^2-級関数 u が偏微分方程式

$$\Delta u(\mathbf{x}) = \frac{\partial^2 u}{\partial x^2} + \frac{\partial^2 u}{\partial y^2} + \frac{\partial^2 u}{\partial z^2} = 0, \qquad \mathbf{x} \in D$$

をみたすとき, u は D での**調和関数**という. Δ を **3 次元のラプラシアン**という. 簡単な計算によって, D での調和なベクトル場 $\mathbf{f} = (f_1, f_2, f_3)$ の各係数 $f_j(\mathbf{x})$, $j = 1, 2, 3$ は D での調和関数であることがわかる. 最も基本的な調和関数は次の距離の逆数の定める関数である. 点 $\mathbf{a} = (a, b, c) \in \mathbf{R}^3$ を固定するとき,

$$\frac{1}{\|\mathbf{x} - \mathbf{a}\|} = \frac{1}{\sqrt{(x-a)^2 + (y-b)^2 + (z-c)^2}}$$

は $\mathbf{x}$ についての $\mathbf{R}^3 \setminus \{\mathbf{a}\}$ での調和関数である. このことは直接計算によってわかる. $\frac{1}{\|\mathbf{x}-\mathbf{a}\|} \to +\infty$ $(\mathbf{x} \to \mathbf{a})$ であるが, その $+\infty$ のなり方の性質を調べるために $\mathbf{R}^3$ の極座標について述べる. 点 $\mathbf{x} = (x, y, z) \in \mathbf{R}^3 \setminus \{\mathbf{0}\}$ に対して図 5.18 のように $r > 0$, $\varphi: 0 \leq \varphi < \pi$, $\theta: 0 \leq \theta < 2\pi$ を定め, $[r, \varphi, \theta]$ を点 $\mathbf{x}$ の**極座標**という. 図から

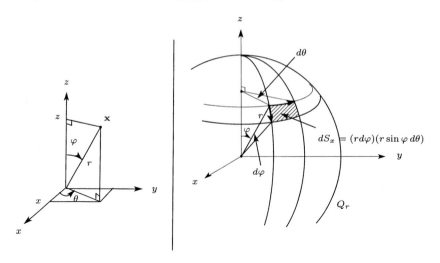

図 5.18 $\mathbf{R}^3$ の極座標 $\mathbf{x} = [r, \varphi, \theta]$ と球面要素 dS_x の極座標表示

$$x = r\sin\varphi\cos\theta, \quad y = r\sin\varphi\sin\theta, \quad z = r\cos\varphi.$$

図 5.18 から，点 $\mathbf{x} = [r, \varphi, \theta] \in \mathbf{R}^3 \setminus \{\mathbf{0}\}$ における中心原点，半径 r の球面 Q_r の球面要素 dS_x および体積要素 $dv_x = dxdydz$ は

$$dS_x = r^2 \sin\varphi \, d\theta d\varphi, \qquad dv_x = dS_x dr = r^2 \sin\varphi \, drd\theta d\varphi$$

と表せる．今，Q_r を中心 $\mathbf{a}$, 半径 $r > 0$ の球面とし，(Q_r) をその内部とする．$\mathbf{x} - \mathbf{a} = [r, \varphi, \theta]$ と置く．点 $\mathbf{x} \in Q_r$ における Q_r の単位外法線ベクトルを $\mathbf{n}_x$ (すなわち，方向が r の単位ベクトル)，球面要素を $dS_x = r^2 \sin\varphi \, d\theta d\varphi$, $\mathbf{R}^3$ の体積要素を $dv_x = dS_x dr$ とする．このとき点 $\mathbf{x} \in Q_R$ においては

$$\frac{\partial}{\partial \mathbf{n}_x}\left(\frac{1}{\|\mathbf{x}-\mathbf{a}\|}\right) = \left(\frac{\partial(1/r)}{\partial r}\right)_{\mathbf{x}} = \frac{-1}{R^2} \tag{5.11}$$

であるから

$$\iiint_{(Q_R)} \frac{1}{\|\mathbf{x}-\mathbf{a}\|} dv_x = \int_{r=0}^R \left(\iint_{Q_r} \frac{1}{r} dS_x\right) dr = 2\pi R^2 < \infty, \tag{5.12}$$

$$\iint_{Q_R} \frac{\partial}{\partial \mathbf{n}_x}\left(\frac{1}{\|\mathbf{x}-\mathbf{a}\|}\right) dS_x = \iint_{Q_R} \frac{-1}{R^2} dS_x = -4\pi. \tag{5.13}$$

5.2 調和関数とポアソンの方程式 215

複素 z-平面に中心 α, 半径 $R > 0$ の反時計回りの円周 C_R を描くとき複素線積分 $\int_{C_R} \frac{1}{z-\alpha} = 2\pi i$ となり, 半径 R によらなかった (このことが正則関数のコーシーの積分表示を導く一つのもとであった). それと同じく, (5.13) で定義される球面積分は R によらないという事実は大切である. 例えば, 点 $\mathbf{a}$ の近傍で定義された任意の連続関数 f および C^1-級関数 g に対して, 次式が成立する:

$$\lim_{R \to 0} \iint_{Q_R} f(\mathbf{x}) \frac{\partial}{\partial \mathbf{n}_x} \left(\frac{1}{\|\mathbf{x} - \mathbf{a}\|} \right) dS_x = -4\pi f(\mathbf{a}), \qquad (5.14)$$

$$\lim_{R \to 0} \iint_{Q_R} \frac{\partial g}{\partial \mathbf{n}_x} \frac{1}{\|\mathbf{x} - \mathbf{a}\|} dS_x = 0. \qquad (5.15)$$

[証明] 前者は (5.11) と連続の定義から容易に示される. 後者は g が点 $\mathbf{a}$ の近傍で C^1-級から, $0 < \varepsilon < 1$ に無関係な定数 $M > 0$ が存在して

$$\left| \frac{\partial g}{\partial \mathbf{n}_x} \right| \leq \| \operatorname{grad} g(\mathbf{x}) \| \leq M, \qquad \mathbf{x} \in Q_\varepsilon.$$

$$\therefore \left| \iint_{Q_\varepsilon} \frac{1}{\|\mathbf{y} - \mathbf{x}\|} \frac{\partial g}{\partial \mathbf{n}_y} dS_y \right| \leq M \iint_{Q_\varepsilon} \frac{1}{r} dS_x = M(4\pi\varepsilon).$$

したがって, $\varepsilon \to 0$ として後者を得る. □

ここで, 次の簡便な記号 χ_D を導入する. 領域 D で定義された関数やベクトル場 $f(\mathbf{x})$ に対して

$$\chi_D \, \mathbf{f}(\mathbf{x}) = \begin{cases} \mathbf{f}(\mathbf{x}), & \mathbf{x} \in D, \\ 0, & \mathbf{x} \in \mathbf{R}^3 \setminus \overline{D} \end{cases}$$

と置く. χ_D は領域 D に関する**特性関数**と呼ばれる.

定理 5.2.1 (調和関数の積分表示) D を有限個の区分的に滑らかな閉曲面 Σ で囲まれた領域とする. u を $\overline{D}$ の近傍での調和関数とする. このとき, 任意の $\mathbf{x} \in \mathbf{R}^3$ に対して

$$\chi_D \, u(\mathbf{x}) = \frac{1}{4\pi} \iint_\Sigma \left(\frac{\partial u}{\partial \mathbf{n}_y} \frac{1}{\|\mathbf{y} - \mathbf{x}\|} - u(\mathbf{y}) \frac{\partial}{\partial \mathbf{n}_y} \left(\frac{1}{\|\mathbf{y} - \mathbf{x}\|} \right) \right) dS_y.$$
$$(5.16)$$

[証明] 点 $\mathbf{x} \in D$ を固定する．中心 $\mathbf{x}$, 半径 $\varepsilon > 0$ の小さい球 $(Q)_\varepsilon$ を D 内に描き，その境界面を Q_ε (向きは $(Q)_\varepsilon$ に関して正) とする．$1/\|\mathbf{y}-\mathbf{x}\|$ および $u(\mathbf{y})$ は $D \setminus \overline{(Q)_\varepsilon}$ で $\mathbf{y}$ について共に調和関数であるから，ガウス-グリーンの定理 5.1.2 (iii) から

$$\iint_{\Sigma - Q_\varepsilon} u(\mathbf{y}) \frac{\partial}{\partial \mathbf{n}_y}\left(\frac{1}{\|\mathbf{y}-\mathbf{x}\|}\right) dS_y = \iint_{\Sigma - Q_\varepsilon} \frac{\partial u}{\partial \mathbf{n}_y} \frac{1}{\|\mathbf{y}-\mathbf{x}\|} dS_y.$$

(5.14) および (5.15) から，左辺および右辺の小球面 Q_ε での面積分は $\varepsilon \to 0$ のとき，それぞれ $-4\pi u(\mathbf{x})$ および 0 に近づく．したがって，上式において $\varepsilon \to 0$ とすれば，$\mathbf{x} \in D$ の場合の定理が証明される．点 $\mathbf{x} \in \mathbf{R}^3 \setminus \overline{D}$ の場合も (小球 $(Q)_\varepsilon$ を取る必要はなくて) 同様に証明される． □

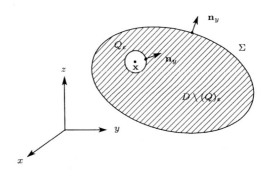

図 5.19　$u(\mathbf{y}), 1/\|\mathbf{y}-\mathbf{x}\|$ は $D \setminus \overline{(Q)_\varepsilon}$ で共に調和関数である

曲面 Σ 上の連続関数 f に対して次の積分で定義される関数

$$\mathcal{N}_\Sigma f(\mathbf{x}) = \frac{1}{4\pi} \iint_\Sigma f(\mathbf{y}) \frac{1}{\|\mathbf{y}-\mathbf{x}\|} dS_y, \quad \mathbf{x} \in \mathbf{R}^3 \setminus \Sigma, \qquad (5.17)$$

$$\mathcal{M}_\Sigma f(\mathbf{x}) = \frac{1}{4\pi} \iint_\Sigma f(\mathbf{y}) \left(\frac{\partial}{\partial \mathbf{n}_y} \frac{1}{\|\mathbf{y}-\mathbf{x}\|}\right) dS_y, \quad \mathbf{x} \in \mathbf{R}^3 \setminus \Sigma \qquad (5.18)$$

をそれぞれ曲面 Σ に関する密度 f の**一重層ポテンシャル**および**二重層ポテンシャル**という．定理 5.2.1 は

$$\chi_D u(\mathbf{x}) = \left(\mathcal{N}_\Sigma \frac{\partial u}{\partial \mathbf{n}_x}\right)(\mathbf{x}) - (\mathcal{M}_\Sigma u)(\mathbf{x}), \qquad \mathbf{x} \in \mathbf{R}^3 \setminus \Sigma \quad (5.19)$$

5.2 調和関数とポアソンの方程式 217

と表せる．これは電磁場のポテンシャル論で有用な等式である．

$((\frac{\partial}{\partial \mathbf{n}_y} \frac{1}{\|\mathbf{y}-\mathbf{x}_0\|})dS_y$ の幾何学的意味) $\mathbf{x}_0 \notin \Sigma$, $y_0 \in \Sigma$ を固定し，$R_0 = \|\mathbf{y}_0 - \mathbf{x}_0\| > 0$, $\mathbf{r} = \frac{\mathbf{y}_0 - \mathbf{x}_0}{R_0}$ と置く．$\mathbf{y}_0$ における Σ の単位法ベクトルを $\mathbf{n}$ とし，$\mathbf{r}$ と $\mathbf{n}$ とのなす角を φ と置く．$\mathbf{y}_0$ を通り，$\mathbf{r}$ と直交する平面を Π とする．$\mathbf{y}_0$ における Σ の面素を dS とし，これを $\mathbf{r}$ に沿って Π へ射影した (符号付き) 面素を $d\overline{S}$ と書くと $d\overline{S} = \cos\varphi\, dS$ である．中心 $\mathbf{x}_0$ の単位球面を Q とし，$d\overline{S}$ の Q への放射影 (図 5.20 を参照) を $d\widetilde{S}$ とすると $d\widetilde{S} = d\overline{S}/R_0^2 = \cos\varphi\, dS/R_0^2$ である．一方，球面 $Q_{R_0}: \|\mathbf{y}-\mathbf{x}_0\| = R_0$ 上の点 $\mathbf{y}_0$ における二つの単位接ベクトル $\mathbf{t}_1$, $\mathbf{t}_2$ を $(\mathbf{t}_1, \mathbf{t}_2, \mathbf{r})$ が座標系となるように取る．$\mathbf{y}_0$ おいて $\frac{\partial}{\partial \mathbf{t}_i} \frac{1}{\|\mathbf{y}-\mathbf{x}_0\|} = 0$, $i = 1, 2$ であるから

$$\left(\frac{\partial}{\partial \mathbf{n}} \frac{1}{\|\mathbf{y}-\mathbf{x}_0\|}\right)_{y=y_0} = \cos\varphi \left(\frac{\partial}{\partial \mathbf{r}} \frac{1}{\|\mathbf{y}-\mathbf{x}_0\|}\right)_{y=y_0} = \frac{-\cos\varphi}{R_0^2}.$$

$$\therefore \left(\frac{\partial}{\partial \mathbf{n}} \frac{1}{\|\mathbf{y}-\mathbf{x}_0\|}\right)_{y=y_0} dS = -d\widetilde{S}.$$

よって，σ を Σ の一部の面とすれば

$$-\iint_\sigma \left(\frac{\partial}{\partial \mathbf{n}_y} \frac{1}{\|\mathbf{y}-\mathbf{x}_0\|}\right) dS_y$$

は点 $\mathbf{x}_0$ から面 σ を仰ぎ見たときの (符号付き) **立体角** Ψ を表す．これから，例えば，Σ を中心原点の単位球面，σ をその一部分の面とし，$\mathbf{x}_0$ を原点とすれば，Ψ は σ の面積のマイナスであることがわかる．したがって，Σ を領域 D を囲む滑らかな曲面とする．$D' = \mathbf{R}^3 \setminus \overline{D}$ と置く．このとき

$$\frac{-1}{4\pi} \iint_\Sigma \left(\frac{\partial}{\partial \mathbf{n}_y} \frac{1}{\|\mathbf{y}-\mathbf{x}_0\|}\right) dS_y = \begin{cases} 1, & \mathbf{x}_0 \in D, \\ 0, & \mathbf{x}_0 \in \mathbf{R}^3 \setminus \overline{D}. \end{cases}$$

さらに，σ を Σ の一部分の面とする．ζ を σ 上の任意の点とする．点 $\mathbf{x}_0$ が ζ に内部および外部から近づいたときの σ の仰角をそれぞれ Ψ^+, Ψ^- とすれば，常に $\Psi^+ - \Psi^- = -4\pi$ である．故に，次の不連続性定理を得る：

$$\lim_{\mathbf{x}_0 \in D' \to \zeta} \iint_\sigma \left(\frac{\partial}{\partial \mathbf{n}_y} \frac{1}{\|\mathbf{y}-\mathbf{x}_0\|}\right) dS_y - \lim_{\mathbf{x}_0 \in D \to \zeta} \iint_\sigma \left(\frac{\partial}{\partial \mathbf{n}_y} \frac{1}{\|\mathbf{y}-\mathbf{x}_0\|}\right) dS_y = 4\pi.$$

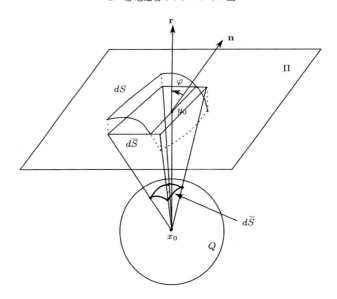

図 5.20 $\left(\frac{\partial}{\partial \mathbf{n}_y} \frac{1}{\|\mathbf{y}-\mathbf{x}_0\|}\right) dS_y$ の幾何学的意味

系 5.2.1 (調和関数に関する平均値の定理) 閉球 $\overline{(Q)}$: $\|\mathbf{x}-\mathbf{a}\| \leq R$ および球面 Q: $\|\mathbf{x}-\mathbf{a}\| = R$ を考える.このとき $\overline{(Q)}$ での調和関数 u に対して

$$u(\mathbf{a}) = \frac{1}{4\pi R^2} \iint_Q u(\mathbf{x}) dS_x.$$

[証明] Q 上で $\frac{1}{\|\mathbf{x}-\mathbf{a}\|} = \frac{1}{R}$ であるから,(5.8) によって $\mathcal{N}_Q \frac{\partial u}{\partial \mathbf{n}_x}(\mathbf{a}) = 0$. また,$\Sigma$ 上で $\frac{\partial}{\partial \mathbf{n}_x}\left(\frac{1}{\|\mathbf{x}-\mathbf{a}\|}\right) = -\frac{1}{R^2}$.したがって,定理 5.2.1 から

$$u(\mathbf{a}) = \mathcal{N}_Q \frac{\partial u}{\partial \mathbf{n}_x}(\mathbf{a}) - \mathcal{M}_Q u(\mathbf{a}) = \frac{1}{4\pi R^2} \iint_Q u(\mathbf{x}) dS_x. \qquad \square$$

この系から,平面における調和関数と同様に「$\mathbf{R}^3$ の領域での任意の調和関数に対して最大値の原理が成立する」ことがわかる.

簡単のために,次の記号を導入する.$n = 0, 1, 2, \ldots, \infty$ に対して,領域 $D \subset \mathbf{R}^3$ での n 回連続的微分可能な関数の全体を $C^n(D)$ と書く.ただし,0 回連続的微分可能な関数とは単に連続な関数を表すものとする.また,D で

の**実解析的関数**[*1)]の全体を $C^\omega(D)$ で表す. さらに, $\overline{D}$ を D の閉包とするとき, $f \in C^n(\overline{D})$ (または $f \in C^\omega(\overline{D})$) とは, $\overline{D}$ の或る近傍 G (これは f によって構わない) が存在して, $f \in C^n(G)$ (または $f \in C^\omega(G)$) であるときをいう.

$\mathbf{R}^3$ で定義された関数 f に対して, $\mathbf{R}^3$ の部分集合 $\{\mathbf{x} \in D \mid f(\mathbf{x}) \neq 0\}$ の閉包を K_f と書き, f の台という. 故に, f は台 K_f の外では恒等的に 0 である. 各 $n = 0, 1, \ldots, \infty$ に対して, 台 K_f が有界集合である $f \in C^n(\mathbf{R}^3)$ の全体を $C_0^n(\mathbf{R}^3)$ と書く. $C_0^\omega(\mathbf{R}^3) = \{0\}$ である. (5.12) から任意の $f \in C_0^0(\mathbf{R}^3)$ に対して

$$-\infty < \iiint_{\mathbf{R}^3} \frac{f(\mathbf{x})}{\|\mathbf{x} - \mathbf{a}\|} dv_x < \infty. \tag{5.20}$$

関数 f は $\mathbf{x} = \infty$ の近傍で, すなわち, 或る球の外側で定義されているとする. このとき, 正数 $k > 0$ に対して

$$f(\mathbf{x}) = \mathrm{O}(1/\|\mathbf{x}\|^k) \quad (\mathbf{x} \to \infty)$$

とは, 或る正数 $R > 0$, $M > 0$ が存在して, $\|\mathbf{x}\| > R$ をみたす任意の点 $\mathbf{x}$ に対して $|f(\mathbf{x})| \leq M/\|\mathbf{x}\|^k$ となるときをいう.

次の定理 5.2.2 (iv) で述べるポアソンの方程式はこの章を通じて最も基本的である. 任意の $f \in C_0^n(\mathbf{R}^3)$ に対して, 点 $\mathbf{x} \in \mathbf{R}^3$ を固定して, 体積積分

$$Nf(\mathbf{x}) = \frac{1}{4\pi} \iiint_{\mathbf{R}^3} \frac{f(\mathbf{y})}{\|\mathbf{y} - \mathbf{x}\|} dv_y$$

を考える. (5.20) から, これは有限な実数値である. したがって $Nf(\mathbf{x})$ は $\mathbf{x}$ に関しての $\mathbf{R}^3$ での関数を定義する. $Nf(\mathbf{x})$ は f のニュートンポテンシャルと呼ばれる. このとき

定理 5.2.2　任意の $f \in C_0^n(\mathbf{R}^3)$ に対して

(i)　$Nf(\mathbf{x}) \in C^n(\mathbf{R}^3)$ であり

[*1)]　関数 f が D で**実解析的**であるとは, 任意の点 $\mathbf{x}_0 = (x_0, y_0, z_0) \in D$ に対して, $\mathbf{x}_0$ の或る近傍 $V \subset D$ が存在して, $f(\mathbf{x})$ は V において $\mathbf{x}_0$ を中心とする $x - x_0$, $y - y_0$, $z - z_0$ のべき級数として展開できることである.

$$\lim_{\mathbf{x}\to\infty} \|\mathbf{x}\| \cdot Nf(\mathbf{x}) = \frac{1}{4\pi} \iiint_{\mathbf{R}^3} f(\mathbf{y})dv_y < \infty,$$

$$Nf(\mathbf{x}) = \mathrm{O}(1/\|\mathbf{x}\|) \quad (\mathbf{x} \to \infty). \tag{5.21}$$

(ii) 自然数 $n = n_1 + n_2 + n_3 \geq 1$ に対して

$$\frac{\partial^n Nf(\mathbf{x})}{\partial x_1^{n_1} \partial x_2^{n_2} \partial x_3^{n_3}} = \left(N\frac{\partial^n f}{\partial x_1^{n_1} \partial x_2^{n_2} \partial x_3^{n_3}} \right)(\mathbf{x}), \qquad \mathbf{x} = (x_1, x_2, x_3) \in \mathbf{R}^3.$$

(iii) 関数 f の台を K_f とするとき

$$\frac{\partial^n Nf(\mathbf{x})}{\partial x_1^{n_1} \partial x_2^{n_2} \partial x_3^{n_3}} = \frac{1}{4\pi} \iiint_{\mathbf{R}^3} f(\mathbf{y}) \frac{\partial^n \left(\frac{1}{\|\mathbf{y}-\mathbf{x}\|} \right)}{\partial x_1^{n_1} \partial x_2^{n_2} \partial x_3^{n_3}} \, dv_y,$$

$$\mathbf{x} \in \mathbf{R}^3 \setminus K_f, {}^{*1)}$$

$$\frac{\partial^n Nf(\mathbf{x})}{\partial x_1^{n_1} \partial x_2^{n_2} \partial x_3^{n_3}} = \mathrm{O}(1/\|\mathbf{x}\|^{n+1}) \quad (\mathbf{x} \to \infty). \tag{5.22}$$

(iv) (ポアソンの方程式) $n \geq 2$ のとき, $\Delta Nf(\mathbf{x}) = -f(\mathbf{x})$, $\mathbf{x} \in \mathbf{R}^3$.

[証明] $\mathbf{x} \in \mathbf{R}^3$ を固定して, $\mathbf{R}^3$ の平行移動による変数変換 $\mathbf{y} \to Y = \mathbf{y} - \mathbf{x}$ を行うと, 任意の $f \in C_0^0(\mathbf{R}^3)$ に対して

$$Nf(\mathbf{x}) = \frac{1}{4\pi} \iiint_{\mathbf{R}^3} \frac{f(Y + \mathbf{x})}{\|Y\|} dv_Y.$$

Y の関数として $f(Y + \mathbf{x})$ の台 (それを $\widetilde{K}_x$ と書く) は f の台 K_f を $-\mathbf{x}$ だけ平行移動したものであるから $f(Y + \mathbf{x}) \in C_0^0(\mathbf{R}^3)$ である.

先ず, $Nf(\mathbf{x}) \in C^0(\mathbf{R}^3)$ を示そう. 実際, 任意に $\mathbf{x}_0 \in \mathbf{R}^3$ を固定する. $f(Y + \mathbf{x}_0)$ の台を $\widetilde{K}_{x_0}$ とし, これを含む原点中心, 半径 R_0 の球 $(Q)_{R_0}$ を描く. このとき, $\mathbf{x}_0$ の十分小さい近傍 V の各点 $\mathbf{x}$ に対して $f(Y + \mathbf{x})$ の台 $\widetilde{K}_x$ も (Q_{R_0}) に含まれる. 任意に正数 $\varepsilon > 0$ を与える. $f(Y + \mathbf{x})$ は $\mathbf{R}^3$ の有界集合 $\{\mathbf{x} + Y \in \mathbf{R}^3 \mid \mathbf{x} \in V, \, Y \in (Q_{R_0})\}$ で一様連続になるから, 点 $\mathbf{x}_0$ の小さい近傍 $\delta \subset V$ を取れば

---

*1) $n \geq 2$ のとき, 一般には, $\mathbf{x} \in K_f$ に対してはこの等式は成立しない.

5.2 調和関数とポアソンの方程式

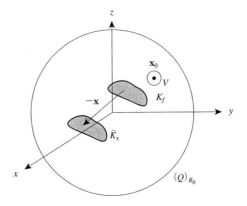

図 5.21 変数変換 $\mathbf{y} \to Y + \mathbf{x}$

$$|f(Y+\mathbf{x}) - f(Y+\mathbf{x}_0)| < \varepsilon, \quad \forall\, Y \in (Q_{R_0}),\ \forall\, \mathbf{x} \in \delta.$$

$$\therefore\ |Nf(\mathbf{x}) - Nf(\mathbf{x}_0)| = \frac{1}{4\pi}\left|\iiint_{(Q_{R_0})} \frac{f(Y+\mathbf{x}) - f(Y+\mathbf{x}_0)}{\|Y\|} dv_Y\right|$$

$$\leq \frac{1}{4\pi}\iiint_{(Q_{R_0})} \frac{\varepsilon}{\|Y\|} dv_Y = \frac{\varepsilon R_0^2}{2}, \quad \forall\, \mathbf{x} \in \delta.$$

よって，$Nf(\mathbf{x})$ は $\mathbf{x}_0$ で連続である．さらに

$$\lim_{\mathbf{x}\to\infty} \|\mathbf{x}\| \cdot Nf(\mathbf{x}) = \lim_{\mathbf{x}\to\infty} \frac{1}{4\pi}\iiint_{K_f} \frac{\|\mathbf{x}\|}{\|\mathbf{y}-\mathbf{x}\|} f(\mathbf{y}) dv_y$$

$$= \frac{1}{4\pi}\iiint_{K_f} f(\mathbf{y}) dv_y$$

となり，(i) の前半が示された．(5.21) は後に述べる (iii) の (5.22) の証明において $n=0$ とすればよい．

(ii) を示すために，$f \in C_0^1(\mathbf{R}^3)$ とする．再度，変数変換 $\mathbf{y} \to Y = \mathbf{y} - \mathbf{x}$ を行って

$$\frac{\partial Nf}{\partial x_j}(\mathbf{x}) = \frac{\partial}{\partial x_j}\left(\iiint_{\mathbf{R}^3} \frac{f(Y+\mathbf{x})}{\|Y\|} dv_Y\right).$$

上に示した連続性の証明と同様にして，(5.12) を用いて右辺において微分と積分の順序を入れ換えることができる．よって

$$\text{右辺} = \frac{1}{4\pi} \iiint_{\mathbf{R}^3} \frac{\frac{\partial f(Y+\mathbf{x})}{\partial x_j}}{\|Y\|} dv_Y = \frac{1}{4\pi} \iiint_{\mathbf{R}^3} \frac{\frac{\partial f}{\partial Y_j}(Y+\mathbf{x})}{\|Y\|} dv_Y$$

$$= \frac{1}{4\pi} \iiint_{\mathbf{R}^3} \frac{\frac{\partial f}{\partial y_j}(\mathbf{y})}{\|\mathbf{y}-\mathbf{x}\|} dv_y = \left(N \frac{\partial f}{\partial x_j} \right)(\mathbf{x}).$$

よって, (ii) の $n=1$ の場合が示された. 順次, n の数を上げていくことによって, $n \geq 1$ の場合の (ii) がわかる.

(iii) の最初の式は, $\mathbf{x} \in \mathbf{R}^3 \setminus K_f$, $\mathbf{y} \in K_f$ ならば, $\|\mathbf{y}-\mathbf{x}\| \neq 0$ より, 微分と積分の順序を入れ換えることができることからわかる. (5.22) を示すために, 台 K_f において $|f(\mathbf{x})| \leq m$ となる正数 $m > 0$ を取る. さらに, K_f を含む原点中心, 半径 $R_0 > 0$ の球 (Q_{R_0}) を描く. $R = 2R_0 > 0$ と置くとき, 任意の $\mathbf{y} \in K_f$ および $\|\mathbf{x}\| \geq R$ なる任意の点 $\mathbf{x}$ に対して

$$\|\mathbf{y}-\mathbf{x}\| \geq \|\mathbf{x}\| - \|\mathbf{y}\| > \|\mathbf{x}\|/2, \quad \left| \frac{\partial^n \left(\frac{1}{\|\mathbf{y}-\mathbf{x}\|} \right)}{\partial x_1^{n_1} \partial x_2^{n_2} \partial x_3^{n_3}} \right| \leq \frac{2^{n+1} n!}{\|\mathbf{x}\|^{n+1}}.$$

したがって, $\|\mathbf{x}\| \geq R$ なる任意の点 $\mathbf{x}$ に対して

$$\left| \frac{\partial^n N f(\mathbf{x})}{\partial x_1^{n_1} \partial x_2^{n_2} \partial x_3^{n_3}} \right| \leq \frac{1}{4\pi} \iiint_{K_f} |f(\mathbf{y})| \left| \frac{\partial^n \left(\frac{1}{\|\mathbf{y}-\mathbf{x}\|} \right)}{\partial x_1^{n_1} \partial x_2^{n_2} \partial x_3^{n_3}} \right| dv_y$$

$$\leq \left(\frac{2^{n+1} n! m R_0^3}{3} \right) \frac{1}{\|\mathbf{x}\|^{n+1}}$$

となり, (5.22) が導かれる.

(iv) を示すために, $f \in C_0^2(\mathbf{R}^3)$ とし, $\mathbf{x} \in \mathbf{R}^3$ を固定する. (ii) から

$$\Delta N f(\mathbf{x}) = \frac{1}{4\pi} \iiint_{\mathbf{R}^3} \frac{\Delta_y f(\mathbf{y})}{\|\mathbf{y}-\mathbf{x}\|} dv_y.$$

$$\text{ただし,} \quad \Delta_y = \frac{\partial^2}{\partial y_1^2} + \frac{\partial^2}{\partial y_2^2} + \frac{\partial^2}{\partial y_3^2}, \quad \mathbf{y} = (y_1, y_2, y_3).$$

原点中心の大きな球 (Q): $\|\mathbf{y}\| < R$ を点 $\mathbf{x}$ および f の台 K_f を含むように描く. その境界の定める球面を Q とする. したがって, $\mathbf{R}^3 \setminus (Q)$ 上で恒等的に $f(\mathbf{x}) = \Delta f(\mathbf{x}) = 0$ である. 中心 $\mathbf{x}$, 小さい半径 ε の球 $(Q_\varepsilon) \subset (Q)$ を描き, その境界を Q_ε (向きは (Q_ε) に関して正) とする. (5.20) から

$$\iiint_{\mathbf{R}^3} \frac{\Delta_y f(\mathbf{y})}{\|\mathbf{y} - \mathbf{x}\|} dv_y = \iiint_{(Q)} \frac{\Delta_y f(\mathbf{y})}{\|\mathbf{y} - \mathbf{x}\|} dv_y$$

$$= \lim_{\varepsilon \to 0} \iiint_{(Q) \setminus (Q_\varepsilon)} \frac{\Delta_y f(\mathbf{y})}{\|\mathbf{y} - \mathbf{x}\|} dv_y.$$

一方,$1/\|\mathbf{y} - \mathbf{x}\|$ は $\mathbf{y}$ について $(Q) \setminus (Q_\varepsilon)$ で調和関数であるから,ガウス-グリーンの定理 5.1.2 (ii) によって

$$\iiint_{(Q) \setminus (Q_\varepsilon)} \frac{\Delta_y f(\mathbf{y})}{\|\mathbf{y} - \mathbf{x}\|} dv_y$$

$$= \iint_{Q_\varepsilon} \left\{ f(\mathbf{y}) \frac{\partial}{\partial \mathbf{n}_y} \left(\frac{1}{\|\mathbf{y} - \mathbf{x}\|} \right) - \frac{1}{\|\mathbf{y} - \mathbf{x}\|} \frac{\partial f}{\partial \mathbf{n}_y} \right\} dS_y.$$

(5.14) および (5.15) から右辺は $\varepsilon \to 0$ のとき $-4\pi f(\mathbf{x})$ に近づく.したがって,(iii) が示された. $\qquad\square$

以下で述べる「電場」「磁場」は古典電磁気学における「静電場」「静磁場」を意味する.関数 $\frac{1}{\|\mathbf{x}-\mathbf{a}\|}$ は静電磁気学において次のように現れる.点 $\mathbf{a}$ に q の電荷が与えられたとすると,$\mathbf{R}^3$ 内に $\mathbf{a}$ から放射状に大きさが距離の 2 乗の逆数に比例する電場 $\mathbf{E}_a(\mathbf{x})$ が生じる.(古典電磁気学的には不見識であるが) 便宜的に,比例定数を $\frac{1}{4\pi}$ とすれば

$$\mathbf{E}_a(\mathbf{x}) = \frac{q}{4\pi} \frac{\mathbf{x} - \mathbf{a}}{\|\mathbf{x} - \mathbf{a}\|^3} = -\frac{q}{4\pi} \operatorname{grad}_x \frac{1}{\|\mathbf{x} - \mathbf{a}\|} \qquad (5.23)$$

と表せる (図 5.22 を参照).$\frac{1}{\|\mathbf{x}-\mathbf{a}\|}$ は**点電荷ポテンシャル**と呼ばれる.

点 $\mathbf{a} = (a,b,c)$ を通り,大きさ q の電流が z-軸に平行な直線 l に沿って $-\infty$ から $+\infty$ に向かって流れているとする.したがって,l 上の点を $\mathbf{y} = (y_1, y_2, y_3) = \mathbf{a} + (0,0,s),\ -\infty < s < \infty$ と置くと,各点 $\mathbf{y}$ において $d\mathbf{y} = (dy_1, dy_2, dy_3) = (0,0,ds)$ である.このとき,空間内の各点 $\mathbf{x} = (x,y,z)$ には (比例定数を除き) 次の磁場 $\mathbf{B}_l(\mathbf{x})$ が生じる.$M > 0$ に対して l_M を l の $[-M, M]$ の部分とすると

$$\mathbf{B}_l(\mathbf{x}) = \lim_{M \to \infty} \operatorname{rot}_x \left(\frac{q}{4\pi} \int_{l_M} \frac{d\mathbf{y}}{\|\mathbf{x} - \mathbf{y}\|} \right)$$

$$= \lim_{M\to\infty} \operatorname{rot}_x \left(0, 0, \frac{q}{4\pi}\int_{-M}^{M} \frac{1}{\|\mathbf{x}-(\mathbf{a}+(0,0,s))\|}ds\right)$$

$$= \frac{q}{2\pi}\left(\frac{-(y-b)}{(x-a)^2+(y-b)^2}, \frac{x-a}{(x-a)^2+(y-b)^2}, 0\right).$$

すなわち,点 $\mathbf{x} = \mathbf{a} + (R\cos\theta, R\sin\theta, 0)$ と置くとき, $\mathbf{B}_l(x)$ の大きさは $1/R$, 方向は円周の接ベクトルの方向 $(-\sin\theta, \cos\theta, 0)$ である (図 5.22 を参照).

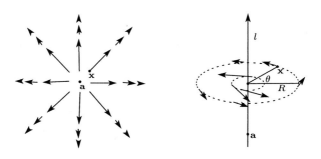

図 5.22 点電荷より生じる電場 $\mathbf{E}_a$ および直線電流より生じる磁場 $\mathbf{B}_l$

5.3 体積電荷および体積電流より生じる電場および磁場

$\mathbf{R}^3$ の m 個の点 $\mathbf{y}_1, \ldots, \mathbf{y}_m$ にそれぞれ実数 $a_1, \ldots, a_m$ の電荷が与えられたとする.このとき $\mathbf{R}^3$ に電場 $\mathbf{E}(\mathbf{x})$ が生じ,それは各点 $\mathbf{y}_j\ (j=1,\ldots,m)$ から生じる電場 $-\frac{1}{4\pi}\operatorname{grad}(a_j/\|\mathbf{x}-\mathbf{y}_j\|)$ の総和

$$\mathbf{E}(\mathbf{x}) = -\frac{1}{4\pi}\operatorname{grad}\sum_{j=1}^{m}\frac{a_j}{\|\mathbf{x}-\mathbf{y}_j\|}, \qquad \mathbf{x}\in\mathbf{R}^3$$

であることが知られている.今,関数 $f \in C_0^\infty(\mathbf{R}^3)$ に対して,各点 $\mathbf{x} \in \mathbf{R}^3$ の体積要素 dv_x に電荷 $f(\mathbf{x})$ が与えられたと考え,これより生じる電場をニュートンポテンシャル $Nf(\mathbf{x})$ を用いて

$$\mathbf{E}(\mathbf{x}) = -\operatorname{grad} Nf(\mathbf{x}), \qquad \mathbf{x}\in\mathbf{R}^3 \tag{5.24}$$

によって定義する. f の台を含む大きな直方体を描きこれを細かい直方体 ω_j $(j = 1, \ldots, m)$ に分割する. ω_j の体積を v_j とし, 1点 $\mathbf{y}_j \in \omega_j$ を取れば

$$Nf(\mathbf{x}) = \lim_{m \to \infty} \frac{1}{4\pi} \sum_{j=1}^{m} \frac{f(\mathbf{y}_j)v_j}{\|\mathbf{x} - \mathbf{y}_j\|}$$

であるから上の電場 $\mathbf{E}(\mathbf{x})$ の定義は自然である.

改めて, $f \in C_0^\infty(\mathbf{R}^3)$ に対して $f dv_x$ を**体積電荷**といい, $\mathbf{R}^3$ 上の関数

$$U(\mathbf{x}) = Nf(\mathbf{x}), \qquad \mathbf{x} \in \mathbf{R}^3$$

を $f dv_x$ より生じる**スカラーポテンシャル**という. さらに, $\mathbf{R}^3$ でのベクトル場

$$E(\mathbf{x}) = -\operatorname{grad} U(\mathbf{x}) = -\left(\frac{\partial U}{\partial x_1}, \frac{\partial U}{\partial x_2}, \frac{\partial U}{\partial x_3} \right), \qquad \mathbf{x} = (x_1, x_2, x_3) \in \mathbf{R}^3$$

を体積電荷 $f dv_x$ より生じる**電場**という.

$J = (f_1, f_2, f_3)$ を $\mathbf{R}^3$ のベクトル場であって, 各 $f_j \in C_0^\infty(\mathbf{R}^3)$ $(j = 1, 2, 3)$ と仮定する. もし

$$\operatorname{div} J(\mathbf{x}) = \frac{\partial f_1}{\partial x_1} + \frac{\partial f_2}{\partial x_2} + \frac{\partial f_3}{\partial x_3} = 0, \qquad \mathbf{x} \in \mathbf{R}^3$$

ならば, $J dv_x$ を**体積電流**という. このとき, 任意の閉曲面 Q に対して (Q) をその内部の領域とすれば, ガウス-グリーンの定理から

$$\iint_Q J(\mathbf{x}) \bullet \mathbf{n}_x dS_x = \iiint_{(Q)} \operatorname{div} J(\mathbf{x}) dv_x = 0.$$

左辺はベクトル場 $J(\mathbf{x})$ によって閉曲面 Q に入り込む量と出ていく量の総和を表すから, それが 0 ということは入り込む量と出ていく量が同じあることを意味する. したがって, 直感的に $J(\mathbf{x})$ は**流れ**と見ることができる. $\mathbf{R}^3$ 上のベクトル場

$$A(\mathbf{x}) = NJ(\mathbf{x}) = (Nf_1(\mathbf{x}), Nf_2(\mathbf{x}), Nf_3(\mathbf{x})), \qquad \mathbf{x} \in \mathbf{R}^3$$

を, 体積電流 $J dv_x$ から生じる**ベクトルポテンシャル**という. $A(\mathbf{x}) = (A_1, A_2, A_3)$ すなわち, $A_j(\mathbf{x}) = Nf_j(\mathbf{x})$ $(j = 1, 2, 3)$ と置く. $A(\mathbf{x})$ の回転ベクト

ル場

$$B(\mathbf{x}) = \operatorname{rot} A(\mathbf{x}) = \left(\frac{\partial A_3}{\partial x_2} - \frac{\partial A_2}{\partial x_3}, \frac{\partial A_1}{\partial x_3} - \frac{\partial A_3}{\partial x_1}, \frac{\partial A_2}{\partial x_1} - \frac{\partial A_1}{\partial x_2} \right), \quad \mathbf{x} \in \mathbf{R}^3$$

を体積電流 $J dv_x$ から生じる**磁場**という.

電場 E, 磁場 B およびベクトルポテンシャル A は次の性質を持っている.

$$\operatorname{rot} E(\mathbf{x}) = \mathbf{0}, \quad \operatorname{div} B(\mathbf{x}) = 0, \quad \operatorname{div} A(\mathbf{x}) = 0, \qquad \mathbf{x} \in \mathbf{R}^3. \quad (5.25)$$

[証明] 簡単な計算によって, 領域 $D \subset \mathbf{R}^3$ での任意の C^2-級関数 f およびベクトル場 $\mathbf{g}$ に対して

$$\operatorname{rot} \operatorname{grad} f(\mathbf{x}) = \mathbf{0}, \quad \operatorname{div} \operatorname{rot} \mathbf{g}(\mathbf{x}) = 0, \qquad \mathbf{x} \in D. \qquad (5.26)$$

よって, はじめの二つの等式を得る. 第3の等式を示すために, 任意の $\mathbf{x} \in \mathbf{R}^3$ に対して, 定理 5.2.2 (ii) より

$$\operatorname{div} A(\mathbf{x}) = \frac{\partial N f_1}{\partial x_1}(\mathbf{x}) + \frac{\partial N f_2}{\partial x_2}(\mathbf{x}) + \frac{\partial N f_3}{\partial x_3}(\mathbf{x}) = (N \operatorname{div} J)(\mathbf{x}).$$

よって, $\mathbf{R}^3$ で恒等的に $\operatorname{div} J(\mathbf{x}) = 0$ から $\operatorname{div} A(\mathbf{x}) = 0$ を得る. □

次の等式 (5.27) および (5.28) は直接計算によって容易に確かめられるが, 静電磁気学ばかりでなく現代数学においても重要な意味を持つ等式である. 領域 $D \subset \mathbf{R}^3$ で定義された任意の C^2-級関数 f に対して Δf を定義したように, D での任意の C^2-級ベクトル場 $\mathbf{g} = (g_1, g_2, g_3)$ に対しても $\Delta \mathbf{g}$ を

$$\Delta \mathbf{g}(\mathbf{x}) = (\Delta g_1(\mathbf{x}), \Delta g_2(\mathbf{x}), \Delta g_3(\mathbf{x})), \qquad \mathbf{x} \in D$$

と定義する. このとき, 任意の $\mathbf{x} \in D$ において次式が成立する.

$$\text{(関数の)} \quad \Delta f(\mathbf{x}) = \operatorname{div}(\operatorname{grad} f(\mathbf{x})), \qquad\qquad (5.27)$$

$$\text{(ベクトル場の)} \quad \Delta \mathbf{g}(\mathbf{x}) = \operatorname{grad}(\operatorname{div} \mathbf{g}(\mathbf{x})) - \operatorname{rot}(\operatorname{rot} \mathbf{g}(\mathbf{x})). \quad (5.28)$$

次の定理は電場 E (および磁場 B) がわかっていれば, それを生じる体積電荷 $f dv_x$ (および体積電流 $J dv_x$) が見いだせることを意味する.

定理 5.3.1 (静電磁場におけるマックスウェルの定理)
(i) $E(\mathbf{x})$ を或る体積電荷から生じた電場とする．このときそれを生じさせた体積電荷は $(\operatorname{div} E)dv_x$ である．
(ii) $B(\mathbf{x})$ を或る体積電流から生じた磁場とする．このときそれを生じさせた電流は $(\operatorname{rot} B)dv_x$ である．

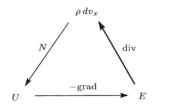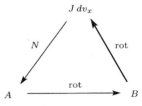

図 5.23 静電磁場のマックスウェルの定理

[証明] 電場 $E(\mathbf{x})$ を生ずる体積電荷を $\rho\,dv_x$ とするとポアソンの方程式から

$$\Delta N\rho(\mathbf{x}) = -\rho(\mathbf{x}), \quad \mathbf{x} \in \mathbf{R}^3.$$

$E(\mathbf{x}) = -\operatorname{grad} N\rho(\mathbf{x})$ であるから，等式 (5.27) を適用すれば，上の等式は $\operatorname{div} E(\mathbf{x}) = \rho(\mathbf{x})$ となり，(i) が示された．

(ii) を示すために，磁場 $B(\mathbf{x})$ を生じる体積電流を Jdv_x とし，Jdv_x より生じるベクトルポテンシャルを $A(\mathbf{x})$ とする．ポアソンの方程式から

$$\Delta A(\mathbf{x}) = \Delta NJ(\mathbf{x}) = -J(\mathbf{x}), \quad \mathbf{x} \in \mathbf{R}^3.$$

$B(\mathbf{x}) = \operatorname{rot} A(\mathbf{x})$ であり，$\operatorname{div} A(\mathbf{x}) = 0$ に注意して，(5.28) を適用すれば，上の等式から

$$\operatorname{rot} B(\mathbf{x}) = \operatorname{rot}\operatorname{rot} A(\mathbf{x}) = -\Delta A(\mathbf{x}) + \operatorname{grad}\operatorname{div} A(\mathbf{x}) = J(\mathbf{x}). \quad \square$$

系 5.3.1[*1)] 体積電場 $\rho\,dv_x$ (および体積電流 $J\,dv_x$) から生じる電場 E (お

[*1)] 調和積分論を始めて展開したホッジの本[9)] の中にこの系の事実をもとにして一般の調和積分論を展開すると記してある．

よび磁場を B) とすると, E ($および B$) は $\rho(\mathbf{x})$ (および $J(\mathbf{x})$) の台の外では調和なベクトル場である.

[証明] 定理 5.3.1 から E (および B) は ρ の台 K_ρ (および J の台 K_J) の外では $\mathrm{div}\, E = 0$ (および $\mathrm{rot}\, B = 0$) である. 一方, (5.25) によって, $\mathbf{R}^3$ で $\mathrm{rot}\, E = 0$ (および $\mathrm{div}\, B = 0$) である. したがって, E (および B) は K_ρ (および K_J) の外では調和なベクトル場である. □

次の定理はポアソンの方程式に電磁場的意味を付けたものである.

定理 5.3.2 (ヘルムホルツの定理) $\mathbf{f}$ を $\mathbf{R}^3$ の任意の C_0^2-級ベクトル場とする. このとき, $\mathbf{R}^3$ 内で $\mathbf{f}$ は或る電場 E と或る磁場 B との和 $\mathbf{f} = E + B$ に表される. しかも, その表し方は一意的である.

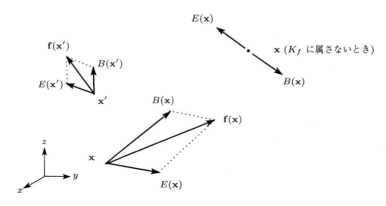

図 5.24 ベクトル場 $\mathbf{f}$ の電場 E と磁場 B への分解

[証明] ポアソンの方程式 $\mathbf{f}(\mathbf{x}) = -\Delta N \mathbf{f}(\mathbf{x})$ および (5.28) から, 任意の $\mathbf{x} \in \mathbf{R}^3$ に対して

$$\mathbf{f}(\mathbf{x}) = -\mathrm{grad}\,\mathrm{div} \left(\frac{1}{4\pi} \iiint_{\mathbf{R}^3} \frac{\mathbf{f}(\mathbf{y})}{\|\mathbf{y} - \mathbf{x}\|} dv_y \right)$$
$$+ \mathrm{rot}\,\mathrm{rot} \left(\frac{1}{4\pi} \iiint_{\mathbf{R}^3} \frac{\mathbf{f}(\mathbf{y})}{\|\mathbf{y} - \mathbf{x}\|} dv_y \right).$$

定理 5.2.2 (ii) より

$$\text{右辺} = -\operatorname{grad}\left(\frac{1}{4\pi}\iiint_{\mathbf{R}^3}\frac{\operatorname{div}\mathbf{f}(\mathbf{y})}{\|\mathbf{y}-\mathbf{x}\|}\,dv_y\right)$$
$$+\operatorname{rot}\left(\frac{1}{4\pi}\iiint_{\mathbf{R}^3}\frac{\operatorname{rot}\mathbf{f}(\mathbf{y})}{\|\mathbf{y}-\mathbf{x}\|}\,dv_y\right).$$

この右辺を $E(\mathbf{x}) + B(\mathbf{x})$ と置くと, E は体積電荷 $(\operatorname{div}\mathbf{f})\,dv_x$ より生じる電場である. 一方, $\operatorname{div}\operatorname{rot}=0$ であるから, $J(\mathbf{x}) = \operatorname{rot}\mathbf{f}(\mathbf{x})$, $\mathbf{x}\in\mathbf{R}^3$ と置くと $J\,dv_x$ は体積電流となり, 磁場 B を生じることがわかる.

一意性を示すためには, 二つの電場の差および二つの磁場の差はやはり電場および磁場であるから,「$\mathbf{R}^3$ の任意の C^2-級ベクトル場 H が $\mathbf{R}^3$ において電場かつ磁場であれば恒等的に零である」ことを示せばよい. 実際, H は磁場であるから, H を生じる体積電流を $J'\,dv_x$ とすると定理 5.3.1 から $\mathbf{R}^3$ において $J'(\mathbf{x}) = \operatorname{rot}H(\mathbf{x})$ である. 一方, H は電場でもあるから, $\mathbf{R}^3$ 内で恒等的に $\operatorname{rot}H(\mathbf{x}) = 0$. よって, $J'(\mathbf{x}) = 0$, $\mathbf{x}\in\mathbf{R}^3$ となり, $J'\,dv_x$ より生じる磁場 H は $\mathbf{R}^3$ 内で恒等的に零である. □

(形式を用いての簡素化) $D\subset\mathbf{R}^3$ を領域とする. f, g, h を D 上の任意の関数とするとき

$$\omega_1 := f\,dx + g\,dy + h\,dz$$
$$\omega_2 := f\,dy\wedge dz + g\,dz\wedge dx + h\,dx\wedge dy$$
$$\omega_3 := f\,dx\wedge dy\wedge dz$$

をそれぞれ, D 上の 1-形式, 2-形式および 3-形式という. また, D 上の任意の関数を 0-形式という. i-形式 ω_i の各係数 f, g, h が D で C^n-級の関数のとき, ω_i は C^n-級の i-形式という. 簡単のために, $(dx, dy, dz) = (dx_1, dx_2, dx_3)$ と略記する. 先ず, 次の約束を設ける:任意の $1\le i, j\le 3$ について

$$dx_i\wedge dx_j = \begin{cases} -dx_j\wedge dx_i, & i\ne j, \\ 0, & i = j. \end{cases}$$

次に, 二つの形式のカップ積を定義する:例えば, 二つの 1-形式 $\omega_1 =$

$fdx + gdy + hdz$, $\sigma_1 = kdx + ldy + mdz$ のカップ積は次の 2-形式である：

$$\omega_1 \wedge \sigma_1 = (gm - hl)dy \wedge dz + (hk - fm)dz \wedge dx + (fl - gk)dx \wedge dy.$$

すなわち，ω_1 と σ_1 との積を形式的に分配法則によって展開し，上の約束にしたがって並べかえたものである．上記の右辺の 2-形式の三つの係数が定めるベクトル場を 2 つのベクトル場 (f, g, h) と (k, l, m) の**外積**といい

$$(f, g, h) \times (k, l, m) = (gm - hl,\ hk - fm,\ fl - gk)$$

と表す[*1]．同様に，上記の 1-形式 ω_1 と 2-形式 ω_2 のカップ積の定義は次の 3-形式，$\omega_1 \wedge \omega_2$ である：

$$\begin{aligned}
\omega_1 \wedge \omega_2 &= (fdx + gdy + hdz) \wedge (Fdy \wedge dz + Gdz \wedge dx + Hdx \wedge dy) \\
&= (fF + gG + hH)dx \wedge dy \wedge dz.
\end{aligned}$$

なお，0-形式 $\omega_0 = \varphi$ と i-形式とのカップ積は普通の積で定義する．例えば，

$$\omega_0 \wedge \omega_1 = \varphi \wedge (fdx + gdy + hdz) = \varphi fdx + \varphi gdy + \varphi hdz.$$

容易に，$\omega_i \wedge \omega_j = (-1)^{i+j-1}\omega_j \wedge \omega_i$（ただし，$0 \leq i + j \leq 3$）であることが確かめられる．なお，$i + j \geq 4$ となる二つの形式のカップ積は 0 と定義する．

最後に，形式に関する**微分** d を定義する．D での C^1-級の 0-形式に対して

$$df = \frac{\partial f}{\partial x}dx + \frac{\partial f}{\partial y}dy + \frac{\partial f}{\partial z}dz$$

によって，1-形式 df を定義し，f の微分という．前節の（発散と回転）の項で用いた記号を使うと $df = \operatorname{grad} f \bullet \mathbf{dx}$ と書ける．D での C^1-級の 1-形式 $\omega_1 = fdx + gdy + hdz$ に対して次式によって 2-形式 $d\omega_1$ を定義し，ω_1 の微分という：

$$d\omega_1 = d\,(fdx + gdy + hdz)$$

[*1] 外積は二つのベクトル (f, g, h)，(k, l, m) に直交し，その大きさは二つのベクトルの作る平行四辺形の面積に等しく，三つのベクトル $((f, g, h),\ (k, l, m),\ (f, g, h) \times (k, l, m))$ の順序が正であるベクトルである．

$$= \left(\frac{\partial h}{\partial y} - \frac{\partial g}{\partial z} \right) dy \wedge dz + \left(\frac{\partial f}{\partial z} - \frac{\partial h}{\partial x} \right) dz \wedge dx + \left(\frac{\partial g}{\partial x} - \frac{\partial f}{\partial y} \right) dx \wedge dy.$$

すなわち，微積分法の関数の積の微分公式 $(FG)' = F'G + FG'$ と $d(dx) = d(dy) = d(dz) = 0$ の約束を設けて，$d\omega_1 = df \wedge dx + dg \wedge dy + dh \wedge dz$ を形式的に分配法則によって展開し，上の約束にしたがって並べかえたものである．したがって，前節の記号を用いると，$d\omega_1 = \mathrm{rot}(f, g, h) \bullet d\mathbf{x}^*$ である．同様に，C^1-級の 2-形式 ω_2 の微分 $d\omega_2$ を次式によって定義する：

$$d\omega_2 = d(fdy \wedge dz + gdz \wedge dx + hdx \wedge dy)$$
$$= \left(\frac{\partial f}{\partial x} + \frac{\partial g}{\partial y} + \frac{\partial h}{\partial z} \right) dx \wedge dy \wedge dz.$$

したがって，$d\omega_2 = \mathrm{div}(f, g, h) \, dx \wedge dy \wedge dz$ である．さらに，3-形式 ω_3 の微分 $d\omega_3$ は $d\omega_3 = 0$ と定義する．簡単な計算により，次の等式が成立することがわかる：ω_j を s-形式とするとき

$$d(\omega_i \wedge \omega_j) = d\omega_i \wedge \omega_j + (-1)^s \omega_i \wedge d\omega_j, \quad d(d\omega_i) = 0.^{*1)} \quad (5.29)$$

これらの記号を用いれば，ガウス-グリーンの定理5.1.2およびストークスの定理5.1.3は次のように統一して表せる．

$$\iiint_D d\omega_2 = \iint_{\partial D} \omega_2, \quad \iint_\Sigma d\omega_1 = \int_{\partial \Sigma} \omega_1. \quad (5.30)$$

3-形式において $dx \wedge dy \wedge dz = dxdydz = dv_x$ である．領域 D での C^1-級関数 f に関しても同様に次式が成立する．

$$\int_\gamma df = f(B) - f(A) \quad (5.31)$$

ただし，γ は D での区分的に滑らかな連続な曲線であり，A, B はそれぞれ γ の始点および終点である．$\partial\gamma = B - A$ と書ける（これは左辺の線積分の意味

---

*1) 第2の等式を始めて注意したのはポアンカレである．さらに，この等式の逆も示した．すなわち，「$\mathbf{R}^3$ での C^2-級の i-形式 ω_i が，$\mathbf{R}^3$ において $d\omega_i = 0$ をみたすと仮定する．このとき，$\mathbf{R}^3$ 内での C^3-級の $(i-1)$-形式 τ で，$\mathbf{R}^3$ において $\omega_i = d\tau$ となるものを作ることができる．」

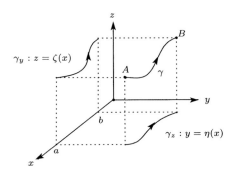

図 5.25 曲線 γ の (x,y)- および (x,z)-平面への射影 γ_z および γ_y

からほぼ明らかであるが，証明は章末問題 (2) を参照). 故に，すべての 0-(または 1-) 形式 f (または ω_1) および閉曲線 γ (または閉曲面 Σ) に対して

$$\int_\gamma df = 0, \qquad \iint_\Sigma d\omega_1 = 0.$$

領域 D 上の C^2-級の i-形式 ω_i $(i=1,2)$ が D 上で条件 $d\omega_i = 0$ をみたすとき ω_i を**閉形式**という．ストークスの定理から，D 上の 1-形式 ω_1 が閉形式であるための必要十分条件は D 内での任意の閉曲線 γ で，γ は D 内のある曲面 δ の境界になっているものについて，$\int_\gamma \omega_1 = 0$ となることである．さらに，D は滑らかな平曲面 Σ で囲まれた領域とする．$\mathbf{f}(\mathbf{x})$ を Σ 上のベクトル値関数とする．$\sigma = \mathbf{f} \bullet d\mathbf{x}$ と置く．もし Σ 上の任意の閉曲線 γ で，γ は Σ 上のある曲面の境界になっているものについて，$\int_\gamma \sigma = 0$ となるならば，σ は Σ 上の閉 1-形式という．

(**ベクトル場の内積**)　領域 $D \subset \mathbf{R}^3$ 上の二つのベクトル場 $\mathbf{f} = (f_1, f_2, f_3)$, $\mathbf{g}(\mathbf{x}) = (g_1, g_2, g_3)$ に対して

$$\mathbf{f}(\mathbf{x}) \cdot \mathbf{g}(\mathbf{x}) = (f_1 g_1 + f_2 g_2 + f_3 g_3)(\mathbf{x}),$$

$$(\mathbf{f}, \mathbf{g})_D = \iiint_D \mathbf{f}(\mathbf{x}) \cdot \mathbf{g}(\mathbf{x}) \, dv_x, \qquad \|\mathbf{f}\|_D = \sqrt{(\mathbf{f},\mathbf{f})_D}$$

と置き，$(\mathbf{f},\mathbf{g})_D$ をベクトル場 $\mathbf{f}$ と $\mathbf{g}$ の D における**内積**という．$\|\mathbf{f}\|_D^2$ をベクトル場 $\mathbf{f}$ の D における**エネルギー**という．もし $(\mathbf{f}, \mathbf{g})_D = 0$ ならば，$\mathbf{f}$ と $\mathbf{g}$ と

は D において**直交**するという（ワイルの論文[24]）を参照）. これらの概念は領域 D でのベクトル場 $\mathbf{f}$ を一つのある種のベクトルと考えるとわかり易い.

　次の定理 5.3.3 は静電磁場の理論と数学におけるポテンシャル論とを結びつける重要な事実である.

定理 5.3.3　　任意の体積電荷 ρdv_x および任意の体積電流 $J dv_x$ から生じる電場 E および磁場 B の $\mathbf{R}^3$ におけるエネルギーは有限であり，$\mathbf{R}^3$ において E と B とは直交している.

[証明]　ρdv_x および $J dv_x$ から生じるスカラーポテンシャルおよびベクトルポテンシャルをそれぞれ $U,\ A$ と書く. $U,\ A,\ E,\ B$ の定義と不等式 (5.21)，(5.22) から，十分大きい $R_0 > 0$ および $M > 0$ を取れば，$\|\mathbf{x}\| \geq R_0$ をみたす任意の $\mathbf{x} \in \mathbf{R}^3$ に対して

$$|U(\mathbf{x})|,\ \|A(\mathbf{x})\| \leq \frac{M}{\|\mathbf{x}\|}, \qquad \|E(\mathbf{x})\|,\ \|B(\mathbf{x})\| \leq \frac{M}{\|\mathbf{x}\|^2}$$

が成立する. 正数 $R \geq R_0$ に対して，(Q_R) を原点中心，半径 R の球，Q_R をその境界の定める球面とする. Q_R の点 $\mathbf{x}$ における面積要素を dS_x と書く. E は $\mathbf{R}^3$ での C^2-級のベクトル場より，E の $\mathbf{R}^3$ でのエネルギーが有限であることをいうためには $\|E\|_{\mathbf{R}^3 \setminus (Q_{R_0})} = \lim_{R \to \infty} \|E\|_{(Q_R) \setminus (Q_{R_0})} < \infty$ を示せばよい. 実際

$$\lim_{R \to \infty} \|E\|^2_{(Q_R) \setminus (Q_{R_0})} \leq \lim_{R \to \infty} \int_{r=R_0}^{R} \frac{M^2}{r^4} \left\{ \iint_{Q_r} dS_x \right\} dr = \frac{4\pi M^2}{R_0} < \infty.$$

同様にして，B の $\mathbf{R}^3$ でのエネルギーも有限であることがわかる.

　E と B とは $\mathbf{R}^3$ において直交することを示そう. 先に述べた記号を用いれば，(5.29) から

$$E \bullet d\mathbf{x} = -dU(\mathbf{x}), \qquad B \bullet d\mathbf{x}^* = d(A \bullet d\mathbf{x}).$$

$$\therefore \quad (E \bullet d\mathbf{x}) \wedge (B \bullet d\mathbf{x}^*) = -(dU) \wedge d(A \bullet d\mathbf{x}) = -d(UB \bullet d\mathbf{x}^*).$$

よって，ガウス-グリーンの定理より

$$(E, B)_{(Q_R)} = \iiint_{(Q_R)} (E \bullet d\mathbf{x}) \wedge (B \bullet d\mathbf{x}^*)$$

$$= \iiint_{(Q_R)} d(UB \bullet d\mathbf{x}^*) = \iint_{Q_R} UB \bullet d\mathbf{x}^*.$$

$$\therefore \quad |(E, B)_{(Q_R)}| \leq \iint_{Q_R} \frac{M}{R} \frac{M}{R^2} dS_x = \frac{4\pi M^2}{R} \to 0 \quad (R \to \infty).$$

したがって, $(E, B)_{\mathbf{R}^3} = \lim_{R \to \infty} (E, B)_{(Q_R)} = 0$ を得る. $\square$

5.4 拡張された電荷および電流

次のことが古典電磁気学で知られている. 図 5.26 の左図のように, 原点中心, 半径 R の球 (Q) のコンデンサーに電荷 a を与えると, 時間と共に平衡状態になり, 電荷は球の表面 Σ だけに分布され, それより生じる電場 $\mathcal{E}$ は (Q) の内部では 0 で, (Q) の外部の各点 $\mathbf{x}$ では原点からの放射状となり, 球面 Σ では不連続である:

$$\mathcal{E}(\mathbf{x}) = \begin{cases} \mathbf{0}, & \mathbf{x} \in (Q), \\ aR \frac{\mathbf{x}}{\|\mathbf{x}\|^3}, & \mathbf{x} \in \mathbf{R}^3 \setminus (Q) \cup \Sigma. \end{cases}$$

図 5.26 の右図のように, 原点を中心とする中の詰まったトーラス D に均衡かつ稠密に銅線を右向きに巻き, 一定の電流 I を流すとソレノイドの平衡状態の磁場 $\mathcal{B}(\mathbf{x})$ を生じ, D の外部では 0 で, D の内部の点 $\mathbf{x}$ では z-軸を回る方向を持ち, トーラス面 Σ では不連続である:

$$\mathcal{B}(\mathbf{x}) = \begin{cases} \frac{I}{r} (-\sin\theta, \cos\theta, 0), & \mathbf{x} = [r, \theta, z] \in D, \\ 0, & \mathbf{x} \in \mathbf{R}^3 \setminus D \cup \Sigma. \end{cases}$$

このように境目の面 Σ で不連続になる電場や磁場は今までの体積電荷や体積電流では生じない. この不連続性を調べるために, 体積電荷と体積電流を拡張する. $D \subset \mathbf{R}^3$ を有限個の滑らかな閉曲面 Σ で囲まれた領域とする.

先ず, f を $D \cup \Sigma$ の $\mathbf{R}^3$ における近傍での C^∞-関数とし, g を Σ 上の C^∞-関数とする. $D \cup \Sigma$ 上の符合付き測度

5.4 拡張された電荷および電流

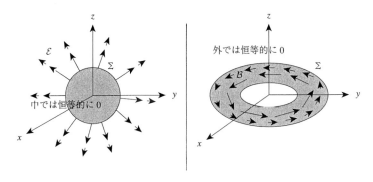

図 5.26 コンデンサーの電場 $\mathcal{E}$ とソレノイドの磁場 $\mathcal{B}$

$$d\mu_x = \begin{cases} f(\mathbf{x})\,dv_x, & \mathbf{x} \in D, \\ g(\mathbf{x})\,dS_x, & \mathbf{x} \in \Sigma \end{cases} \quad (5.32)$$

を考える. ただし, dv_x は点 $\mathbf{x}$ における $\mathbf{R}^3$ の体積要素, dS_x は Σ の面積要素である. もし $\mathbf{R}^3$ での体積電荷の列 $\{\rho_n dv_x\}_n$ が存在して, 任意の $\varphi \in C_0^\infty(\mathbf{R}^3)$ を与えるとき

$$\lim_{n\to\infty} \iiint_{\mathbf{R}^3} \varphi \rho_n\,dv_x = \iiint_D \varphi f\,dv_x + \iint_\Sigma \varphi g\,dS_x$$

が成立するとき, $d\mu_x$ を**拡張された電荷**という. $d\mu_x$ に対して

$$U(\mathbf{x}) = \frac{1}{4\pi} \iiint_D \frac{f(\mathbf{y})dv_y}{\|\mathbf{y}-\mathbf{x}\|} + \frac{1}{4\pi} \iint_\Sigma \frac{g(\mathbf{y})dS_y}{\|\mathbf{y}-\mathbf{x}\|}, \quad \mathbf{x} \in \mathbf{R}^3$$

を拡張された電荷 $d\mu_x$ より生じる (拡張された) スカラーポテンシャルといい,

$$E(\mathbf{x}) = -\operatorname{grad} U(x), \quad \mathbf{x} \in \mathbf{R}^3 \setminus \Sigma \quad (5.33)$$

を $d\mu_x$ より生じる (拡張された) 電場という.

次に, $\mathbf{f} = (f_1, f_2, f_3)$ を $D \cup \Sigma$ の $\mathbf{R}^3$ における近傍での C^∞-級ベクトル場とし, $\mathbf{g}$ を Σ 上の C^∞-級ベクトル値関数とする (なお, 局面上のベクトル場 $\mathbf{f}$ といえば, 常に Σ 上の各点で, $\mathbf{f}$ は接ベクトルであることを仮定し, ベクトル値関数と区別する). $D \cup \Sigma$ 上の三つの符号付き測度

$$d\nu_x = \begin{cases} \mathbf{f}(\mathbf{x})\,dv_x, & \mathbf{x} \in D, \\ \mathbf{g}(\mathbf{x})\,dS_x, & \mathbf{x} \in \Sigma \end{cases} \tag{5.34}$$

を考える. もし $\mathbf{R}^3$ での体積電流の列 $\{J_n dv_x\}_n = \{(f_{1n}, f_{2n}, f_{3n})dv_x\}_n$ が存在して, 任意の $\varphi \in C_0^\infty(\mathbf{R}^3)$ を与えるとき

$$\lim_{n \to \infty} \iiint_{\mathbf{R}^3} \varphi J_n\,dv_x = \iiint_D \varphi \mathbf{f}\,dv_x + \iint_\Sigma \varphi \mathbf{g}\,dS_x$$

が (三つの成分ごとに) 成立するとき, $d\nu_x$ を**拡張された電流**[*1)]という. $dν_x$ に対して

$$A(\mathbf{x}) = \frac{1}{4\pi} \iiint_D \frac{\mathbf{f}(\mathbf{y})dv_y}{\|\mathbf{y} - \mathbf{x}\|} + \frac{1}{4\pi} \iint_\Sigma \frac{\mathbf{g}(\mathbf{y})dS_y}{\|\mathbf{y} - \mathbf{x}\|}, \qquad \mathbf{x} \in \mathbf{R}^3$$

を拡張された電流 $d\nu_x$ より生じる (拡張された) ベクトルポテンシャルといい,

$$B(\mathbf{x}) = \mathrm{rot}\,A(x), \qquad \mathbf{x} \in \mathbf{R}^3 \setminus \Sigma \tag{5.35}$$

を $d\nu_x$ より生じる (拡張された) 磁場という.

(5.32) において, 特に, D 上で恒等的に $f = 0$ のとき, すなわち, $d\nu_x = g\,dS_x$ のとき, $d\mu_x$ を Σ 上の**面電荷**という. (5.34) において, 特に, D 上で恒等的に $\mathbf{f} = \mathbf{0}$ のとき, すなわち, $d\nu_x = \mathbf{g}\,dS_x$ のとき, $d\nu_x$ を Σ 上の**面電流**という. 記号を $\mathbf{g}$ から $\mathbf{f}$ に換えて, 次の定理が成立する (証明のためには, 論文[23)] の中の定理 1.1 および系 1.1 を参照).

定理 5.4.1 (面電流の特徴付け)　(i) $\mathbf{f} = (f_1, f_2, f_3)$ を閉曲面 Σ 上の C^2-級 ベクトル値関数とする. Σ 上で $\sigma = (\mathbf{f} \times \mathbf{n}_\mathbf{x}) \bullet d\mathbf{x}$ と置く. このとき $\mathbf{f}\,dS_x$, $\mathbf{x} \in \Sigma$ が Σ 上の面電流であるための必要十分条件は

(a) $\mathbf{f}(\mathbf{x})$ は Σ 上の各点 $\mathbf{x}$ において Σ の接ベクトルであり,

(b) σ は Σ 上の閉 1-形式である.

[*1)] 上のような収束を「測度の列 $\{\rho_n dv_x\}_n$ は $d\mu_x$ に, $\{J_n dv_x\}_n$ は $d\nu_x$ に**超関数の意味で収束する**」という. この概念は二十世紀初頭に導入されたもので, 物理現象を数学的説明に使う場合に有用なものである.

(ii) $\mathbf{f}\,dS_x$ を Σ 上の面電流とし，それより生じる $\mathbf{R}^3 \setminus \Sigma$ 内の磁場を B とする．このとき，次の条件をみたす $\mathbf{f}\,dS_x$ に (超関数の意味で) 収束する体積電流の列 $\{\mathbf{f}_n\,dv_x\}_n$ を作れる：

(a) $\mathbf{f}_n$ の台を $K_n \subset \mathbf{R}^3$ とすれば，集合の列 $\{K_n\}_n$ は減少しつつ Σ に近づき，

(b) $\mathbf{f}_n\,dv_x$ から生じる $\mathbf{R}^3$ 内の磁場を B_n とすれば，磁場の列 $\{B_n\}_n$ は $\mathbf{R}^3 \setminus \Sigma$ 内の任意のコンパクト集合 K 上で B に一様収束する．

上の定理および系 5.3.1 から次の系を得る．

系 5.4.1 Σ 上の面電荷および面電流から生じる電場および磁場は共に $\mathbf{R}^3 \setminus \Sigma$ において調和なベクトル場である．

拡張された電場 E および磁場 B の Σ における不連続性を論じるために次の数学的補題を準備する (その証明のためには，グルサの教科書[5] およびケロッグの教科書[11] を参照)．$D \subset \mathbf{R}^3$ は有限個の滑らかな閉曲面 Σ で囲まれた領域とする．記号を簡単にして，$D^+ = D$，$D^- = \mathbf{R}^3 \setminus \overline{D}$ と書く：$\mathbf{R}^3 = D^+ \cup \Sigma \cup D^-$．さらに，$\mathbf{R}^3 \setminus \Sigma$ で定義された関数やベクトル場 $f(\mathbf{x})$ に対して

$$f(\mathbf{x}) = \begin{cases} f^+(\mathbf{x}), & \mathbf{x} \in D^+, \\ f^-(\mathbf{x}), & \mathbf{x} \in D^- \end{cases}$$

と書く．この記号の下で次の定理が成立する．

補題 5.4.1 (一重層および二重層ポテンシャルの不連続性定理)[*1)]

(i) $f \in C^2(\overline{D})$ に対して

$$U(\mathbf{x}) = \frac{1}{4\pi} \iiint_D \frac{f(\mathbf{y})}{\|\mathbf{y} - \mathbf{x}\|}\,dv_y, \qquad \mathbf{x} \in \mathbf{R}^3$$

と置く．このとき $U \in C^1(\mathbf{R}^3)$ である．

[*1)] ポアンカレは論文[20] の序文において，「二つの等式 (5.36) と (5.37) とは "remarquable contraste" をなす」と述べている．このことに関係した章末問題 (4) を参照．

(ii) $f \in C^2(\Sigma)$ に対して, f の一重層ポテンシャル $V(\mathbf{x}) = \mathcal{N}_\Sigma f(\mathbf{x})$ および二重層ポテンシャル $W(\mathbf{x}) = \mathcal{M}_\Sigma f(\mathbf{x})$ を考える. このとき, $V^\pm$ および $W^\pm$ は $\overline{D^\pm}$ で C^1-級であって曲面 Σ 上で次の性質を持つ: $\mathbf{n}_\zeta$ を Σ の ζ における単位法ベクトル, $\mathbf{t}_\zeta$ を任意の単位接ベクトルとすれば, 各点 $\zeta \in \Sigma$ において

$$V^+ = V^-, \qquad\qquad W^+ = W^- - f, \qquad\qquad (5.36)$$

$$\begin{cases} \dfrac{\partial V^+}{\partial \mathbf{n}_\zeta} = \dfrac{\partial V^-}{\partial \mathbf{n}_\zeta} + f, \\[2mm] \dfrac{\partial V^+}{\partial \mathbf{t}_\zeta} = \dfrac{\partial V^-}{\partial \mathbf{t}_\zeta}, \end{cases} \qquad \begin{cases} \dfrac{\partial W^+}{\partial \mathbf{n}_\zeta} = \dfrac{\partial W^-}{\partial \mathbf{n}_\zeta}, \\[2mm] \dfrac{\partial W^+}{\partial \mathbf{t}_\zeta} = \dfrac{\partial W^-}{\partial \mathbf{t}_\zeta} - \dfrac{\partial f}{\partial \mathbf{t}_\zeta}. \end{cases} \qquad (5.37)$$

拡張された電磁場の定義に, 上の補題の (i), (ii) を直接適用して容易に Σ における次の不連続性定理を得る.

定理 5.4.2 (電磁場の不連続定理)　(5.33) で与えられる電場 E および (5.35) で与えられる磁場 B を考える. このとき $E^\pm$ および $B^\pm$ は $\overline{D^\pm}$ で連続であって, 各点 $\zeta \in \Sigma$ において次の不連続性が成立する:

$$E^+(\zeta) - E^-(\zeta) = -g(\zeta)\,\mathbf{n}_\zeta, \quad B^+(\zeta) - B^-(\zeta) = \mathbf{n}_\zeta \times \mathbf{g}(\zeta). \quad (5.38)$$

よって, 前者は Σ の点 ζ での法線ベクトルであり, 後者は接ベクトルである.

この定理とガウス-ストークスの定理から次の系を得る (章末問題 (4) を参照).

系 5.4.2　拡張された電場 E および拡張された磁場 B は共に $\mathbf{R}^3$ においてエネルギー有限であって, 互いに $\mathbf{R}^3$ において直交している.

(電流の閉曲線に関する流束) 先ず, $J dv_x$ を体積電流とする. γ を $\mathbf{R}^3$ 内の向き付けられた閉曲線とする. δ を γ が囲む任意の曲面とし, 向きを $\partial \delta = \gamma$ とする (図 5.27 の左図参照). $\mathbf{R}^3$ 内で $\operatorname{div} J(\mathbf{x}) = 0$ であるからガウスの定理によって, 面積積分

$$\iint_\delta J \bullet \mathbf{n}_x dS_x$$

は δ の取り方によらない. これを $J[\gamma]$ と書き, 体積電流 $J dv_x$ の閉曲線 γ に

5.4 拡張された電荷および電流

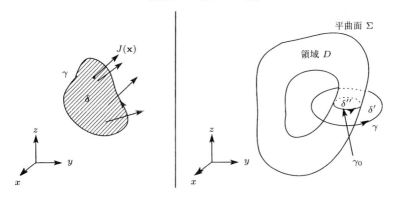

図 5.27 電流の閉曲線に関する流束

関する**流束**という．Jdv_x から生じる $\mathbf{R}^3$ 内の磁場を B とすれば，定理 5.3.1 (ii) から $J[\gamma] = \int_\gamma B(\mathbf{x}) \bullet d\mathbf{x}$ と表せる．

次に，$D \subset \mathbf{R}^3$ を滑らかな閉曲面 Σ で囲まれた領域とし，JdS_x を Σ 上の面電流とする．$\mathbf{R}^3 \setminus \Sigma$ における任意の閉曲線 γ に対して

$$J[\gamma] = \int_\gamma B(\mathbf{x}) \bullet d\mathbf{x}$$

を面電流 JdS_x の閉曲線 γ に関する流束と定義する．定理 5.3.1 (i) から面電流 JdS_x は Σ 上の閉 1-形式 $\sigma = (J \times \mathbf{n}_x) \bullet d\mathbf{x}$ を定めた．γ で囲まれる $\mathbf{R}^3$ 内の面を δ を取る．Σ 上の閉曲線 $\delta \cap \gamma$ $(= \gamma_0)$ を考える (図 5.27 の右図参照)．このとき，次の等式が成立する (証明には論文[23] の中の系 3.1 を参照)：

$$J[\gamma] = \int_{\gamma_0} \sigma. \tag{5.39}$$

ヘルムホルツの定理 5.3.2 は不連続なベクトル場に次のように拡張される (証明には論文[1] の中の定理 [III] を参照)．

定理 5.4.3 (ヘルムホルツの定理の拡張) $D \subset \mathbf{R}^3$ を有限個の滑らかな閉曲面 Σ で囲まれた領域とし，χ_D を D の特性関数とする．$\mathbf{f}$ を $\overline{D}$ の近傍 G での C^2-級ベクトル場とする．このとき，不連続ベクトル場 $\chi_D \mathbf{f}$ は $\mathbf{R}^3 \setminus \Sigma$ において，拡張された電場 E と拡張された磁場 B との和

$$\chi_D \mathbf{f} = E + B \qquad (\mathbf{R}^3 \setminus \Sigma \text{ において}) \tag{5.40}$$

として一意的に表される．電場 E を生じる電荷 $d\mu_x$ および磁場 B を生じる電流 $d\nu_x$ は次式で与えられる：

$$d\mu_x = \begin{cases} \operatorname{div}(\mathbf{f}(\mathbf{x}))\, dv_x, & \mathbf{x} \in D, \\ (\mathbf{f}(\mathbf{x}) \bullet \mathbf{n}_x)\, dS_x, & \mathbf{x} \in \Sigma, \end{cases} \qquad d\nu_x = \begin{cases} \operatorname{rot} \mathbf{f}(\mathbf{x})\, dv_x, & \mathbf{x} \in D, \\ (\mathbf{f}(\mathbf{x}) \times \mathbf{n}_x)\, dS_x, & \mathbf{x} \in \Sigma. \end{cases}$$

E および B をベクトル場 $\chi_D \mathbf{f}$ の**電場成分**および**磁場成分**と呼ぶ．直交分解 (5.40) を $\chi_D \mathbf{f}$ の**電磁場分解**と呼ぶことにする．次の系は調和関数と電磁場を結びつける事実である．

系 5.4.3 u は $\overline{D}$ の近傍での調和関数とする．このとき，不連続ベクトル場 $\chi_D \operatorname{grad} u(\mathbf{x})$ の電場成分 E および磁場成分 B は Σ 上の一重および二重層ポテンシャルを用いて次式で表される：各点 $\mathbf{x} \in \mathbf{R}^3 \setminus \Sigma$ に対して

$$E(\mathbf{x}) = \operatorname{grad}\left(\mathcal{N}_\Sigma \frac{\partial u}{\partial \mathbf{n}_x} \right)(\mathbf{x}), \qquad B(\mathbf{x}) = \operatorname{grad}\left(\mathcal{M}_\Sigma u \right)(\mathbf{x}). \tag{5.41}$$

[証明] D において $\mathbf{f} = \operatorname{grad} u$ に対して定理 5.4.3 を適用する．D で u は調和な関数であるから $\mathbf{f}$ は D での調和なベクトル場である．さらに Σ 上では $\mathbf{f}(\mathbf{x}) \bullet \mathbf{n}_x = -\partial u/\partial \mathbf{n}_x$ である．よって，定理 5.4.3 から

$$\chi_D \mathbf{f}(\mathbf{x}) = E(\mathbf{x}) + B(\mathbf{x}), \quad \mathbf{x} \in \mathbf{R}^3 \setminus \Sigma.$$

ここに

$$E(\mathbf{x}) = \operatorname{grad}\left\{ \frac{1}{4\pi} \iint_\Sigma \frac{\partial u/\mathbf{n}_y}{\|\mathbf{y} - \mathbf{x}\|} dS_y \right\},$$
$$B(\mathbf{x}) = \operatorname{rot}\left\{ \frac{1}{4\pi} \iint_\Sigma \frac{\mathbf{f}(\mathbf{x}) \times \mathbf{n}_y}{\|\mathbf{y} - \mathbf{x}\|} dS_y \right\}.$$

故に，一重層ポテンシャルの定義から，E に関する (5.41) は示された．一方，調和関数の積分表示定理 (5.19) によって

$$\chi_D \mathbf{f}(\mathbf{x}) = \mathrm{grad}\left(\mathcal{N}_\Sigma \frac{\partial u}{\partial \mathbf{n}_x}\right)(\mathbf{x}) + \mathrm{grad}(\mathcal{M}_\Sigma u)(\mathbf{x}), \quad \mathbf{x} \in \mathbf{R}^3 \setminus \Sigma.$$

故に, $B(\mathbf{x}) = \mathrm{grad}(\mathcal{M}_\Sigma u)(\mathbf{x})$ となり, B に関しても示された. □

以後, 記号を簡単にして, $\mathbf{R}^3 \setminus \Sigma$ において

$$p_u = \mathcal{N}_\Sigma \frac{\partial u}{\partial \mathbf{n}_x}, \qquad q_u = \mathcal{M}_\Sigma u$$

と書く. 系 5.41 と系 5.4.2 を合わせて次の有用な等式を得る:$\overline{D}$ での任意の調和関数 u に対して

$$\|d\,u\|_D^2 = \|d\,p_u\|_{\mathbf{R}^3\setminus\Sigma}^2 + \|d\,q_u\|_{\mathbf{R}^3\setminus\Sigma}^2 \tag{5.42}$$

ここに, $\|d\,u\|_D^2 = \|\mathrm{grad}\,u\|_D^2$ を表し, $\|d\,p_u\|_{\mathbf{R}^3\setminus\Sigma}^2$, $\|d\,q_u\|_{\mathbf{R}^3\setminus\Sigma}^2$ についても同様である. 調和関数の積分表示定理 (5.19) が等式 (5.41) および (5.42) によって, 静電磁場と結びついていることは大切な事実である (次節参照). この等式の証明だけならば, 一重および二重層ポテンシャルの Σ での不連続性を用いて困難なく証明できる (章末問題 (6) を参照).

さらに, 領域 D が一つの実解析的に滑らかな閉曲面[*1]Σ で囲まれている場合, 等式 (5.42) をもとにして, 次の系に述べる不等式が得られる (証明には論文[1] の中の Key Lemma を参照). $\overline{D}$ での調和関数 u の全体を $H(\overline{D})$ と書く. さらに, 任意の $u \in H(\overline{D})$ に対して, $e_1(u) = \|d\,u\|_D$,

$$e_2(u) = \|d\,p_u\|_{\mathbf{R}^3\setminus\Sigma}, \qquad e_3(u) = \|d\,p_u\|_{\mathbf{R}^3\setminus\Sigma}, \qquad e_4(u) = \|d\,p_u\|_{D^+},$$

$$e_5(u) = \|d\,p_u\|_{D^-}, \qquad e_6(u) = \|d\,q_u\|_{D^+}, \qquad e_7(u) = \|d\,q_u\|_{D^-}$$

と置く. このとき

系 5.4.4 次の条件をみたす (閉曲面 Σ のみによる) 或る正数 $K > 1$ および $0 < \kappa < 1$ をみたす或る正数 κ が存在する:

$$K e_j(u) \geq e_i(u) \geq e_j(u)/K, \quad i,j = 1,2,\dots,7, \qquad \forall u \in H(\overline{D}),$$

$$\kappa\, e_1(u) \geq e_j(u), \qquad\qquad j = 2,\dots,7, \qquad\qquad \forall u \in H(\overline{D}).$$

[*1] 閉曲面 Σ が実解析的に滑らかであるとは, $\mathbf{R}^3$ における Σ の近傍 V と $\varphi \in C^\omega(V)$ が存在して, Σ 上で $\varphi = 0$ かつ $\mathrm{grad}\,\varphi(\mathbf{x}) \neq 0$, $\forall \mathbf{x} \in \Sigma$ のときをいう.

次節で見るように,この不等式は幾つかの典型的な電磁場作成のためのアルゴリズムを可能ならしめる.

5.5 平衡電磁場作成のアルゴリズム

領域 $D \subset \mathbf{R}^3$ は一つの実解析的に滑らかな閉曲面 Σ で囲まれているとする.この節ではソレノイドの一般化として平衡磁場へのアルゴリズムとベクトル境界値に関するアルゴリズムを述べる.電場についての記述は割愛する.点 $\mathbf{x} \in \Sigma$

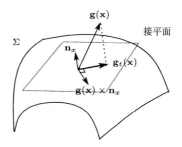

図 5.28 $\mathbf{g}(\mathbf{x})$ の接ベクトル成分 $\mathbf{g}_t(\mathbf{x})$ と $\mathbf{g}(\mathbf{x}) \times \mathbf{n}_x$

における Σ の単位法ベクトルを $\mathbf{n}_x$ と書く.Σ 上の任意のベクトル値関数 $\mathbf{g}$ に対して,各点 $\mathbf{x} \in \Sigma$ での $\mathbf{g}(\mathbf{x})$ の $\mathbf{n}_x$ に沿っての Σ への射影ベクトルを $\mathbf{g}_t(\mathbf{x})$ と書く.これは接ベクトルであって,$\mathbf{g}_t(\mathbf{x}) = \mathbf{n}_x \times (\mathbf{g}(\mathbf{x}) \times \mathbf{n}_x)$ と表せる(図 5.28 を参照).一般の実解析的に滑らかな閉曲面 Σ で囲まれた領域 D についても以下の議論は同様にいくから,説明の簡単のために,ここでは D および Σ は図 5.29 のように二つの穴のある浮き袋みたいなものとして,議論をすすめる.

(**平衡磁場の作成**) 閉曲面 Σ 上の任意の面電流 $J\,dS_x$ から生じる $\mathbf{R}^3 \setminus \Sigma$ における磁場 B の領域 D の閉包 $\overline{D}$ への制限を B^+ とする.これは $\overline{D}$ での実解析的なベクトル場となり(容易に予想できるが,証明は簡単ではない.ここでは述べない),系 5.4.1 から $\overline{D}$ で調和なベクトル場である.各点 $\mathbf{x} \in \Sigma$ における $B^+(\mathbf{x})$ の接ベクトル成分 $B_t^+(\mathbf{x})$ を用いて,$\Omega = B_t^+ \bullet d\mathbf{x}$, $x \in \Sigma$ を作る.Ω は Σ 上の閉 1-形式であるから,定理 5.4.1 から $\widetilde{J}dS_x = (B^+ \times \mathbf{n}_x)dS_x(=$

5.5 平衡電磁場作成のアルゴリズム

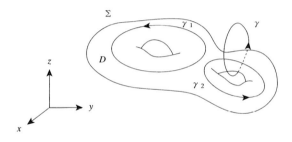

図 5.29 一つの実解析的に滑らかな閉曲面 Σ の囲む領域 D

$(B_t^+ \times \mathbf{n}_x)dS_x)$ は Σ 上の面電流である.さらに,(5.39) から D 内の任意の閉曲線 γ に対して $J[\gamma] = \tilde{J}[\gamma]$ である.

図 5.29 のように D 内に二つの閉曲線 γ_1, γ_2 を描く.a_1, a_2 を二つの実数とする.このとき,次の 2 条件をみたす曲面 Σ 上の面電流 $\mathcal{J}_\Sigma dS_x$ が唯一つ存在する:

(i) $\mathcal{J}_\Sigma dS_x$ から生じる磁場 $\mathcal{B}_\Sigma$ は D^- で恒等的に 0 である;

(ii) (流束条件) $\mathcal{J}_\Sigma[\gamma_i] = a_i$ $(i = 1, 2)$.

我々は $\mathcal{J}_\Sigma dS_x$ を Σ 上の平衡面電流,$\mathcal{B}_\Sigma$ を Σ に関する**平衡磁場**と呼ぶ.$\mathcal{J}_\Sigma dS_x$ および $\mathcal{B}_\Sigma$ に至るアルゴリズムの一つは次で与えられる ($\mathcal{J}dS_x$ の存在と一意性は論文[23] の中の主定理を参照.アルゴリズムに関しては論文[1] の中の定理 I を参照):

<u>第一段階</u> 条件 (ii) をみたす Σ 上の実解析的な面電流[*1] $J_0 dS_x$ を一つ任意に取ってくる (これらは定理 5.4.1 からたくさんあることがわかる).$J_0 dS_x$ から生じる $\mathbf{R}^3 \setminus \Sigma$ での磁場を B_0 とする.B_0 の $\overline{D^+}$ への制限を B_0^+ とし,$J_1(\mathbf{x}) = B_0^+(\mathbf{x}) \times \mathbf{n}_x$, $\mathbf{x} \in \Sigma$ と置く.$J_1 dS_x$ は Σ 上の面電流であって,条件 (ii) をみたす.$J_1 dS_x$ は $\mathbf{R}^3 \setminus \Sigma$ に磁場 B_1 を生じる.

<u>第二段階</u> $\nu \geq 1$ について条件 (ii) をみたす曲面 Σ 上の面電流 $J_\nu dS_x$ およびそれより生じる $\mathbf{R}^3 \setminus \Sigma$ での磁場を B_ν ができたとする.B_ν の $\overline{D^+}$ への制限

[*1] 一般に,Σ 上のベクトル場 $\mathbf{f} = (f_1, f_2, f_3)$ が**実解析的**であるとは,各 f_i $(i = 1, 2, 3)$ が Σ 上の実解析的関数 (すなわち,f_i は $\mathbf{R}^3$ における Σ の或る近傍 V まで定義されていて $f_i \in C^\omega(V)$ である) ときをいう.

を B_ν^+ とし

$$J_{\nu+1}(\mathbf{x}) = B_\nu^+(\mathbf{x}) \times \mathbf{n}_x, \qquad \mathbf{x} \in \Sigma$$

と置くと $J_{\nu+1} dS_x$ は Σ 上の面電流であって,条件 (ii) をみたす. $J_{\nu+1} dS_x$ は $\mathbf{R}^3 \setminus \Sigma$ に磁場 $B_{\nu+1}$ を生じる.

<u>第三段階</u> このようにして,帰納的に条件 (ii) をみたす Σ 上の面電流の列 $\{J_\nu S_x\}_\nu$ および $\mathbf{R}^3 \setminus \Sigma$ での磁場の列 $\{B_\nu\}_\nu$ が得られる.

<u>このとき</u>

$$\lim_{\nu \to \infty} J_\nu dS_x = \mathcal{J}_\Sigma dS_x \quad (\text{超関数の意味で}),$$
$$\lim_{\nu \to \infty} \|B_\nu - \mathcal{B}_\Sigma\|_{\mathbf{R}^3 \setminus \Sigma} = 0.$$

注意 5.5.1 ヘルムホルツの定理 5.4.3 から,各 $\nu = 1, 2, \ldots$ に対して

$$\chi_D B_\nu = E_{\nu+1} + B_{\nu+1} \quad (\mathbf{R}^3 \setminus \Sigma \text{ での電磁場分解}).$$

すなわち,$B_{\nu+1}$ は不連続ベクトル場 $\chi_D B_\nu$ の磁場成分に他ならない.よって,$\|B_\nu\|_D \geq \|B_{\nu+1}\|_{\mathbf{R}^3 \setminus \Sigma}$ (減少列) である.

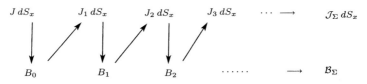

図 5.30 $J_{\nu+1}(\mathbf{x}) = B^+(\mathbf{x}) \times \mathbf{n}_x$ による平衡磁場 $\mathcal{B}_\Sigma$ へのアルゴリズム

(与えられた接ベクトル成分を持つ磁場の作成) Σ 上の実解析的接ベクトル場 $\mathbf{f}$ が与えられたとする. Σ 上の或る面電流 $\mathcal{J} dS_x$ より生じる磁場 $\mathcal{B}$ で,$\overline{D}$ への制限を $\mathcal{B}^+$ と書くとき,Σ 上で $\mathcal{B}_t^+ = \mathbf{f}$ となる $\mathcal{B}$ の存在とアルゴリズムを問題としよう.系 5.4.1 と (5.39) から,存在のためには次の 2 条件は必要である:

(i) $\mathbf{f} \bullet d\mathbf{x}$ は Σ 上の閉 1-形式である.

(ii) γ を Σ 上の任意の閉曲線とする. もし γ が D 内の曲面 δ の境界, $\partial\delta = \gamma$ ならば, $\int_\gamma \mathbf{f} \bullet d\mathbf{x} = 0$ である.

この 2 条件は $\mathcal{B}$ の存在のための十分条件でもあり, さらに, 次の条件:

(iii) D^- 内の任意の閉曲線 γ に対して $J[\gamma] = 0$ である (図 5.29 を参照).

をみたす Σ 上の面電流 $\mathcal{J} dS_x$ および $\mathcal{B}$ は一意的に存在し, それに至るアルゴリズムの一つは次で与えられる (証明は論文[12] を参照):

<u>第一段階</u> Σ 上で $J dS_x = (\mathbf{f} \times \mathbf{n}_x) dS_x$ と置くと, これは定理 5.4.1 から Σ 上の面電流である. これより生じる $\mathbf{R}^3 \setminus \Sigma$ での磁場を B_0 とする.

<u>第二段階</u> $J_1(\mathbf{x}) = J(\mathbf{x}) - B_0^+(\mathbf{x}) \times \mathbf{n}_x$, $\mathbf{x} \in \Sigma$ と置くと, 定理 5.4.1 から $J_1 dS_x$ は Σ 上の面電流となり, $\mathbf{R}^3 \setminus \Sigma$ での磁場 B_1 を生じる.

<u>第三段階</u> $\nu \geq 1$ に対して Σ 上の面電流 $J_\nu dS_x$ およびそれより生じる $\mathbf{R}^3 \setminus \Sigma$ での磁場 B_ν ができたとして

$$J_{\nu+1} dS_x = (J_\nu - B_\nu^+(\mathbf{x}) \times \mathbf{n}_x) dS_x, \qquad \mathbf{x} \in \Sigma$$

と置くと $J_{\nu+1} dS_x$ は Σ 上の面電流となり, $\mathbf{R}^3 \setminus \Sigma$ での磁場 $B_{\nu+1}$ を生じる.

<u>第四段階</u> このようにして, 帰納的に Σ 上の面電流の列 $\{J_\nu S_x\}_\nu$ および $\mathbf{R}^3 \setminus \Sigma$ での磁場の列 $\{B_\nu\}_\nu$ が得られる.

このとき

$$\lim_{\nu \to \infty} (J + J_1 + \cdots + J_\nu) dS_x = \mathcal{J} dS_x \quad \text{(超関数の意味で)},$$
$$\lim_{\nu \to \infty} \|(B_0 + B_1 + \cdots + B_\nu) - \mathcal{B}\|_{\mathbf{R}^3 \setminus \Sigma} = 0.$$

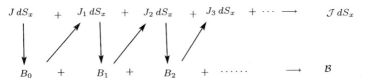

図 5.31 $J_{\nu+1}(\mathbf{x}) = J_\nu(\mathbf{x}) - B_\nu^+(\mathbf{x}) \times \mathbf{n}_x$ による磁場 $\mathcal{B}$ へのアルゴリズム

246　　5. 静電磁場のポテンシャル論

注意 5.5.2　ヘルムホルツの定理から

$$b_\nu = \mathcal{B} - (B_0 + B_1 + \cdots + B_\nu), \quad \mathbf{x} \in \mathbf{R}^3 \setminus \Sigma$$

と置けば

$$\chi_D\, b_\nu = E_{\nu+1} + B_{\nu+1} \quad (\mathbf{R}^3 \setminus \Sigma \text{ での電磁場分解})$$

である. よって, $\chi_D\, b_\nu = \chi_D E_\nu$ でもある.

注意 5.5.3　Σ 上の実解析的関数 F に対して, F の D におけるディリクレ問題の解を $u \in H(\overline{D})$ とする. このとき, 或る $\varphi \in C(\Sigma)$ の二重層ポテンシャルを用いて

$$u(\mathbf{x}) = \mathcal{M}_\Sigma \varphi(\mathbf{x}), \quad \mathbf{x} \in \overline{D}$$

と表されることが知られている（グルサ[5]を参照）. 上のアルゴリズム（この場合はノイマン（C. Neumann[13]）のアルゴリズムと呼ばれている）を $\mathbf{f}(\mathbf{x}) := (\operatorname{grad} F)_t(\mathbf{x})$, $\mathbf{x} \in \Sigma$ に適用すると, D 上で $\mathcal{B}^+ = \operatorname{grad} u$, Σ 上で $\mathcal{J} = (\operatorname{grad}\varphi) \times \mathbf{n}_x$ である（ポアンカレ[20]およびノイマン（E. R. Neumann）[14]を参照）.

第5章の演習問題

(1)　等式 (5.5) を証明せよ.

(2)　等式 (5.31) を証明せよ.

(3)　D を滑らかな面 Σ で囲まれた領域とする. このとき,「Σ 上に C^1-級関数 f を与えれば, D での調和関数 u で, $u \in C^1(\overline{D})$ かつ Σ 上では $u = f$ をみたすものが存在する」（いわゆる, ディリクレ問題は常に解を持つ）が成立することが知られている. これを認めて, 二つの等式 (5.36) と (5.37) の V (または W) に関するものから W (または V) に関するものを, 定理 5.2.1 を用いて導け.

(4)　系 5.4.2 を証明せよ.

第 5 章の演習問題 247

(5) **(二重層ポテンシャルと磁場の関係)** $D \subset \mathbf{R}^3$ を滑らかな閉曲面 Σ で囲まれた領域とし, f を Σ 上の C^1-級関数とし, $W = \mathcal{M}_\Sigma f$ を f の二重層ポテンシャルとする. 定理 5.4.1 から $J\,dS_x = \operatorname{grad} f \times \mathbf{n}_x$ は Σ 上の面電流である. このとき, $J\,dS_x$ より生じる磁場を B_J とすれば, $B_J(\mathbf{x}) = \operatorname{grad} W(\mathbf{x}),\ \mathbf{x} \in \mathbf{R}^3 \setminus \Sigma$ となることを示せ.

(6) 等式 (5.42) を一重および二重層ポテンシャルの Σ での不連続性を用いて証明せよ.

演習問題解答

第1章

(1) $z_n = r_0^n\, e^{n\pi i/4}$ であるから, $n = 0, 1, 2, \ldots$ に連れて, z_n は絶対値が r_0 倍ずつ小さくなりつつ, 角度が $\pi/4$ ずつ増えていき, 反時計回りに原点の周りを回っていく. $n = -1, -2, \ldots$ に連れて, z_n は絶対値が $1/r_0$ 倍ずつ大きくなりつつ, 角度が $\pi/4$ ずつ減っていき, 時計回りに原点の周りを回っていく.

(2) (i) のみを証明する. $A = |a_1| + \cdots + |a_n| \geq 0$ とおく. $A/R_0 < \rho - 1,\ 1 - \rho'$ となる大きな $R_0 > 1$ を取る. よって, $|z| > R_0$ のとき,

$$|z|^n - (|a_1||z|^{n-1} + \cdots + |a_n|) \leq |P(z)| \leq |z|^n + (|a_1||z|^{n-1} + \cdots + |a_n|)$$
$$|z|^n\left(1 - \left(\frac{|a_1|}{|z|} + \cdots + \frac{|a_n|}{|z|^{n-1}}\right)\right) \leq |P(z)| \leq |z|^n\left(1 + \left(\frac{|a_1|}{|z|} + \cdots + \frac{|a_n|}{|z|^{n-1}}\right)\right)$$
$$\rho'|z|^n \leq |z|^n(1 - A/R_0) \leq |P(z)| \leq |z|^n(1 + A/R_0) \leq \rho|z|^n.$$

(3) 閉曲線 C が $\overline{D}$ 内で閉曲線であることを保ちつつ, 連続的に 1 点に縮まり, その間, $f(z)$ は 0 を取らないから回転数は変わらない. よって, $N = 0$ である. 閉曲線 $C_i\ (i = 1, 2, 3)$ 上に 2 点 P_i, Q_i をとり, P_1 と Q_2, P_2 と Q_3, P_3 と Q_1 を $\overline{G}$ 内の曲線 l_1, l_2, l_3 でお互いに交わらないように引き, $\overline{G}$ を二つの領域 $G_j\ (j = 1, 2)$ に分ける. G_j の境界の定める 1 本の閉曲線 (領域 G_j を左に見るように向きを付けられた) L_j とする. $f(L_j)$ の 0 の周りの回転数は 0. 一方, $f(L_1)$ の回転数と $f(L_2)$ の回転数の和は $N_1 - N_2 - N_3$ より, $N_1 = N_2 + N_3$.

(4) 命題 1.5.5 から $L(\infty) = -i$. 命題 1.5.4 から, $(z, 0, 1, \infty) = (L(z), i, 0, -i)$. これより, $w = L(z) = i\frac{-z+1}{z+1}$, $z = L^{-1}(w) = -\frac{w-i}{w+i}$ を得る. $L^{-1}(\infty) = -1$ と等角性から, x-軸は v-軸に写る. 等角性と円円対応によっ

て, K_c は -1 を通り, x-軸に直交する円周である. $L^{-1}(ic) = \frac{-c+1}{c+1} \equiv c'$ から, K_c は実軸上の 2 点 $-1, c'$ を直径とする円周である. 直線 $\Re z = -1$ は直線 $v = -1$ に写る. 故に, l'_d に写る曲線は $z = -1$ を通り, 直線 $x = -1$ に垂直な円周である. $L^{-1}(d-i) = -1 + \frac{2i}{d}$ から, K'_d は $x = -1$ 上の 2 点 -1, $-1 + \frac{2i}{d}$ を直径とする円周である (図 1 を参照).

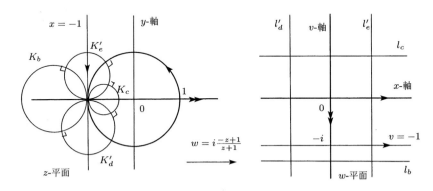

図 1　$\{|z| < 1\}$ を $\{\Im w > 0\}$ に写す一次変換

(5) $c = 3/4$ の場合: 写像 $w = z^2 + 3/4$ を描いて, $|w| = 1$ の $|z| < 1$ における原像は図 2 の中の 2 本の曲線 $\widetilde{\mathcal{W}}_{3/4}$ になる. よって, $\mathcal{W}_{3/4}$ は $\widetilde{\mathcal{W}}_{3/4}$ で囲まれた原点を含む部分である. 同様にして, $c = 0, 1/2, 1, 3/2, 2$ のときの曲線 $\mathcal{W}_c$ を描いたものが図 3 である.

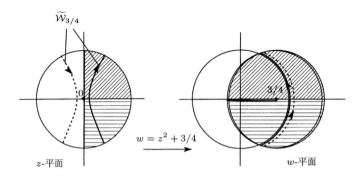

図 2　曲線 $\widetilde{\mathcal{W}}_{3/4}$ の描き方

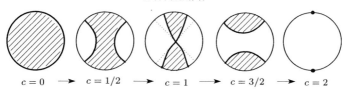

図 3　c と共に図形 $\mathcal{W}_c$ の動き

(6) 矛盾によって示す．条件を満たす $\mathcal{S}$ 上の関数 $f(x,y,z)$ が存在したと仮定する．円環 A から u-平面への写像 $u = f(0,x,y)$ を考える．閉曲線 $\gamma^{\pm}(0)$ の像の原点 $u = 0$ の回りの回転数を $N^{\pm}$（複号同順）と書く．先ず, $\delta \subset A$ 内に中心 (x_0, y_0) の反時計回りの円周 Γ を描く．$f(\Gamma)$ の $u = 0$ の周りの回転数は条件から（「岡の論文から」で見たように）1 である．演習問題 (3) から $N^+ = N^- + 1$ である．一方, 図からわかるように, 曲線 $\gamma^+(0)$ を $\mathcal{S}$ 内で L に交わることなく閉曲線であることを保ちつつ, $\gamma^-(0)$ に連続に動かすことができる．故に, その間, $f(x,y,z)$ は 0 を取らないから回転数は不変である．よって, $N^+ = N^-$ となり, 矛盾である．

(7) $w = z^2 + z + i$ による円周 $C := \{|z| = 1/2$ の像曲線 K（図 4）．

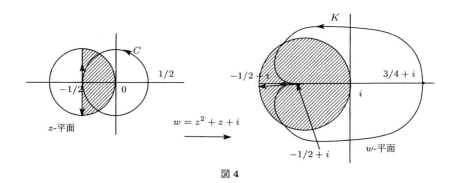

図 4

第 2 章

(1) $n \geq 0$ の場合：z を $\mathbf{C}$ の任意の 1 点とする．このとき恒等式 $a^n - b^n = (a-b)(a^{n-1} + a^{n-2}b + \cdots + b^{n-1})$ を $a = z + h$, $b = z$ に対して用いれば

$$\frac{f(z+h)-f(z)}{h} = (z+h)^{n-1} + (z+h)^{n-2}z + \cdots + z^{n-1} \to nz^{n-1}$$
$$(h \to 0).$$

したがって，f は点 z で複素数の意味で微分可能であって，$f'(z) = nz^{n-1}$ が成立する．$n \le -1$ の場合は商の関数についての微分公式からわかる．

(2) $f(z) = u(x,y) + iv(x,y) = (x-iy)^2 = x^2 - y^2 - 2ixy$ から $u = x^2 - y^2$，$v = -2xy$．故に，$\frac{\partial u}{\partial x} = 2x$，$\frac{\partial u}{\partial y} = -2y$，$\frac{\partial v}{\partial x} = -2y$，$\frac{\partial v}{\partial y} = -2x$．よって，点 $z = 0$ でコーシー–リーマンの関係式は成立し，$z\,(\ne 0)$ で成立しないから $\bar{z}^2$ は $z = 0$ においてのみ複素数の意味で微分可能．

(3) K_r 上で一様収束することを示すために，$\varepsilon > 0$ を任意に与えられた正数とする．$r^N < \varepsilon$ となる自然数 N を一つ取ってくる．このとき $n \ge N$ なるすべての n およびすべての $z \in K_r$ に対して $|f_n(z) - 0| = |z^n| < r^n < r^N < \varepsilon$ となる．よって，K_r 上で一様収束する．矛盾によって K 上で一様収束しないことを示すために，K 上で一様に 0 に収束していたとする．このとき，$\varepsilon = 1/3$ に対して，自然数 N が対応して $|z|^n < 1/3$，$z \in K$，$\forall n \ge N$．一方，$\lim_{z \to 1} z^N = 1$ であるから $z \in K$ が十分 1 に近いならば $|z^N - 1| < 1/3$ である．故に，$|z|^N > 2/3$ となり，上式で特に $n = N$ としたものに矛盾する．

(4) 与えられた任意の複素数 z に対して，$s(z)$ が絶対収束することを示せばよい．先ず，$|z| < \rho$ となる正数 $\rho > 0$ を一つ取る．次に，自然数 N を $\rho/N < 1$ となるように取り，$A = \rho^N/N!$ と置く．このとき，$n \ge N$ なるすべての n に対して，$\rho^n/n! \le A$ であるから $\frac{|z|^n}{n!} = \frac{\rho^n}{n!}\left(\frac{|z|}{\rho}\right)^n \le A\left(\frac{|z|}{\rho}\right)^n$．等比級数 $\sum_{n=0}^{\infty}(|z|/\rho)^n$ は収束するから，$s(z)$ は収束する．

(5) $\sum_{n=1}^{\infty} na_n z^{n-1}$ と $\sum_{n=1}^{\infty} na_n z^n$ との収束半径は同じより，(2.4.6) から $\overline{\lim}_{n \to \infty} \sqrt[n]{|a_n|} = \overline{\lim}_{n \to \infty} \sqrt[n]{|na_n|}$ を示せばよい．左辺を ρ，右辺を ρ' と置く．$\rho \le \rho'$ は自明である．$\rho \ge \rho'$ を示すためには，$\rho' > \tau$ となる任意の $\tau \ge 0$ に対して，$\rho \ge \tau$ を示せばよい．そのために，$\rho' > \tau' > \tau$ となる τ' を一つ取ってくる．上極限の定義から，無限に多くの n に対して $\sqrt[n]{|na_n|} > \tau'$，すなわち，$|a_n| > \frac{(\tau')^n}{n}$．一方，$0 \le \tau/\tau' < 1$ から $\lim_{n \to \infty} n(\frac{\tau}{\tau'})^n = 0$．よって，自然数 N があって，すべての $n \ge N$ に対して $0 < n(\frac{\tau}{\tau'})^n < 1$，すなわち，$\frac{(\tau')^n}{n} > \tau^n$．故に，無限に多くの n に対して $|a_n| > \tau^n$．よって，$\sqrt[n]{|a_n|} \ge \tau$

となるから $\rho \geq \tau$.

(5) $\lim_{n \to \infty} \sqrt[n]{n} = 1$ であるから収束半径 $R = 1/\lim_{n \to \infty} \sqrt[n]{1/n} = 1$. 収束円周上の点 $\zeta (\neq 1)$ を固定する. $a = |\zeta - 1| > 0$ と置く. 任意の $n \geq 1$, $k \geq 0$ に対して $s_{n+k} = \zeta^n + \zeta^{n+1} + \cdots + \zeta^{n+k} = \zeta^n(1 - \zeta^{k+1})/(1 - \zeta)$ と置く. $|s_{n+k}| < 2/a$ である. アーベルの総和法から

$$\left| \frac{\zeta^n}{n} + \frac{\zeta^{n+1}}{n+1} + \cdots + \frac{\zeta^{n+k}}{n+k} \right| \leq \left| \frac{1}{n+k} s_{n+k} + \left(\frac{1}{n+k-1} - \frac{1}{n+k} \right) s_{n+k-1} \right.$$

$$\left. + \cdots + \left(\frac{1}{n+1} - \frac{1}{n+2} \right) s_{n+1} + \left(\frac{1}{n} - \frac{1}{n+1} \right) s_n \right| \leq \frac{2}{na}$$

したがって, $\sum_{n=0}^{\infty} \frac{\zeta^n}{n}$ はコーシー級数となり収束する.

第3章

(1) 円周 C: $z = Re^{i\theta}$, $0 \leq \theta \leq 2\pi$ と表せる. $z'(\theta) = iRe^{i\theta}$ より

$$\int_C z\,dz = \int_0^{2\pi} Re^{i\theta}(iRe^{i\theta})d\theta = iR^2 \int_0^{2\pi} e^{2i\theta} = \frac{R^2}{2i}\left[e^{2i\theta} \right]_0^{2\pi} = 0$$

$$\int_C \bar{z}\,dz = \int_0^{2\pi} Re^{-i\theta}(iRe^{i\theta})d\theta = iR^2 \int_0^{2\pi} d\theta = iR^2 2\pi.$$

(2) $w = f(z)$ を $\mathbf{C}_z$ 上の一対一正則関数とする. $f(0) = 0$, $f'(0) = 1$ として一般性を失わない. $z = 0$ の近傍 Δ: $|z| < 1$ の f による像は $w = 0$ の或る近傍 δ: $|w| < r$ を含む. したがって, 仮定から $|f(z)| > r$, $\forall |z| > 1$ となるから, $z = \infty$ は $1/f(z)$ の除ける特異点である. 故に

$$1/f(z) = a_0 + \frac{a_1}{z} + \frac{a_2}{z^2} + \cdots, \quad \forall |z| > 1.$$

f は一対一より $a_1 \neq 0$. 更に, $a_0 = 0$ である. 何故ならば, もしそうでなければ $b =: 1/a_0 (\neq 0) \in \mathbf{C}_w$ となり, 十分大きな円板 K: $|z| < R$ の外では $|f(z) - b| < 1/2|b|$ である. $C = \partial K$ (反時計回り) とし, G: $|w - b| > 1/2|b|$ と置く. 任意の $w \notin \overline{G}$ に対して, $f(z) = w$ の K 内での根の数 $N(w) = \frac{1}{2\pi i} \int_C \frac{f'(z)}{f(z)-w}dz$ を考える. $N(0) = 1$ であり, $N(w)$ は $\overline{G}^c$ での連続関数であるから, $N(w) \equiv 1$. これは $f(z)$ がコンパクト集合 K で有界であることに反する.

故に, $g(z) = f(z)/z$ は整関数であり, $\lim_{z\to\infty} g(z) = 1/a_1$ であるから有界である. リュウビルの定理から $g(z)$ は $\mathbf{C}_z$ 上で定数 c である. $c = g(0) = f'(0) = 1$ から $f(z) \equiv z$.

(3) (i) 原点中心, 半径 $R > 1$ の上半円周 $C\colon [-R, R] \cup \{e^{i\theta} \mid 0 \leq \theta \leq \pi\}$ を描く. C の囲む領域では $1/(1+z^4)$ は二つの一位の極 $z^\pm = \pm 1/\sqrt{2} + i/\sqrt{2}$ を持ち, そこでの留数はそれぞれ $\pm\sqrt{2}/8 - i\sqrt{2}/8$ である. 留数の定理から

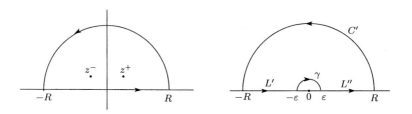

図 5 問題 (3) および (4) のための閉曲線

$$2\pi i \operatorname*{Res}_{z=z^\pm} \left\{\frac{1}{1+z^4}\right\} = \int_C \frac{1}{1+z^4} dz = \int_{-R}^R \frac{1}{1+x^4} dx + \int_0^\pi \frac{iRe^{i\theta}}{1+R^4 e^{4i\theta}} d\theta.$$

$|iRe^{i\theta}/(1+R^4 e^{4i\theta})| \leq R/(R^4-1) \to 0 \ (R \to \infty)$ であるから

$$\int_{-\infty}^\infty \frac{1}{1+x^4} dx = 2\pi i(-\sqrt{2}\,i/4) = \pi/\sqrt{2}.$$

(4) 任意の $\omega \in (-\infty, \infty)$ に対して

$$\hat{f}(\omega) = \int_{-1}^1 e^{-i\omega y} dy = \frac{1}{-i\omega}[e^{-i\omega y}]_{-1}^1 = \frac{1}{i\omega}(e^{i\omega} - e^{-i\omega}) = 2\frac{\sin\omega}{\omega}.$$

よって, (i) が示された. (ii) のために

$$\int_{-\infty}^\infty \frac{e^{ia\omega}}{\omega} d\omega = +\pi i \ (-\pi i), \quad a > 0 \ (a < 0) \tag{6.1}$$

を示そう. 変数変換を考えれば, $a = 1$ の場合を示せば十分である. $0 < \varepsilon < R < \infty$ を与えて, 図5のような閉曲線 $C(R) = C' + L' + \gamma + L''$ を考える. 曲線 $C'\colon \omega = Re^{i\theta} \ (0 \leq \theta \leq \pi)$ から

演習問題解答 255

$$\left|\int_{C'}\frac{e^{i\omega}}{\omega}d\omega\right|\leq\int_0^\pi e^{-R\sin\theta}d\theta\leq 2\int_0^{\pi/2}e^{-2R\theta/\pi}d\theta$$
$$=-(\pi/R)[e^{-2R\theta/\pi}]_0^{\pi/2}\to 0\ (R\to\infty).$$

一方, 曲線 $\gamma\colon\omega=\varepsilon e^{i\theta}\ (\theta\colon\pi\to 0)$ から

$$\int_\gamma\frac{e^{i\omega}}{\omega}d\omega=\int_\gamma\frac{1+i\omega+(i\omega)^2/2!+\cdots}{\omega}d\omega$$
$$=-i\int_0^\pi(1+i\varepsilon e^{i\theta}-\varepsilon^2 e^{2i\theta}/2!+\cdots)d\theta\to-\pi i\ (\varepsilon\to 0).$$

コーシーの第一定理より $\int_{C(R)}\frac{e^{-i\omega}}{\omega}d\omega=0$ であるから

$$\int_{-\infty}^\infty\frac{e^{-i\omega}}{\omega}d\omega=\lim_{R\to\infty}\int_{L'+L''}\frac{e^{-i\omega}}{\omega}d\omega=\lim_{R\to\infty}\int_{-C'-\gamma}\frac{e^{-i\omega}}{\omega}d\omega=\pi i.$$

よって, (6.1) が示された. したがって

$$\hat{f}(x)=\frac{1}{2\pi i}\int_{-\infty}^\infty\frac{e^{i(1+x)\omega}-e^{i(-1+x)\omega}}{\omega}d\omega$$
$$=\begin{cases}\frac{1}{2\pi i}(\pi i-(-\pi i))=1, & |x|<1,\\ \frac{1}{2\pi i}(\pi i-(\pi i))=0, & x>1.\end{cases}$$

同様にして, $x<-1$ のとき $\hat{f}(x)=0$ がいえる. さらに,

$$\hat{f}(1)=\frac{1}{2\pi i}\lim_{\varepsilon\to 0,\,R\to\infty}\left(\int_{-R}^{-\varepsilon}+\int_\varepsilon^R\right)\left(\frac{e^{i2\omega}}{\omega}-\frac{1}{\omega}\right)d\omega$$
$$=\frac{1}{2\pi i}\lim_{R\to\infty}\int_{-R}^R\frac{e^{i2\omega}}{\omega}d\omega=\frac{1}{2}.$$

同様に $\hat{f}(-1)=1/2$ より, (ii) が示された.

(5) n 個の相異なる不動点を $\alpha_j\ (j=1,2,\ldots,n)$ とすると, $P(z)-z=(z-\alpha_1)\cdots(z-\alpha_n)$. 各 $z=\alpha_j$ は一位の 0 点より, $1/(P(z)-z)$ の点 α_j での留数は $1/(P'(\alpha_j)-1)$ である. C を原点中心, 半径 R_0 の反時計回りの円周で, その内部にすべての $\alpha_j\ (j=1,\ldots,n)$ を含むとする. 線積分

$$I=\frac{1}{2\pi i}\int_C\frac{1}{P(z)-z}dz$$

を考える. 留数の定理から $I = \sum_{j=1}^{n} \text{Res}_{\alpha_j} \frac{1}{P(z)-z} = \sum_{j=1}^{n} \frac{1}{P'(\alpha_j)-1}$ である.
一方, コーシーの第一定理から C_R を原点中心, 半径 R $(> R_0)$ の円周とすれば, $I = \lim_{R\to\infty} \int_{C_R} \frac{1}{P(z)-z} dz$ である. 条件 $n \geq 2$ から, 右辺は 0 である. したがって, $\sum_{j=1}^{n} \frac{1}{P'(\alpha_j)-1} = 0$. よって, 少なくとも一つの j_0 について $\Re \frac{1}{P'(\alpha_{j_0})-1} > \frac{-1}{2}$. ここで一次変換 $W = \frac{1}{Z-1}$ を考える. これは単位円の外部 $|Z| > 1$ を右反平面 $\Im W > \frac{-1}{2}$ の上に一対一に写す. 故に, $|P'(\alpha_{j_0})| > 1$.

(6) $|z| < 1$ での調和関数 $u(z) = \frac{1}{2\pi} \int_0^{2\pi} P(z, e^{i\theta}) \log h(e^{i\theta}) d\theta$ を作る. $g(z)$ を $u(z)$ を実部とする $|z| < 1$ での正則関数として, $f(z) = e^{-g(z)}$ $(|z| \leq 1)$ と置く. $|f(z)| = e^{-u(z)}$, $u(e^{i\theta}) = \log h(e^{i\theta})$ かつ $u(0) = \frac{1}{2\pi} \int_0^{2\pi} \log h(e^{i\theta}) d\theta < \log h(0)$ から $f(z)$ が求めるものであることがわかる.

第4章

(1) 例えば, 境界上の 2 点 $P = (1,0)$, $Q = (2,1)$ を境界のみを通る曲線 l で結んでみよう. 先ず, P と $(2,0)$ を $l_1: t \to (t,0)$, $1 \leq t \leq 2$ で結ぶ. 次に, $(2,0)$ と Q とを $l_2: s \to (2,s)$, $0 \leq s \leq 1$ で結ぶ. $L = l_1 + l_2$ は境界に含まれ, P と Q を結んでいる.

(2) 2 点 $(0,0)$, $(1,0)$ を通る実 2 次元の平面は (i) $u = ay$, $v = by$, $(x,y) \in \mathbf{R}^2$ (ただし, a, b は任意の実数) または (ii) $y = 0$, $u = 0$, $(x,v) \in \mathbf{R}^2$ または (iii) $y = 0$, $v = cu$, $(x,u) \in \mathbf{R}^2$ (ただし, c は任意の実数) と表せるから無限に存在する. 2 点 $(0,0)$, $(1,0)$ を通る複素 1 次元の直線は $w = 0$, すなわち, 上の実 2 次元の平面の中で (i) の $a = b = 0$ のみである.

(3) 任意に点 $(z_0, w_0) \in D$ を固定する. (z_0, w_0) の周りの二重円板 $\Delta = \Delta_1 \times \Delta_2$ を $\overline{\Delta} \subset D$ となるよう描く. このとき, 先ず, $f(\zeta, z, w)$ は $C \times \overline{\Delta}$ 上で一様連続になるから, $F(z, w)$ が点 (z_0, w_0) で連続なことがわかる. 次に, $w \in \Delta_2$ に固定し, Δ_1 内に任意に滑らかな閉曲線 γ を描く. 繰り返し積分と $f(z, w, \zeta)$ が z について Δ_1 内で正則だから

$$\int_\gamma F(z, w) dz = \int_C \left(\int_\gamma f(z, w, \zeta) dz \right) d\zeta = 0.$$

したがって, モレラの定理によって $F(z, w)$ は z について Δ_1 で正則である. w についても同様のことがいえるから, 補題は示された.

演習問題解答　　　　　　　　　　257

(4)　1 次元解析集合 $\{1\} \times \{|w| < 1\}$ は球 (Q) に $(1,0)$ で外接しているから, 集合 $K_1 := (B) \cap (\{1\} \times \{|w| = \frac{\rho}{2}\}) \subset (B) \setminus \overline{(Q)}$ である. 故に, δ および $\varepsilon > 0$ を十分小さく取れば, $\Delta_1 := \{|z - 1| < \delta\} \times \{\frac{\rho}{2} - \varepsilon < |w| < \frac{\rho}{2} + \varepsilon\} \subset B \setminus \overline{(Q)}$ である. 集合 $K_2 := (B) \cap (\{1 + \frac{\delta}{2}\} \times \{|w| = \frac{\rho}{2}\}) \subset (B) \setminus \overline{(Q)}$ である. 故に, $\delta' > 0$ を十分小さく取れば, $\{|z - (1 + \frac{\delta}{2})| < \delta'\} \subset \{|z - 1| < \delta\} \cap \{|z| > 1\}$ かつ $\Delta_2 := \{|z - (1 + \frac{\delta}{2})| < \delta'\} \times \{|w| < \frac{\rho}{2} + \varepsilon\} \subset (B) \setminus \overline{(Q)}$ である. したがって, ハルトックスの定理から $f(z, w)$ は $(1, 0)$ の近傍 $\{|z - 1| < \delta\} \times \{|w| < \frac{\rho}{2} + \varepsilon\}$ で正則である.

(5)　先ず, 1 変数のワイエルシュトラスの定理から極限関数 $f(z, w)$ は G で正則である. $(\Delta_1 \times \Delta_2) \setminus S$ の任意の点 P の十分小さい近傍 V では $f(z, w) \neq 0$ である. 故に, 十分大きな N が存在して, 各 $n \geq N$ に対して, $V \cap S_n = \emptyset$ となり, $\lim_{n \to \infty} S_n \subset S$ である. 逆に, 任意の点 $P_0 \in S$ を取る. 簡単のために, $P = (0, 0)$ とする. ワイエルシュトラスの補助定理から $(0, 0)$ の或る近傍 $\delta_1 \times \delta_2 := \{|z| < \rho_1\} \times \{|w| < \rho_2\} \subset \Delta_1 \times \Delta_2$ が存在して $S \cap (\delta_1 \times \delta_2)$ は或る w に関する多項式 $P(z, w) = w^\nu + a_1(z)w^{\nu-1} + \cdots + a_\nu(z)$ の零点の集合に一致している. $(z_0, w_0) \in S \cap (\delta_1 \times \delta_2)$ を任意に固定する. $f_n(z_0, w)$, $(n = 1, 2, \ldots)$ は δ_2 において一様に恒等的には零ではない正則関数 $f(z_0, w)$ に収束する. したがって, フルヴィッツの定理 3.4.13 から, 十分大きなすべての n に対して, $f_n(z_0, w) = 0$ は (重複度を込めて) ν 個の根 $w = \xi_j^{(n)}(z_0)$ $(j = 1, 2, \ldots, \nu)$ を δ_2 内に持ち, それらの中には (z_0, w_0) に収束するものがある. よって, $\lim_{n \to \infty} S_n = S$ である.

(6)　任意の点 $P \in \Sigma$ に対して, 適当な近傍 $V_P \subset \Delta$ および V_P での正則関数 $h_P(z, w)$, $k_P(z, w)$ が存在し, V_P において h_P と k_P との共通零点は孤立していて, $f = h_P/k_P$ と表せる. そこで, Δ での次の分布 $\mathcal{C}$ を考える：各点 $P \in \Sigma$ に対して $(k_P(z, w), V_P)$；各点 $P \in \Delta \setminus \Sigma$ に対して $(1, \Delta \setminus \Sigma)$. このとき, $V_P \cap V_Q \neq \emptyset$ のとき, そこにおいて k_P/k_Q は 0 を取らない正則関数である. したがって, $\mathcal{C}$ は Δ でのクザン II 分布である. クザンの第二定理から Δ での正則関数 $k(z, w)$ が存在して, 各 V_P において k/k_P は 0 を取らない正則関数である. 故に, $h(z, w) = f(z, w)k(z, w)$, $(z, w) \in \Delta$ と置けば, $h(z, w)$ は Δ での正則関数である. よって, $\Delta \setminus \Sigma$ において $f = h/k$ と表せる.

258 演習問題解答

第 5 章

(1) $\mathbf{x} = 0$ として一般性を失わない. 記号の簡単のために, $(\mathbf{r}, x) = a$, $(\mathbf{r}, y) = b$, $(\mathbf{r}, z) = c$ と置く. このとき

$$
\begin{aligned}
左辺 &= \frac{\partial f}{\partial \mathbf{r}}(0) = \lim_{h \to 0} \frac{f(h\mathbf{r}) - f(0)}{h} = \lim_{h \to 0} \frac{f(ha, hb, hc) - f(0)}{h} \\
&= \frac{d\,f(ha, hb, hc)}{dh}\bigg|_{h=0} = \frac{\partial f}{\partial x}(0)a + \frac{\partial f}{\partial y}(0)b + \frac{\partial f}{\partial z}(0)c = 右辺.
\end{aligned}
$$

(2) 図 5.25 の記号を参考にして証明しよう. 曲線 γ の (x, y)-平面および (z, x)-平面への射影 γ_z および γ_y を考えて, それらは $y = \eta(x)$, $z = \zeta(x)$ と表されているとする. 線積分の定義から

$$
\int_C \frac{\partial f}{\partial y} dy = \int_a^b \frac{\partial f}{\partial y}(x, \eta(x), \zeta(x)) \eta'(x) dx.
$$

$\int_C \frac{\partial f}{\partial z} dz$ についても $y, \eta'(x)$ を $z, \zeta'(x)$ に換えた対応する等式がいえる. 合成関数の微分に関する鎖の公式と微積分法の基本定理から

$$
\begin{aligned}
\int_C df &= \int_a^b \left(\frac{\partial f}{\partial x} + \frac{\partial f}{\partial y}(x, \eta(x), \zeta(x)) \eta'(x) + \frac{\partial f}{\partial z}(x, \eta(x), \zeta(x)) \zeta'(x) \right) dx \\
&= \int_a^b \frac{d\,f(x, \eta(x), \zeta(x))}{dx} dx = f(B) - f(A).
\end{aligned}
$$

(3) Σ 上の関数 f に関するディリクレ問題に関する解を u と置く. u は $\overline{D}$ の近傍での調和関数であって, Σ 上で $u = f$ である. (5.36) と (5.37) のなかの V に関することから W に関することを導こう (逆も, 同様にできる). 先ず, $\mathbf{R}^3 \setminus \Sigma$ において $W = \mathcal{M}_\Sigma(u)$ と置いたから, 定理 5.2.1 を使うと, $\mathbf{R}^3 \setminus \Sigma$ において, $\chi_D u = \mathcal{N}_\Sigma(\frac{\partial u}{\partial n_x}) - W$ である. 任意の $\zeta \in \Sigma$ において, $u^+ - u^- = u - 0 = f$. さらに, V に関する仮定から $\mathcal{N}_\Sigma(\frac{\partial u}{\partial \mathbf{n}_x})^+ = \mathcal{N}_\Sigma(\frac{\partial u}{\partial \mathbf{n}_x})^-$. よって, $W^+ - W^- = -f$. 次に, $\mathbf{t}$ を点 $\zeta \in \Sigma$ における Σ の任意の単位接ベクトルとする. Σ 上で $u - f \equiv 0$ から, ζ において $\frac{\partial u}{\partial \mathbf{t}} = \frac{\partial f}{\partial \mathbf{t}}$ である. u は $\overline{D}$ で連続的微分可能だから $\frac{\partial u}{\partial \mathbf{t}}^+ = \frac{\partial f}{\partial \mathbf{t}}$ である. さらに, V に関する仮定から $\mathcal{N}_\Sigma(\frac{\partial u}{\partial \mathbf{t}})^+ = \mathcal{N}_\Sigma(\frac{\partial u}{\partial \mathbf{t}})^-$. よって, $\frac{\partial W}{\partial \mathbf{t}}^+ - \frac{\partial W}{\partial \mathbf{t}}^- = -\frac{\partial f}{\partial \mathbf{t}}$.

(4) E および B 共に $\mathbf{R}^3$ でのエネルギーが有限であることは (体積電荷およ

演習問題解答　　　　　　　　　　　　259

び体積電流の場合と同様に) $\mathbf{x} = \infty$ の近くで $E^-(\mathbf{x})$, $B^-(\mathbf{x}) = O(1/\|\mathbf{x}\|^2)$ であることからわかる. また, $U^-(\mathbf{x}) = O(1/\|\mathbf{x}\|)$ から, (Q_R) を原点中心, 半径 R の球, Q_R をその境界球面とすると $\iint_{Q_R} U^- B^- \bullet d\mathbf{x}^* \to 0$ $(R \to \infty)$. 点 $\zeta \in \Sigma$ における曲面 Σ の単位外法線ベクトルを $\mathbf{n}_\zeta$ とすると $U^+(\zeta) = U^-(\zeta) = U(\zeta)$, $(B^+(\zeta) - B^-(\zeta)) \bullet \mathbf{n}_\zeta = 0$. また, $D^\pm$ において $E^\pm \bullet d\mathbf{x} = -dU^\pm$, $B^\pm \bullet d\mathbf{x}^* = d(A^\pm \bullet d\mathbf{x})$ かつ $d^2 = 0$ (ポアンカレ) であるから

$$
\begin{aligned}
(E,B)_{\mathbf{R}^3} &= (E,B)_{D^+} + \lim_{R \to \infty} (E,B)_{(Q_R) \cap D^-} \\
&= -\iiint_{D^+} dU^+ \wedge d(A^+ d\mathbf{x}) - \lim_{R \to \infty} \iiint_{(Q_R) \cap D^-} dU^- \wedge d(A^- d\mathbf{x}) \\
&= -\iiint_{D^+} d(U^+ d(A^+ \bullet d\mathbf{x})) - \lim_{R \to \infty} \iiint_{(Q_R) \cap D^-} d(U^- d(A^- \bullet d\mathbf{x})) \\
&= -\iint_\Sigma U^+ B^+ \bullet d\mathbf{x}^* - \iint_{Q_R - \Sigma} U^- B^- \bullet d\mathbf{x}^* \\
&= -\iint_\Sigma \left(U(B^+ - B^-) \bullet \mathbf{n}_\zeta \right) dS_\zeta = 0.
\end{aligned}
$$

(5) 補題 5.4.1 から, Σ 上で $\operatorname{grad} W^+ - \operatorname{grad} W^- = J \times \mathbf{n}_x$ である. したがって, (5.38) から, $q := \operatorname{grad} W - B_J$ は全空間での連続なベクトル場である. しかも, $\mathbf{R}^3 \setminus \Sigma$ で調和ベクトル場である. よって, $\mathbf{R}^3$ で調和なベクトル場に拡張される. $q(\mathbf{x}) = O(1/\|\mathbf{x}\|^2)$, $(\mathbf{x} \to \infty)$ および最大値の原理から $\mathbf{R}^3$ 内で $q \equiv 0$. 故に, $\mathbf{R}^3 \setminus \Sigma$ において $\operatorname{grad} W = B_J$.

(6) 補題 5.4.1 から, Σ の各点 ζ において $p_u^+ = p_u^-$ $(= p_u$ と置く) かつ $\frac{\partial q_u^+}{\partial \mathbf{n}_\zeta} = \frac{\partial q_u^-}{\partial \mathbf{n}_\zeta}$ である. $\partial D^\pm = \pm \Sigma$ (複合同順) に注意して

$$
\begin{aligned}
(dp_u, dq_u)_{\mathbf{R}^3} &= (dp_u^+, dq_u^+)_{D^+} + (dp_u^-, dq_u^-)_{D^-} \\
&= \iint_{-\Sigma} p_u^+ \frac{\partial q_u^+}{\partial \mathbf{n}_\zeta} dS_\zeta + \iint_\Sigma p_u^- \frac{\partial q_u^-}{\partial \mathbf{n}_\zeta} dS_\zeta \\
&= \iint_\Sigma p_u \left(\frac{\partial q_u^+}{\partial \mathbf{n}_\zeta} - \frac{\partial q_u^-}{\partial \mathbf{n}_\zeta} \right) dS_\zeta = 0.
\end{aligned}
$$

このことと調和関数の積分表示 (5.16) から等式 (5.42) が容易に導かれる.

文　　献

1) U. Cegrell and H. Yamaguchi. Construction of equilibrium magnetic vector potentials, *Potential Analysis*, 15(2001), 301-331.

2) P. Cousin. Sur les fonctions de n variables complexes, *Acta Math.*, 19(1895), 1-61.

3) E. Fabry. Sur les rayons de convergente d'une série double, *C. R. Acad. Sci. Paris*, 134(1902), 1190-1192.

4) R. Feynman, R. Leighton and M. Sands, *The Feynman Lectures on Physics (Electromagnetism and matter)*, Addison-Wesley, 1964.

5) E. Goursat. *Cours d'analyse mathémtique*, Vol. II, 5th editon, Gauthier-Villars, 1938.

6) E. Goursat. *Cours d'analyse mathémtique*, Vol. III, 5th edition, Gauthier-Villars, 1942.

7) J. Hadamrd. Essai sur l'étude des fonctions données par leur développement de Taylor, Thèse de Doctorat de la Faculté des Sciences, *J. Math.*, 8(1892), 101-186.

8) F. Hartogs. Einige Folgerungen aus der Cauchyschen Intergralformel bei Funktionen mehrerer Varänderlichen, *Sitzengsber. Math. Phys. Kl. Bayer. Akad. Wiss. München*, 36(1906), 223-242.

9) W. V. D. Hodge. *The Theory and Applications of Harmonic Integrals*, 2nd edition, Cambridge Univ. Press, 1952.

10) G. Julia, *Leçons des fonctions uniformes a point singulier essential isolé*, Gauthier-Villars, 1923.

11) O. Kellogg. *Foundations of Potential Theory*, Springer-Verlag, 1929.

12) L. Levenberg and H. Yamaguchi, Poincaré's remark on Neumann's algorithm, Proceeding of Hayama Symposium 2002 on Complex Analysis in Several Variables, K. Miyajima, ed. (2003), 236-241.

13) C. Neumann. Untersuchungen über das logarithmische und Newtonische Potential, Leipzig, 1877.

14) E. R. Neumann. Studien über die Methoden von C. Neumann und G. Robin zur Losung der beiden Randwertaufgaben der Potentialtheorie, *Teubner*, Leipzig, 1905.

15) 西野利雄. 多変数関数論, 東京大学出版会, 1996.

16) T. Nishino. *Function theory in several complex variables*, Translation of Mathematical Monographs (AMS), Vol. 193, 2001.

17) K. Oka. Sur les fonctions analytiques de plusieurs variables [I] Domaines con-

vexes par rapport aux fonctions rationnelles, *J. of Science of the Hiroshima Univ.*, 6(1936), 245-255.

18) K. Oka. Sur les fonctions analytiques de plusieurs variables [III] Deuxiǹe problème de Cousin, *J. of Science of the Hiroshima Univ.*, 9(1939), 7-19.

19) 岡潔. 解析関数論, 奈良女子大学講義ノート, 1950-1952.

20) H. Poincaré. Sur la méthode de Neumann et le problème de Dirichlet, *Acta Mathematica*, 20(1896), 59-142.

21) E. M. Purcell. *Berkeley Physics Course Vol. 2. Electricity and Magnetism*, McGraw-Hill, 1963. 飯田修一監訳, 電磁気 (バークレー物理学コース 2), 丸善, 1981.

22) 砂川重信, 電磁気学, 岩波全書 (岩波書店), 1977.

23) H. Yamaguchi, Equilibrium vector potentials in $\mathbf{R}^3$, *Hokkaido Math. J.*, 25(1996), 1-53.

24) H. Weyl, The method of orthogonal projection in potential theory, *Duke math. J.*, 7(1940), 411-444.

索　引

ア　行

アーベルの総和法　68
アポロニウスの円　19

一意性定理　88
一次変換　13, 132
一重および二重層ポテンシャルの不連続性
　　237
一重層ポテンシャル　216
一様収束　61
一様収束域　149
一価関数　43
一価性の定理　82
一致の定理　67

ヴィタリの定理　124
渦なし　213

エネルギー　232
円円対応　17

オイラー　6
岡の上空移行の原理　173, 178, 179, 186
表の面　200

カ　行

開写像　131
開集合　42
外積　230
解析集合　163
　　――の境界　179

解析接続　2, 81
階段関数　145
回転　210, 225
回転率　212
ガウス平面　4
鍵的内積　212
下極限　64
拡張された磁場　236
拡張されたスカラーポテンシャル　235
拡張された電荷　235
拡張された電場　235
拡張された電流　236
拡張された平面　15
拡張されたベクトルポテンシャル　236
傾き　204
カップ積　201
加法定理　2
カルタン-ツーレンの不等式　79
関数関係不変の定理　85
関数要素　84

逆一次変換　15
逆変換　145
球　148
境界　43
境界点　43
鏡像点　14, 24
共役複素数　6
極　113
　　――の位数　113
　　2 変数関数の――　164
極限値　54

極座標　2
　　3 次元の──　213
曲線　91
虚数単位　3
虚部　3, 46
距離　91
距離関数　91
切り口　147, 190

区間縮小法　56
クザンⅠ分布　164
クザン積分　167
クザンⅡ分布　173
クザンの第一定理　169
クザンの第一問題　165
クザンの第二定理　174
クザンの第二問題の可解性　174
クザンの分布の同値性　165
クザンの落差定理　138, 166
区分的に滑らかな曲線　94
繰り返し積分　153, 159, 192, 205

形式　229
　　──の微分　230

高階微分　107
広義一様収束　120
合成関数の微分　154
コーシー級数　59
コーシー積分　167
コーシーの収束定理　58
コーシーの第一定理　97, 102
コーシーの第二定理　103
コーシーの不等式　65, 107
コーシー-リーマンの関係式　47, 48
孤立特異点　112, 163
コンデンサー　234

サ　行

最大値の原理　115, 116
　　調和関数に対する──　218
三角不等式　45

3 次元調和関数に関する平均値の定理　218
3 次元調和関数の積分表示　215
3 次元での調和関数　213
3 次元のガウス-グリーンの定理　225
3 次元のガウスの定理　205
3 次元の極座標　213
3 次元のラプラシアン　213

指数関数　50
自然存在域　161
実解析的関数　219
　　面上の──　243
実解析的に滑らかな閉曲面　242
実解析的ベクトル場　243
実現図　147
実数の連続性　55
実部　3, 46
磁場　223, 226
　　拡張された──　236
磁場成分　240
射影　84, 147
ジュウコフスキー変換　73
集積点　43
収束半径　63
シュワルツの鏡像の原理　134
シュワルツの補題　117
上極限　64
上限　55
除去可能特異点　113
真性特異点　113

スカラーポテンシャル　225
　　拡張された──　235
スチルチェスの定理　120
ストークスの定理　208, 213

整関数　108
正規族　124
正則　148
正則域　161
正則関数　45
静電磁場におけるマックスウェルの定理　227

索　　引　　　265

絶対収束　55, 62
絶対値　4
線積分　92, 193, 198
全微分可能　47

相関収束半径　150
ソレノイド　234

タ　行

対角線論法　120
代数学の基本定理　11
対数関数　50
代数的分岐点　86
対数的優調和関数　92
体積積分　198
体積電荷　225
体積電流　225
多項式多面体　178
単位円の対応　27
単純曲線　97
単純閉曲線　97
単葉域　86
単連結領域　87, 140

超関数の意味での収束　236
調和関数　51, 140, 197
　　——に対する最大値の原理　218
　　——の平均値の定理　116
　　3次元での——　213
調和なベクトル場　213, 237
直接接続　79
直径　56

テイラー展開　105
　　2変数の——　154
ディリクレの原理　141
電磁場の不連続定理　238
電磁場分解　240, 244
点電荷ポテンシャル　223
電場　223, 225
　　拡張された——　235
電場成分　240

電流の流束　238

等角写像　53
等角性　19, 143
導関数　45
同相　37
特殊ハルトックス領域　161
特性関数　215

ナ　行

内点　42
内部　43
長さ　2, 4, 91
流れ　225
流れ込む量　196

二重円板　148
二重層ポテンシャル　216
2変数関数の極　164
2変数のコーシーの積分表示　152
2変数のテイラー展開　154
2変数のべき級数　149
2変数の有理型関数　163
ニュートンポテンシャル　219

ハ　行

発散　210
発散率　211
ハルトックスの定理　161
ハルトックス領域　161
反正則関数　52
反点　24
パンルベの定理　133

非調和比　5, 21
微分可能　45
非ユークリッド直線　28

ファブリの定理　150
複素数　3
複素平面　4
2つのベクトル場の直交　233

部分積分法　195
フーリエ変換　145
フルヴィツの定理　133
分割　190, 192
分枝　84

平均値の定理　115
　　3次元調和関数に関する――　218
　　調和関数の――　116
閉形式　232
　　面上の――　232
平衡磁場　243
閉集合　42
平面でのガウス-グリーンの定理　195
平面でのガウスの定理　194
べき級数　62
　　2変数の――　149
ベクトルの内積　232
ベクトル場　197
　　――のラプラシアン　226
　　調和な――　213, 237
ベクトルポテンシャル　225
　　拡張された――　236
ヘルムホルツの定理　228
　　――の拡張　239
偏角　2
　　――の原理　125, 129

ポアソン核　141
ポアソンの積分表示　141
ポアソンの方程式　220
ポアンカレの等式　231
ポアンカレの問題　188
方向微分　199
包絡線　151
ホモトープ　83
ボルチァノ-ワイエルシュトラスの定理　57
ボレル-ルベーグの定理　57

マ 行

3つのベクトルの順序　199
3つのベクトルの整合性　207

向き付け可能な曲面　200
無限遠点での留数　128

面上の実解析的関数　243
面上の閉形式　232
面積積分　190, 199
面電荷　236
面電流　236
　　――の特徴付け　236

モノドロイー定理　87
モレラの定理　108

ヤ 行

優級数　62, 149
有理型関数　115
　　2変数の――　163
有理関数　129
ユークリッド座標　1

葉数　84, 86

ラ 行

ラジアン　2
ラプラシアン　51
　　3次元の――　213
　　ベクトル場の――　226

立体角　217
リーマン球面　15
リーマンの除去可能定理　109
リーマン面　31, 84
留数　113
　　――の定理　125
リュービルの定理　108
領域　43

ルーシェの定理　130

零点の位数　79
零点の分布　173
連結　42

連続 43

ローラン展開 110

ワ 行

ワイエルシュトラスの補助定理 155

ワイエルシュトラスの定理 114, 119
ワイエルシュトラスの優級数定理 61, 172
湧きだし口なし 213

著者略歴

山 口 博 史 (やまぐち・ひろし)

1942 年　長崎県に生まれる
1965 年　広島大学大学院理学系研究科修士課程（数学）修了
現　　在　奈良女子大学理学部数学教室教授
　　　　　理学博士

朝倉復刊セレクション
複 素 関 数
応用数学基礎講座 5　　　　　　　　　　　定価はカバーに表示

2003 年 4 月 1 日　　初版第 1 刷
2019 年 12 月 5 日　　復刊第 1 刷
2021 年 5 月 25 日　　　第 2 刷

著 者　山　口　博　史

発行者　朝　倉　誠　造

発行所　株式会社　朝　倉　書　店

東京都新宿区新小川町6-29
郵便番号　　162-8707
電　話　03(3260)0141
ＦＡＸ　03(3260)0180
http://www.asakura.co.jp

〈検印省略〉

ⓒ2003〈無断複写・転載を禁ず〉　　　　　　　東京書籍印刷・渡辺製本

ISBN 978-4-254-11847-6　C 3341　　　　　Printed in Japan

JCOPY 〈出版者著作権管理機構　委託出版物〉

本書の無断複写は著作権法上での例外を除き禁じられています．複写される場合は，
そのつど事前に，出版者著作権管理機構（電話 03-5244-5088, FAX 03-5244-5089,
e-mail: info@jcopy.or.jp）の許諾を得てください．

朝倉復刊セレクション

定評ある好評書を一括復刊 ［2019年11月刊行］

数学解析 上・下
（数理解析シリーズ）

溝畑 茂 著
A5判・384/376頁(11841-4/11842-1)

常微分方程式
（新数学講座）

高野恭一 著
A5判・216頁(11844-8)

代 数 学
（新数学講座）

永尾 汎 著
A5判・208頁(11843-5)

位 相 幾 何 学
（新数学講座）

一樂重雄 著
A5判・192頁(11845-2)

非 線 型 数 学
（新数学講座）

増田久弥 著
A5判・164頁(11846-9)

複 素 関 数
（応用数学基礎講座）

山口博史 著
A5判・280頁(11847-6)

確 率 ・ 統 計
（応用数学基礎講座）

岡部靖憲 著
A5判・288頁 (11848-3)

微 分 幾 何
（応用数学基礎講座）

細野 忍 著
A5判・228頁 (11849-0)

ト ポ ロ ジ ー
（応用数学基礎講座）

杉原厚吉 著
A5判・224頁 (11850-6)

連続群論の基礎
（基礎数学シリーズ）

村上信吾 著
A5判・232頁(11851-3)

朝倉書店
〒162-8707 東京都新宿区新小川町 6-29　電話 (03)3260-7631 FAX(03)3260-0180
http://www.asakura.co.jp/　e-mail／eigyo@asakura.co.jp